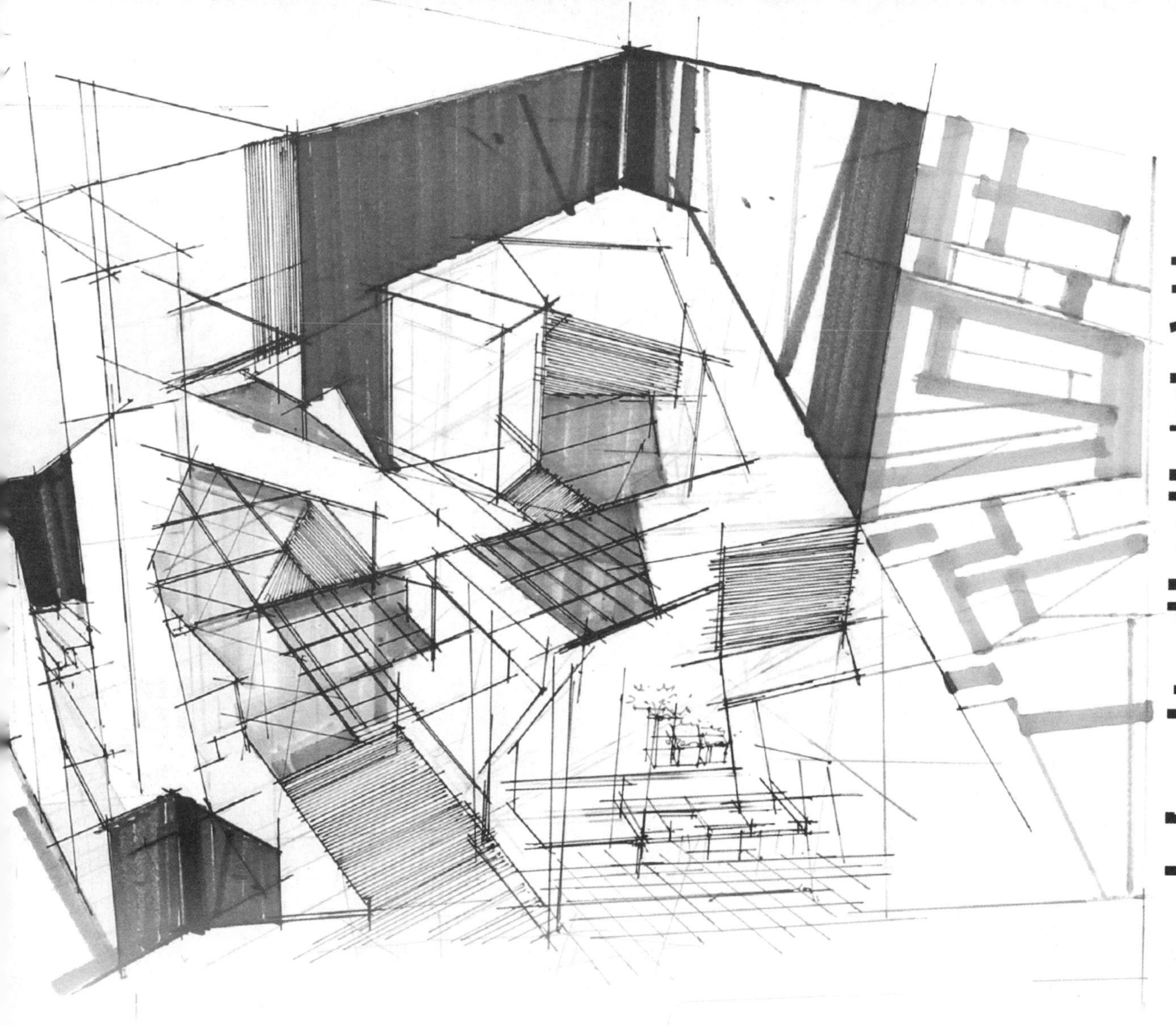

环境设计专业快题全析

周丽霞 编著

清华大学出版社
北京

内容简介

全书是对环境设计专业快题的全面分析。

快题设计在专业学习、设计方案表达和应试升学中都有着重要作用。本书深入分析影响设计和卷面效果的各方面因素，总结快题考试的出题与评分规律，结合多年教学经验并配合大量的支撑材料和实例分析资料，全面分析快题设计方法，解析应试技巧，通过实例设计分析帮助学生全面理解快题设计、驾驭快题设计考试，综合提高快速设计能力。

本书基于设计实训的经验反馈情况进行全面总结，细致解读快题设计的误区，是真正适合环境设计专业设计师、设计行业的从业人员、各大高校设计专业学生和设计相关人员提高快速设计能力的有效教材。

图书在版编目(CIP)数据

环境设计专业快题全析/周丽霞编著. —北京：清华大学出版社，2015 (2024.7重印)

ISBN 978-7-302-38672-8

Ⅰ. ①环… Ⅱ. ①周… Ⅲ. ①环境设计－高等学校－习题集 Ⅳ. ①TU-856

中国版本图书馆 CIP 数据核字(2014)第 283768 号

责任编辑：田在儒
封面设计：周丽霞
责任校对：袁　芳
责任印制：宋　林

出版发行：清华大学出版社
网　　址：https://www.tup.com.cn，https://www.wqxuetang.com
地　　址：北京清华大学学研大厦 A 座　**邮　　编**：100084
社 总 机：010-83470000　**邮　　购**：010-62786544
投稿与读者服务：010-62776969，c-service@tup. tsinghua. edu. cn
质量反馈：010-62772015，zhiliang@tup. tsinghua. edu. cn
印 装 者：三河市铭诚印务有限公司
经　　销：全国新华书店
开　　本：285mm×210mm　**印　　张**：9.25　**字　　数**：288 千字
版　　次：2015 年 3 月第 1 版　**印　　次**：2024 年 7 月第10 次印刷
定　　价：55.00 元

产品编号：046916-02

前言

快题设计在专业学习和行业选拔、招聘考试中都有重要的作用，学生对于快题设计的学习热情越来越强烈。但是考生往往认为快题设计以图面效果作为判断依据，备考和练习也主要集中在强调制图速度和表现技法的训练上。过于注重手绘的表现效果，对于提高快题的手法和应试技巧缺少系统的认识和理解，这是考试成绩不理想的主要原因。

高等院校本科阶段的授课模式几乎都是阶段式的，即要求学生在一个较长周期内完成设计任务，设计过程普遍缺乏紧迫性和自觉性。快题考试中，考生依然习惯于按照“老套路”来理解设计，对具体空间内容构成、细部要求等设计条件的限定缺乏完整的认识，故很难迅速地对设计题目做出反馈并快速地投入设计考试。

快题设计考试要求学生在苛刻的时间内(2～3小时或4～6小时)完成对设计题目的分析判断并最终表达出整体方案。这需要学生具备一定的专业基础，并且能够理解快题设计的工作形式，在短时间内调动自己的设计思路。快题设计的目标不是画出一幅完整的效果图，也不是学会某种工具的表现技法，而是能够迅速地把握方案设计的理念和方法，并且完整全面地呈现设计的最终效果。

快题设计的焦点不仅仅锁定在“快”字上，还要做到完整理解设计条件、快速进行方案构思、准确找到设计切入点、逐步推敲完善方案，直至表达出设计成果。

结合近年来各类型快题考试的情况，考生经常出现“哑巴吃黄连”的情况，无法随心所欲地表达自己的真实设计水平，最终影响考试成绩。考生在快题设计的学习中存在很多问题，迫切需要解决！

本书通过以下两条主线理解快题设计

第一条：全面剖析快题方案设计内容与效果图表现的关系，清晰地梳理设计理念并综合提高手绘设计能力，探索设计理念清晰完整的呈现方式。阐述设计表现思路，传递一种全面理解设计的观念，帮助考生真正地理解设计和表现的内在关系。

第二条：从阅卷评分的角度剖析考试中存在的问题，仔细解读考生的“短板”和丢分点。通过快速的设计题目练习，揭示设计方案快速构思、设计与表现的方法要领，以及设计的基本概念与设计方法，透彻理解快题考试，完整掌握应试技能。

书中各章对考试构成的各个环节逐个攻破，并且清晰严谨地分析阐述了快速思维能力和设计表现技巧之间的关系。通过训练手段的创新和探索，全方位地提高考生的设计素养，加强对备考和考试设计过程的指导的有效性，以达到不仅提高考试的分数，而且进一步提高设计与研究水平的目的。

综上所述，本书立足于帮助考生理解快题设计的工作方式，并找到合理有效的学习方法，而不是为了“快”而加速，要明白“快”不是目的，“快”仅仅是一种工作状态。

合格的设计师要具备快速提炼设计思路和灵活表达设计的能力。

目录

第1章　快题设计的基本内容

了解它，才能战胜它！

快题设计考试常常作为环境设计专业的重要测试手段，出现在全国研究生入学考试和各类招聘考试中，而且已经成为评价考生设计能力的有效手段。一般以闭卷形式要求考生在几小时内完成命题式的设计任务，要求完整绘制各项图纸并充分展现设计思路。

1.1　快题设计的概念

快题设计具有快速创意、快速表现的特点，是一种快速展现设计思路，能够突出体现设计能力并且效果十分明确的设计方式；也是一种能够全方位考察设计思路和设计能力的手段，适应设计市场需求，现已逐渐成为设计师应该掌握的一种设计方法。快题设计常常作为重要的测试手段，出现在全国研究生入学考试和各类招聘考试中，即要求考生以闭卷形式在几小时内完成命题式的设计任务。通过试卷中设计表达的具体成果可以高效地考查出应试者的方案设计能力，较为真实地反映应试者的水平差异，故快题设计已经成为评价考生设计能力的有效手段。

环境艺术设计专业的快题设计是指在有限的时间内（通常3小时或6小时）完成一个方案构思，并将设计成果在有限的几幅版面内尽可能完整、流畅地表现出来。不同类型的考试中往往都提供一个设计命题，设置一些有针对性的限制条件，用以考查考生的设计能力和水平。需要考生能够理解题目要求，把握考题的核心内容和考点，并通过具体设计图纸的绘制来表达对题目中具体设计要求的理解，表述对于设计的理解和把握，整体地诠释自己的设计方案。

考生要在苛刻的时间要求下，能够快速地把握项目的主要问题并提出较为完善的设计方案，并且能够对方案进行一定的深入设计，能够通过平面图、立面图、效果图等专业图纸完整地将设计意图表达出来。

快题考试的方案表达与平时的项目设计不同，对设计成果的表述要求更概括、更具体。通过简单的平面图、剖面图、立面图表达出主要的设计思路，再结合节点详图和不同的分析图对方案内容进行完整描述，要求最终卷面能够完整清晰地表达设计意图，并且设计目标表达要明确。

1.2　快题设计的要点

具备熟练的绘图技法，就一定能得高分吗？

了解自身优势，卷面上充分展现强项！

很多考生认为在考试中只要把效果图画得精彩，就一定能够得到比较理想的考试成绩。这样理解快题设计未免太过于主观和浅薄，在其导向下画出的作品也倾向于手绘技巧的卖弄和程式化的设计。

快题设计考试对考生的考查是多方位的，图面效果虽然很重要，但是全面地表达对题目的理解判断，完整地阐述设计方案和与众不同的设计理念，让阅卷教师看到自己的优秀才是核心，也只有这样完整的作品才有资格得到令人羡慕的分数（图1-1）。

快题设计的显著特点不仅仅集中在一个“快”字上，具体体现在快速理解题意，准确分析设计条件，快速进行方案构思，准确推敲并完善方案，直至快速表达设计成果。贯穿整个设计过程的不仅仅是“快”，更重要的是“准确”！

1. 时间苛刻—工作艰巨

快题设计考核的目标是快速设计能力，考试时间通常很苛刻，仅仅有2～3小时（较长的考试时间为6小时），并且要求考生能够比较全面地表述方案，

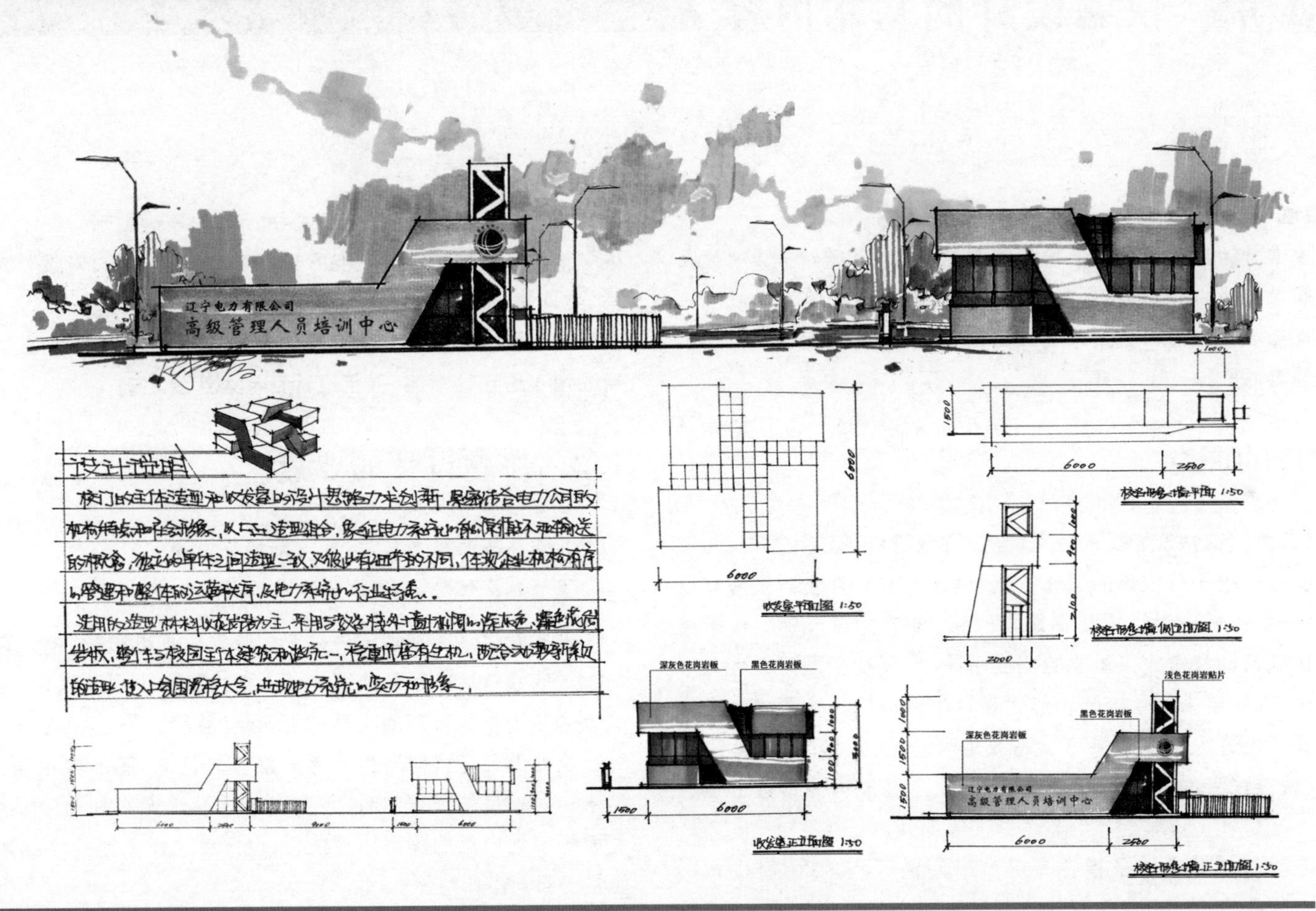

图 1-1　某快题设计成果(1 小时)

得出完整的设计成果。一般要求提交综合的设计成果,除了要绘制手绘效果图之外,还要求总平面图、主要剖、立面图、重要节点详图以及分析图和设计说明等图纸,要紧凑美观地在图纸上排版,通过具备说服力的图纸全面地表达设计方案。需要清楚地表达设计思路、全面地阐述设计方案,这对于设计师的个人能力要求较高。

2. 考生独立完成

考试不允许携带任何相关资料,也不可能寻求他人的交流和帮助,考生要依靠平时能力的积累和设计反应能力做出符合题目要求的设计方案。

很多考生已经习惯了依靠查阅大量资料这种传统低效的方式进行设计,在

考场上只能硬着头皮去“原创”，效果往往令人很失望；有些“聪明”的考生会背下来一两个方案，不管什么题目都生搬硬套地照用，图不达意的设计当然不能符合考试的要求，成绩也可想而知。

依靠“粗暴”的方式来准备快题设计是很难取得理想的考试成绩的，精力要放在全面地提高快速设计能力上，才能得心应手地应对各类型的快题设计考试。

3. 有针对性的设计

快速设计要迅速地把握方案的设计灵感和思路，特有的工作方式注定了很多内容不能得到充分的表达，考生在考试中往往忽视这个特点，仅仅关注图纸绘图的完整和效果，却不能把握和发挥出快题设计本身的魅力。

环境设计专业的特殊性，要求快题设计的图纸既能够在方案中展示出考生的概念设计能力和方案构思能力，同时还要求考生能够完整地表达设计方案的彩色效果图，对方案整体有明确的思路，并且在方案设计和组织的过程中还需要展示自己对方案的概括能力。

考试中要注意题目的考察重点，对题目所设定的限制条件和具体要求认真分析，做有针对性的设计、主观的判断和选择。对于整体设计效果没有帮助的设计细节和思路，选择适当的方法调整和回避，以保证方案整体效果的完整突出。只有对题目全面理解，并利用有限的时间将最打动人的那部分充分展现出来，才能让阅卷教师眼前一亮。

4. 了解评分和阅卷

一件很重要的事情是：快题设计一般出现在研究生入学考试和设计相关专业的入职考试中，那么在试卷中最为重要的就是体现自己在设计方面有无培养造就的前途、有无提高和升值的空间。这个也是审阅试卷、考核方案设计能力的教师最为关注的问题。

关于阅卷

在实际阅卷工作中，大多数快题设计考卷都是在一天之内完成的，一般来说，阅卷教师会先对试卷进行分档，对优、中、差各档次的试卷有大概的印象之后再根据试卷的具体情况精确打分。之所以采用这种方式，是因为与其他理论考试不同，设计考试没有明确的标准答案，设计方案只有优劣之分却没有对错之别。快速完成的快题设计试卷更是如此，我们很难找到一张“满分”的试卷。阅卷教师根据自己的专业和教学经验对不同的试卷有个基本的判断，同时会根据每份试卷与其他试卷的比较情况来评分，最终根据各位阅卷教师的平均分形成考试成绩。

优秀的快题设计试卷要符合以下几个要求

1. 成果完整

设计题目中所要求的图纸不能缺少，要根据题目要求进行画面的组织和制图。创意再新颖，构思再成功，如果不能在试卷中准确、完整地表达出来也是徒劳。成果完整、全面展现设计方案效果和方案细节的试卷才能够符合题目的要求，顺利地进行“PK”。

2. 亮点突出

可以说，无论是什么类型的考试和选拔，阅卷教师都希望看到：考生能够运用成熟的表现技法和生动的线条表达具有吸引力的图面效果。设计要在符合题目要求的前提下具备动人的设计理念，方案做到功能布局合理、平面构图完整生动，这样才能在考试中足够“突出”。

3. 没有明显“硬伤”

优秀的设计方案是能够满足施工和功能需求的设计。在试卷的制图中要严格遵守制图方法和基本规则，认真处理设计细节和具体的表达方法。在具体的表现中若出现指北针和比例尺错误、制图标准和绘制方法等失误，是不可原谅的，往往失分严重。在设计上，空间尺度不满足使用需求、人行流线安排冲突、对题目理解错误、忽视场地的限制条件等，这些都会对考试的最终成绩造成很大影响。

所以，首先要保证设计方案没有明显的错误或“硬伤”，才能让教师有耐心继续评阅试卷，也才有可能使教师在大量的试卷中发现并理解考生的设计思路和与众不同的特点。

4. 整体效果明显

设计方案的版面布局直接决定阅卷人的第一印象，它和重要的图纸制图细节一起决定了快题试卷的最终成绩。所有的设计内容都要通过整体的版式呈现，只有整体版式效果过关的试卷才能走到最后。

1.3 快题设计的评价标准

快题设计考试的目的是通过题目所设定的考试目标和内容，考查考生的设计水平，在测评中主要看考生能否理解题目要求，是否有明确的设计思路并能够全面、清晰地表达设计方案，是否具备一定的设计能力。不同的考试题目对考生的要求不同，评价标准也有所区别。

研究生入学考试主要考察考生的方案构思能力、空间处理能力和设计表达能力，同时还要求其具备一定的图面组织和手绘表现能力，而对于设计方案和施工的关系会适当放宽，阅卷给分时对一些技术性的问题也会比较宽容。

注册设计师及各类招聘考试要求应试者对于方案的理解更为整体，在技术规范上要求更高。设计方案的功能分区要明确，空间紧凑，交通便捷，设计手法成熟，施工图满足规范，技术合理，能够满足实际施工要求。

总体来说，各类快题考试的目的都是通过试卷来评估考生的设计水平，明确地表达设计更利于考试组织者的选拔。所有的考试基本都会要求考生完整地绘制出设计效果图、总平面图、立面图、剖面图和施工节点详图等，从而全面地考察考生的设计实力。

如何提高快速设计能力?

在快速设计中，表现能力和方案能力是相辅相成的，拙劣的表现会制约方案能力的提高。方案设计的水准在某种程度上也依靠表现的方式和技法而具体展现，在快题考试中，优秀并聪明的方案设计能够让表现更加轻松，恰到好处的表现也能够合理地突出设计方案的个性和优势。

快速设计能力很难在短期之内提高并看见成效，要依赖平时的有效练习和考试方法的正确运用才能通过表现效果来展现设计能力。考生在平时的训练中一定要努力提高并熟练运用二者的关系，本书也将从这两个方面阐述快题设计的方法。

第 2 章　快题设计的工作方式

2.1　快题设计准备

快题设计主要以图形语言作为表达手段，从概念到方案，从平面到空间，从剖面到节点，每个环节都有不同的考核要求，只有将这些内容高度统一，并且妥善地协调试题所设定的各种矛盾和限定，在考试中完成一个符合功能与审美要求的设计，才能得到令人满意的分数。

2.1.1　概念创意能力

设计能力是考试中最核心的考察重点，概念创意能力是方案的支撑要素。快题设计的工作方式要求考生具备快速设计的能力，并且设计方案要具有一定的概念创意水平。在考试中，概念创意能力是决定方案水准的关键因素，概念元素的使用具有一定的创新性，才能够在考试中吸引考官的眼球，博取更高的分数。

环境设计专业的大部分课程内容在训练思维创意之外还要兼顾施工工艺、人体工程学等多方面的可实现性。设计课程对完成时间和条件约束相对宽泛，很多设计在进展过程中遇到的问题被转移到了网络和其他渠道。众多的参考资料和辅助手段使设计变得被动和程式化，考生的概念设计能力也十分脆弱，不能适应考试的要求。

与平时的设计作业和练习不同，考试时间有限制，要求在很短的时间内设计并完整地表达方案，不允许携带任何相关资料，也不能与其他考生交流。快题设计考试不需要死记硬背，考生的发挥要完全依靠平时的知识技能积累和临场的设计应变能力。

很多考生在平时的练习中可以借鉴相关资料，但是不注意积累经验，到考场上只能“无中生有”，匆忙的设计方法只能得到漏洞百出的方案。有些考生“自作聪明”地背下来一两个方案，不管什么题目都照搬照用，以为成熟的设计能掩盖自己拙劣的表达。不要忘记，根本不存在适合所有题目要求的设计模板，具体的设计条件不同就应该产生不同的设计方案。所以靠这种方法取得理想成绩的可能性不大，真正提高快速设计能力则更无从谈起。

在平时的练习中要尝试脱离网络和参考资料，通过自己的努力去解决设计问题，锻炼自己的设计素质；针对考试的要求多做概念设计训练，逐渐地积累和进步，才能真正地提高设计能力。要多积累设计素材，经常尝试对各种造型元素进行设计和组合，找到自己有把握的概念创意手法并灵活掌握各造型的组织手段，这样才能提高对考试的应变能力。

2.1.2　设计基础知识

“工欲善其事，必先利其器。”

快题考试的备考和练习就像是在为一场战争摩拳擦掌，为了让自己在战场上更有作为，要认真清点自己的武器装备和招数。

1. 熟练掌握工具

快题设计考试中常用的工具是马克笔、墨线笔、三角板和各辅助工具，考试中一般没有具体的要求，可以根据自己的需要和绘图习惯进行选择。在考试中使用的笔，种类不宜过多，固定使用 1～2 种品牌的笔，并且做到熟悉、了解每支笔的特点和其互相配合能达到的效果，这样在考试的时候才能得心应手。

2. 透视构图能力

合理有效的透视关系才能满足画面视觉效果的需要，考生要熟练掌握透视构图和马克笔的表达技巧，要认真分析透视构图和图面效果之间的关系，总结

画面形成的规律和具体的调整方法，并将其灵活运用在快题设计中。

3. 基础设计能力

应对快题考试首先要具备基础的设计能力，对于考试中经常出现的题目类型要熟练掌握，对各空间类型常用的设计方法、功能内容、设计中人与空间的各项基本尺度和具体的设计规范要心中有数，要了解空间中人的活动特点和具体的设计手段，具备充足而全面的知识储备才能在考试中应付各类型的题目要求。

4. 施工制图知识

考试要求整体表达设计方案的设计思路，考生在具备基本的手绘能力之外，还要掌握和了解各类设计项目的设计规范和画法，并结合使用才能完成快题设计。同时要合理表达设计方案中的设计细节，以体现考生对设计方案的深入理解和把握。备考时一定要重视各施工制图的绘制方法、各类图纸的关系和绘制特点，做充足的练习才能在考试中驾轻就熟。

2.1.3 题目判断能力

可能因为设计条件的误读，设计方向产生失误。

可能因为题目的判断有误，设计方案中漏洞百出。

甚至可能出现少画了两张图这样的低级错误，等等。

快题设计考试的目的是区分众多考生的设计水平和对题目的理解分析能力，所以题目的思路是让所有考生不陌生，并且能够将自己的设计判断和方案表达出来。这样的考试要求和题目设置充分兼顾了考生自身的的生活体验和设计经验，有利于考生发挥出真实水平，特别专业的考题和大规模的规划命题一般不会出现在研究生入学考试中。

从近几年的考试题目的类型来看，设计命题都是比较常见或是生活中能够接触到的空间类型，项目规模也以中小规模为主，设计深度以概念性方案的设计要求为主，不要求考生做深度完善设计。

快题设计题目往往通过不同的设计限定条件和要求来增加难度，故考生的判断和理解变得关键。设计中一定要认真审题，注意设计内容的要求，别误会某些用词，别落下重要的信息！

综合来看，研究生入学考试快题设计题目有以下几个特点。

1. 空间功能常见

室内设计方向：办公、接待、展示、餐饮和多功能整合的空间类型。景观设计方向：各类型的广场、庭院规划、景观小品的设计等，通过限定面积、使用者、功能内容来增加设计难度。在审题中要注意具体的要求，设计中要注意设计方案不要落入俗套，这样才能让教师眼前一亮。

2. 题目易于发挥

快题设计考试中的题目都会设计为比较自由的空间平面，室内设计题目甚至仅仅给出柱网，或者仅仅指出两个主要方向的尺寸大小，从而给考生极大的设计和创作空间（见例题 1、例题 2）。

例题 1　传统精品展览环境空间设计

设计条件：展览场地如图，展览内容为中国传统文化精品。在空间中有卫生间、小型工作间和储藏间。空间设有不小于 $64m^2$ 的绿化中庭。要从平面上考虑展示空间与公共空间人行流线的关系，在满足各种功能要求的前提下有所创新，合理安排空间功能关系。

设计要求及评分标准：

（1）写不少于 200 字的设计说明。（10 分）

（2）画出平面图、立面图。（45 分）

（3）两个视点以上的彩色效果图。（60 分）

（4）注明主要尺寸和使用材料。（25 分）

（5）卷面安排合理。（10 分）

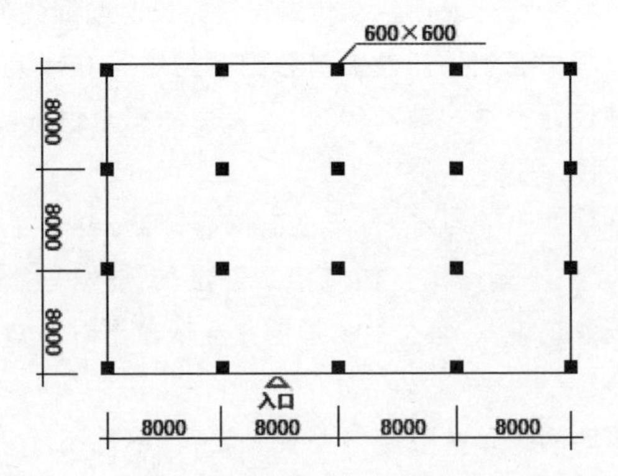

例题 2　展示设计

展览内容为艺术学院某专业毕业作品，可以任选作品形式进行设计。场地尺寸为 20m×20m，室内净高 4m 的独立展厅。在空间中有一定的储藏面积，入口及其他通道位置、设备位置自定。根据展品特点，合理布置展品和组织参观路线。空间造型设计、功能设计与照明设计应有机地结合。空间设有不小于 $30m^2$ 的绿化中庭。

要求：从平面上要考虑室内空间与人行流线关系；合理考虑展示需求；合理安排空间功能关系。照明设计应满足艺术品表现及参观者观赏的要求。

设计要求及评分标准：

（1）在满足各种功能要求前提下有所创新，写 100 字以上的设计说明。（45 分）

（2）画出平面图、立面图和两个展厅彩色效果图。（70 分）

（3）画出展柜剖面图，注明主要尺寸和使用材料。（30 分）

（4）卷面合理。（5 分）

近年来的室内设计题目除了放开设计条件的限定外，还经常出现将建筑室内高度设定为 4～6m 的空间，引导考生在方案中做局部二层空间的设计，主要目的是考查考生对于空间高差的处理能力（见例题 3）。

例题 3　家庭办公环境设计

建筑条件：一居单元，平面 8m×8m，层高 4.5m，其中一个边设入口，另一个边为采光。平面内设厨卫，以 1～2 人居住为准。主人为服装设计师，设计要尽力贴近服装设计的工作环境并满足基本居住要求，其他条件不限。

要求：重点考虑办公使用和居家功能的结合。

评分标准：

（1）画出平面图，至少一个立面的彩色效果图。（60 分）

（2）主要方向的剖面图、细部节点详图和局部透视图一个。（60 分）

（3）标明主要的尺寸及材料，写出设计构思说明，分析图。（30 分）

景观设计题目则经常提出具体的设计要求，例如：有古树需要保留，需要设计增加某些内容；场地与建筑功能的配合或景观中增加展示、休闲功能；甚至要求具体的设计用材等各种设计要求。无论做何限定，都会给考生留有很大的发挥空间，以利于考生的设计操作和表达（见例题 4）。

例题 4　居住空间与街环境

设计条件：6m×18m×8m 二层临街的独立住宅；住宅入口大门正对便道（位置尺寸自定）；窗口任意设置，水电管线任意安排。住宅内需要一个中庭（绿化空间）。

设计要求：从平面上要考虑住宅室内空间与公共空间人行道环境关系；合理考虑现代都市人的生活需求和功能要求；合理安排空间功能关系。

要求及评分标准：

（1）1∶100 画出总平面图（环境和室内）。

（2）1～2 个室内立面图，一个室内的彩色效果图，简单着色。

（3）设计构思（60 分），平面功能合理（40 分），表现方法（50 分）。

在复试中经常出现要求室内外结合设计的题目，其对建筑功能有具体要求，以考查考生对于室内外衔接空间的设计处理水平。场地条件和具体的大小面积都可以根据方案需要来控制，对于考生组织设计的能力考察也更加灵活（见例题 5）。

例题 5　会员活动中心设计

设计条件：某设计协会欲将旧厂房建筑物的一部分，改造为会员活动场所。功能包括：学会日常 2～3 人办公；定期举办学术沙龙及不定期小型作品展览；小规模新书展览；咖啡茶座及开水间、库房、卫生间；室外可供会员小型聚会。建筑平面及周边环境如图。请根据地段现状合理安排上述使用功能。建筑物为混凝土框架，梁底净高 5.8m，空间分割、墙体、门、窗等均可视需要自定，不设外围墙。

图纸要求：

（1）平面图、主要立面、适当的剖面或详图。

（2）根据自己的意向和侧重，表现室内或景观效果图。

（3）简要的文字说明，字数自定。

设计要求及评分标准：

（1）完成平面图并详细注明功能分区。（40 分）

（2）完成主要立面及剖面图，注明主要装修材料。（30 分）

（3）简单着色的透视表现图 2 幅。（60 分）

（4）设计说明，文字不少于 300 字。（20 分）

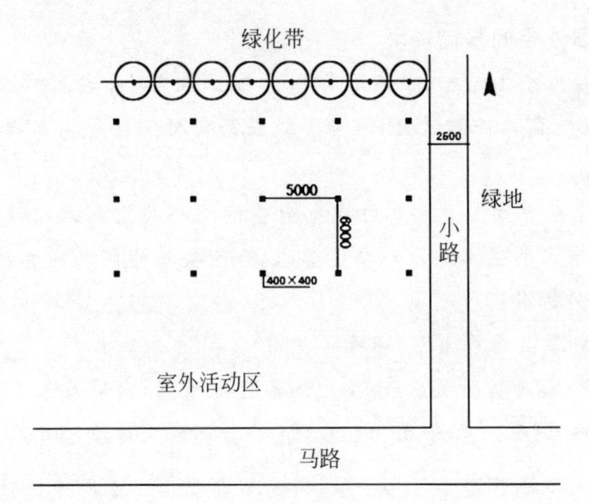

3. 功能变化多样

快题设计考题一般为公共空间或多功能空间，随着考试要求的逐年变化和考试竞争的逐渐激烈，考试的题目每年也都在调整。各个高校的出题原则是选择优秀的、有一定设计能力和设计想法的学生，考题则必然会逐年提高难度。在题目上的体现便是增加空间的功能内容，让空间设计中需要考虑的元素变得复杂。

近年来快题设计更倾向于功能复杂多变的空间。室内设计有书吧、沙龙、休闲空间或多功能空间；景观设计题目经常出现庭院、多功能场地设计，对于功能要求更加多变，会出现展示、活动和休闲等多种内容，要求考生考虑设计方案和原有建筑或基地条件的关系，甚至出现改造、运用材料和现有条件的设计。部分高校出现室内外结合综合设计的题目，对考生的要求逐渐提高（见例题6）。

例题6　室外展示环境设计

设计条件：以12个2m×2m、高3～6m的柱体（材料自定）为元素，在南北向为40m、东西向为20m的室外场地做室外公共环境设计。展示内容以现代艺术为主，具体的展示内容和形式自定，对场地中至少5个柱体做立面装饰设计，并设计一种柱子样式。

答题要求及评分标准：

（1）平面图（包括地面的铺装及绿化设计）。（40分）

（2）立面图、剖面图。（40分）

（3）柱子的三视图。（15分）

（4）分析图、设计说明。（15分）

（5）透视效果图（表现技法不限）。（40分）

4. 特殊限定条件

快题设计考试的出题目标是选拔优秀的设计人才，全面考查不同考生对空间内容的组织能力和功能布局设计的能力。为了让不同水平的考生能够拉开距离，题目中必然会出现一些特殊要求，或者对题目设计一些学生可能会不熟悉的限定条件，以增加题目的难度。在题目的具体设定中会给考生设定很多条件和障碍，对于项目的场地和环境往往会出现：不能拆除的古建筑、水流、高差和其他特殊的要求，或者是使用人群具有特殊性，空间大小有具体的要求，等等。

对于这种限定要好好理解题目的用意，很多考生看到题目中出现了不熟悉的情况和条件都会变得慌张，在考试中往往会影响发挥。快题考试要求考生具备一定的理解能力，能准确判断考试题目的要求和具体设计的限定条件，并能够组织设计方案，基本表达设计思路。在平时的练习中要适当调整，多多拓展设计方案的可能性。

对于备考的考生而言，有以下两方面的要求。

一方面应尽可能收集目标报考院校的往年试题，在进行真题训练的基础上，分析报考院校试题的要求和近年的变化（如成果数量、图纸要求以及分值比例等），从项目规模的大小和复杂程度中推测该校对于考生能力的大致要求。做到熟悉该校的考题特点，有的放矢地进行准备。

另一方面又不能仅局限于过往考题，要尽量熟悉各种常见场地类型的设计要点，如果时间充裕，可选择有代表性的场地类型（比如不同功能的、不同基地形状的、不同类型的题目）系统地练习，并进行总结以形成自己的经验。

2.1.4　表达深化能力

快题设计考试对设计能力的考察完整而全面，要求考生能够掌控方案，具备基本的设计能力，妥善处理空间中的不同功能需求，解决题目所设问题，并且能够全面地表达设计方案，完整地绘制效果图、平面图、剖面图、节点详图，能够逻辑清晰地阐述设计说明和设计分析(图 2-1)。

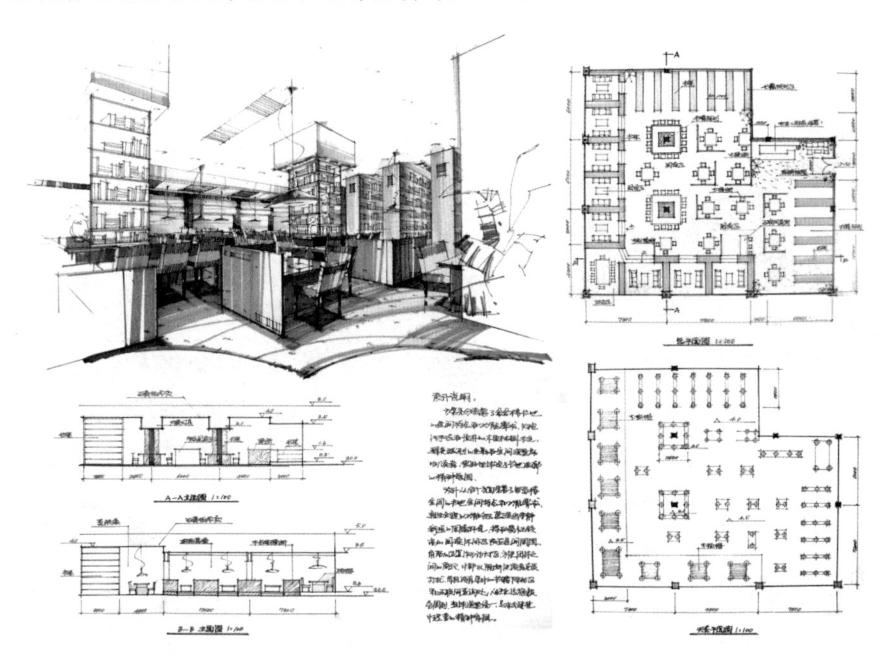

图 2-1　某书吧快题设计试卷(2 小时)

理解题目的要求之后,具体的设计概念只是最初的设计想法,要能够具备深入设计的能力。有一定的手绘效果图的能力,对方案设计中所采用的具体造型和元素能够整体地表达方案的意向效果。对于各立面空间和方案的细部处理具有一定的深入和完善的再次设计能力,并且能够保证试卷中所绘制的各项施工制图的准确性。

考试中具体的设计方案和思路是通过平、立、剖面图的绘制来表达的,要具备基本的设计能力和制图知识才能更好地表达方案。本书第 4 章会详细阐述并仔细分析具体的制图问题和容易出现的失误,本章不予赘述。

2.2　快题设计程序

快题设计表面看来是在做方案,即将设计想法通过效果图和不同的图纸表达出来的过程。实质上是在不停地进行思维活动,学生自始至终都是在快速思考、分析,综合地解决设计矛盾。如果仅仅将注意力放到各个图纸的效果上,那么就很难整体地把握设计方案。

考生在考试中会产生很多关于设计题目的思路和想法,但基于快题设计的表现方式和有限的表达技巧,很多设计内容无法展现。学生在草草地完成设计之后便认为完成了快题设计的训练,不得法的设计训练很难在考场上取得效果。要认真总结快题设计的步骤和程序,要有严密的作图程序和清晰的设计方法才能成功地通过考试。

要先从审题和判断入手,再进行总体功能布局的分析,结合造型设计立意,综合考虑各种设计矛盾的内在关系,同时还要掌握正确的设计方法,灵活运用各项基础知识完成方案。快题设计条件仓促,效果表现也不可能完美,但最大的好处是能够快速接近设计的核心问题。

总体来看,快题设计的优势不仅仅是有效训练快速设计能力,而且具备紧张有序的设计程序。从设计起步到实现设计目标每个步骤都要求所学知识的互相紧密结合运用,从而能够充分考核考生各项设计能力的水平。

2.2.1　审题构思

通常在题目中,除了明确地表达对设计内容的要求之外,还会暗示一些要求,以便考察学生的分析和思考能力,因此考生必须认真阅读题目,仔细审题,领会其弦外之音。快题考试的审题是非常关键的步骤,考试中要重视审题,认真分析题目中的具体要求和设计重点,明确具体的图纸和制图要求,厘清题目中的细节要求,对于各个图纸的分数和各图纸的比例大小要求都要做到心中有数。

随着研究生入学考试竞争越来越激烈,各大高校的入学考试难度也在逐渐提升,越来越注重考查学生对于设计内容的思辨能力和灵活组织设计元素的操作能力。很多题目都在变化,开始出现新的题材和内容,甚至考题的形式也逐渐变得新颖。

很多考生应对一般常规性试题比较有把握,但是考试中一旦遇到灵活的题目和多变的元素及设计要求,其看到题目往往就无从下手,大脑一片空白。大多数考生在考试中都会感觉题目很棘手,甚至变得异常紧张,进而影响考试发挥,最后造成了考试失利。

很多考生在学习中已经习惯了把精力花在技巧和模板上，妄想用这种手段的练习来帮助自己成功地通过考试。灵活多变的考试题目对考生的设计能力和处理问题的水平有了更高的要求，同时也让背下几套模板、COPY几个设计方案的传统学习手段变得没有立足之地。

考生要注意提高自己的设计能力，而不是仅仅关注表达技巧的练习。在考试中对题目做出正确的分析和判断，设计方案才会有针对性，真正达到考试要求。只有明确了解题目的考查内容和要求，才能更好地把握设计思路，侧重题目要求进行设计和组织画面。所以，考试中的审题是设计的关键，一定要重视对题目的正确理解和把握，对于设计题目的审题要点总结如下。

1. 室内设计题目

明确题目中的限定条件和具体的功能制约，能够正确理解设计题目的功能要求，注意题目要求的主要功能内容和特殊的设计要求，同时要注意题目中对于各个空间是否有朝向要求、主要和次要的空间需求以及空间的动静要求。例如专卖店设计题目，审题的时候要认真注意展台、交通流线与整体空间环境的关系以及各功能空间在面积上的比例关系。这样才能有更清晰的思路指导草图的设计和进一步的方案深入。只有清楚了空间对于设计的各项要求，才能在处理空间的开放程度、空间对内和对外的关系的过程中有更充分的依据，并在设计中予以注意并强调具体的设计解决方法，以更好地反映出题目要考查的内容。

注意题目的细节要求和交通流线的组织，才能合理地进行家具的布置和空间关系的设计。注意题目所要求的各功能空间的流线要求以及各功能空间的面积分配，关于具体的空间面积、空间形态、围合方式和设计细节的要求等，例如会客或展厅的设计，空间要求4～5m高，其目的就是考查你如何处理高差问题，那么在方案中就要有所体现(见例题3)。

2. 景观设计题目

景观设计的题目不会对空间的具体内容有过多的要求，但是会设置很多限定条件干扰考生的设计思路，在题目设计中设置一些问题让考生通过设计手段解决。在设计的过程中一定要清晰地分析出题目中的环境制约条件，并在方案设计中注意这些干扰因素。

目前很多高校出现这样的题目：提供一个场地，项目条件没有过多限制，地块条件也较为常见，但是会在项目中要求场地的功能内容，要求进行一些平时并不多见的设计。例如：以室外场地可以举办展览、空间中有几个特定的设计要素、有特定的使用人群等不同的限制手段来提高题目的设计难度(见例题6)。

审题过程中要弄清楚项目的性质(场地的大小、使用者的特点)，这样便于把握设计分寸；分析场所特征，是文化教育环境还是公共办公环境，要注意题目中的限定词。注意题目中要求的主要功能和特殊的功能要求，以及项目用地与周围环境的功能关系，分析各个部分与交通和环境的关系，合理组织方案设计中的车流方向、周围人群的主要人流方向，便于组织方案设计中的道路朝向和景观的设计。

注意设计中的空间组织，即景观轴线、入口位置、基地保留树木等，以及空间功能之间的配合与距离尺度，功能的细化和深入。注意题目中提出的各项设计条件和场地中的特有因素，比如周边的建筑环境、需要保留的文物、特定的空间使用者，等等(见例题7)。

例题7　新古典主义建筑入口设计

设计条件：建筑为新古典主义风格，位于华北，入口朝北，请为建筑入口外40m×20m的场地设计入口，画出的平面图中要设计台阶、坡道、顶棚。层高5m，门窗上檐高3.5m，柱子1m×1m。请画出平面图和轴测图。

答题要求：

(1) 入口平面图、顶棚平面图。

(2) 建筑立面图、剖面图。

(3) 分析图、设计说明。

(4) 透视效果图，表现技法不限。

评分标准：

(1) 空间设计合理和功能完整。(60分)

(2) 创新设计。(50分)

(3) 画面完整、构图合理。(30分)

(4) 画面整洁。(10分)

2.2.2 草图方案

很多考生忽视草图的绘制，认为草图最后不会上交，不会成为考试成绩的

一部分，在考试中浪费时间去绘制草图是很不值得的。这样的想法虽然是从考试出发，但是却没有认识到草图方案对于整个设计的重要意义。

在草图阶段尽量将审题过程中整理出来的设计重点和思路全面地展现，在草图中表达设计构思并且适当深入，做初步的调整和完善，对于效果不好、不能满足题目要求的设计内容进行改造；没能够达到预想效果的设计内容和细节要再次设计和修改。这样能够更好地保证在试卷中出现的各个图纸的准确性，进而保证整体试卷能够贴近题目要求。

试卷作为设计的最终成果，直接目的是与阅卷教师交流，表达上要清晰明确。草图在构思阶段是设计者自己能够识别的记忆和概念，作为进一步创作的激发物，草图不见得要让别人都能看懂，在考试中也仅仅在草纸上勾画，无论画得多差劲也不会影响考试成绩，因此不必规规矩矩，自己能够清楚地知道设计的核心和思路便达到了绘制草图的目的(图 2-2)。

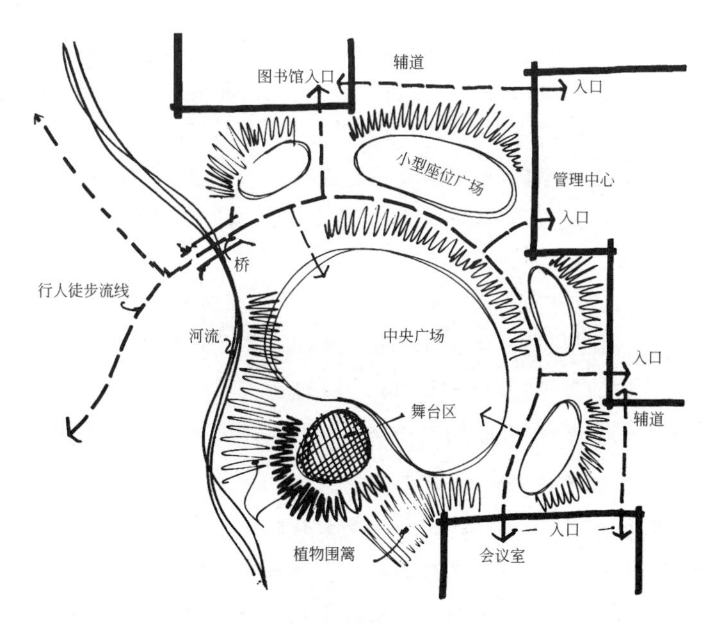

图 2-2　概念草图示意

绘制草图方案的目的是厘清头绪，避免在试卷中出现更大的问题，所以，在画草图的时候不要草草了事，要能够大概地体现出整体构思、题目要求和具体指标。抓住设计灵感和主要设计元素，注意设计的整体理念表达，这样才能更好地理解题目要求(图 2-3)。

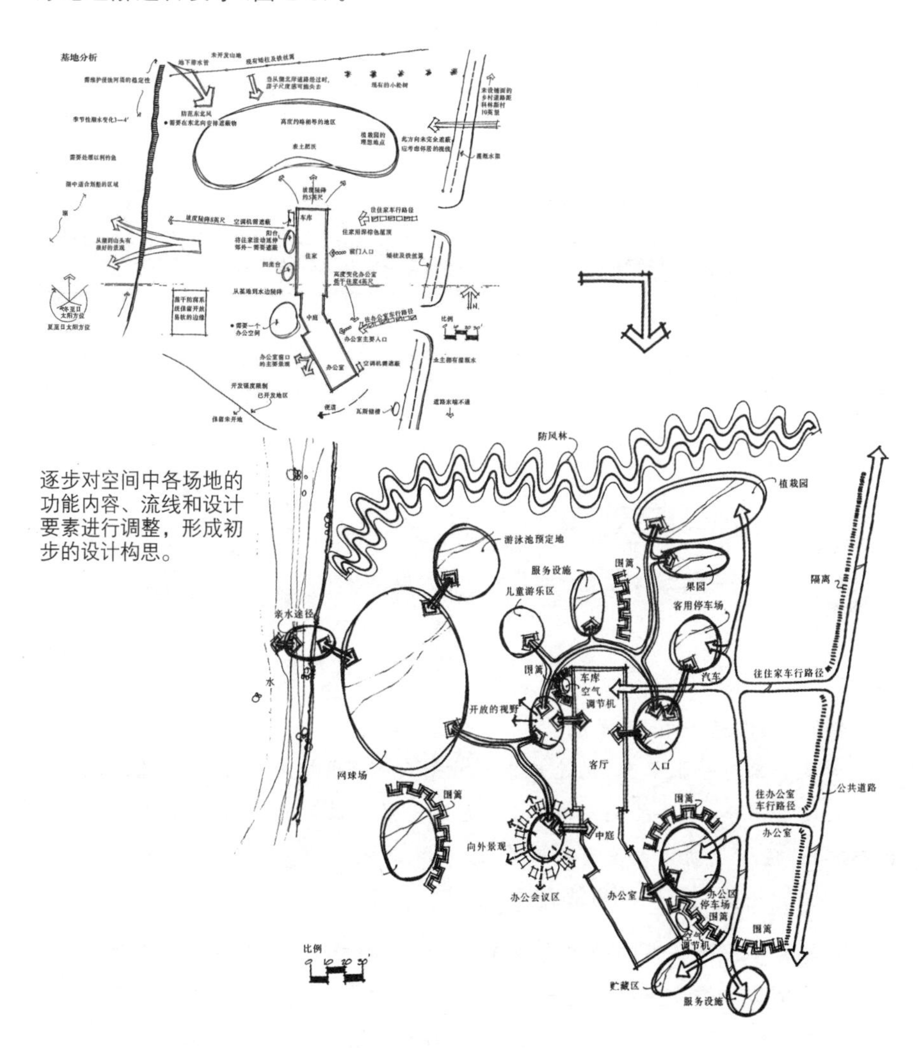

图 2-3　概念草图思路的整理

每个设计方案都有最核心的设计理念和造型元素，这往往也是设计手绘效果图表达的中心和目标。特色的设计元素是设计师的智慧，没有规律可言，可

能是生活中常见的造型，也可能是数学关系中的几何形体，也许是设计师某个灵感的闪现，或是一种抽象的信息。灵感和概念通过设计师结合设计元素和理性的设计方法的操作和加工，可形成完整的、能够满足项目要求的设计方案（图 2-4）。

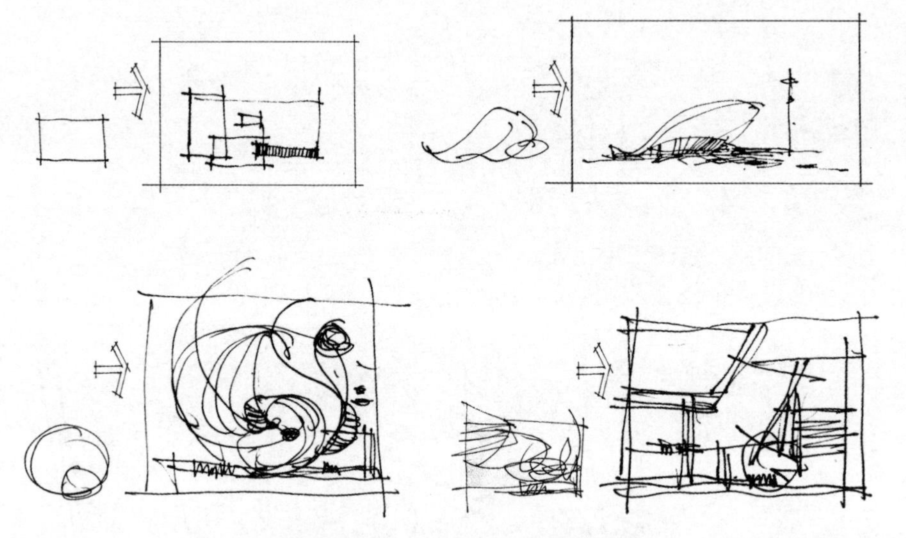

图 2-4　对灵感的加工形成设计方案

快题，是没有一草、二草的！

考试中只有一张草图，迅速地表达设计思路，直接地转换成设计成果。整个过程没有一草、二草的逐渐深入，只有设计灵感的理性表达。不要一开始就乱画草图，除了浪费时间没有任何作用。

草图的任务是第一时间把握设计方向！

对题目中设计条件的分析是生成方案的基础，构思过程中需要不断地与草图互动和转化来推动方案的进一步深化。概念设计阶段要以有效的草图来厘清设计思维的方向，分析场地特点和设计方向才能够更好地完成设计。在平时的训练中就应该形成合理的草图符号，养成良好的草图习惯，这样有利于在考试中迅速厘清设计思路、整理设计细节，在正图深入过程中进一步确定设计内容的各部分关系和具体尺度。

2.2.3　深化设计

整理方案的概念和设计思路是完成快题设计的重要步骤，草图构思的很多元素在设计阶段要重新选择和调整：放弃不能突出设计优势的元素和方式，要适当地深化设计能够展现设计特点的造型。深化过程中要突出空间功能和人行流线的安排，形成功能完善的平面图；在合理位置做剖面和立面设计，完成剖、立面图，进一步表达设计方案；抓住设计核心特点，理性梳理设计思路，形成设计分析图。组成设计成果的各个图纸都承担着深化设计的任务。

室内设计方案深化设计过程中，要注意空间的功能特点，平面图中的交通流线组织方式决定着平面方案的优劣。深化设计的目标是空间功能的紧凑分区和流线的停顿顺畅，在设计时要重点注意（图 2-5）。

但是考生却往往致力于追求在平面图中刻画新颖的造型分区、流线的形态变化，认为新颖的平面图能在考试中赢得教师的青睐。而阅卷教师最想看到的是功能组织合理、内容完善的平面设计，也许会无视“花枝招展”的变化和创造，太过于醒目和“嚣张”的造型甚至有可能产生负面作用而拉低分数。

景观设计方案与室内不同，景观设计平面是反映整体平面布局和设计内容的重要图纸，在表达平面功能的同时也承担着效果表达的作用，故在深化设计过程中，要在景观平面图上多做文章。

考试中经常出现广场、庭院等设计题目，要认真分析影响交通、朝向等的设计因素，注意交通组织方式的变化和形式特点，景观轴线的组织和路网的起承转合决定着方案的框架、节点的设计，组团的层次控制着设计方案的效果。深化设计要逐渐完善平面功能，同时还要兼顾空间效果的设计和表达（图 2-6）。

景观方案在深化设计过程中需要兼顾的内容很多，要考虑功能、尺度、绿化、围合和铺装，众多的元素往往让人“头晕目眩”，很容易就产生一个混乱的平面方案，使草图中清晰的设计思路和方案形态最终变得“面目全非”。无法准确地表达设计理念，不能达到良好的表现效果，当然很难得到理想的分数。

方案深化设计的主要目标是功能完善的平面图，人行流线的设计特征直接反映考生对题目的理解，交通组织的具体方式和形态决定着平面方案的优劣，故快题设计考试中理解各图纸的作用和具体要求，才能做合理的深化设计。

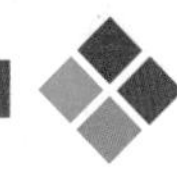

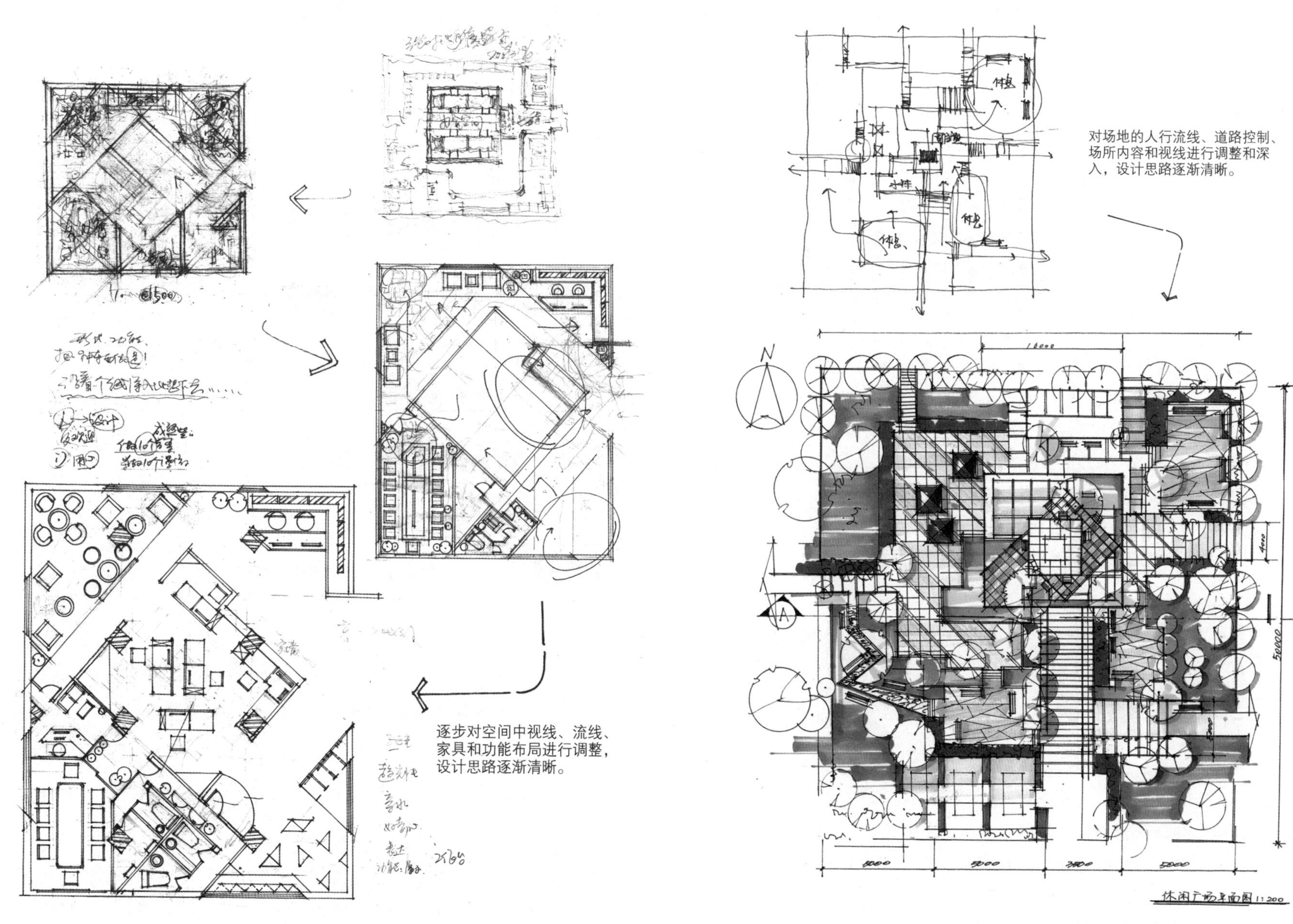

图 2-5　设计思路不断修正形成方案

图 2-6　概念和思路的深化设计

快题设计考试时间要求很苛刻，试卷中设计方案所用的时间非常有限，初步的深化设计主要是针对草图中形成的概念和思路进行扩展和完善，最终形成功能合理的设计方案。对于立面、剖面和具体的细节设计，则需要在具体的方案表达阶段再次进行调整，本书第 4 章将仔细分析平面方案和各类图纸的深入设计方法。

2.2.4　效果表达

效果表达是快题设计考试中的重要程序，直接关系着整个试卷的效果，左右着阅卷教师对设计方案的理解。如何有效地绘制效果图和表达各类图纸，本书在第 3 章会详细阐述，这里要强调的是：一定要找到合适的表达方式，发现自己擅长的绘图方法！

快题考试时间要求苛刻，效果图不可能像平时练习那样仔细斟酌透视和比较颜色，也无法展现独到的表现技法，甚至会因为纸张的粗糙和不适而影响正常水平的发挥。再加上情绪的紧张、对题目的疑惑、考场的意外情况等，都会让效果表达变得更加“艰难”。千万不要抱“侥幸”心理。

所以，要了解快速设计的表现技巧，对不良的设计习惯进行修正，掌握有效的学习和表达的方法，最重要的是熟悉用笔和工具，了解自己的绘图习惯和用色特点，只有非常熟悉自己才能在考试中以最快的速度和最擅长的方法表达设计方案。

不要追求自己拥有的马克笔的数量！参加考试一定要精减自己的工具，拥有众多的马克笔就会发生选择用色的问题。在时间宝贵的考场上，每分每秒都关系着考试的成败，在一支笔的选择上浪费 2 秒钟，整个上色过程就要多花 10～15 分钟，很不划算！

数以百计的各色画笔，虽然能够让绘图的用色变得丰富，但是马克笔的色彩越多，筛选颜色的难度就越高，多个相似的不同色彩之间的对比、选择会浪费大量的考试时间。建议考生在考前精减自己的马克笔数量，绘图中使用频率较低的笔不要带上考场。考场上的效果图并不要求精细化的表现，20 支左右的笔就足够应付考试了，一定要给自己的考试工具减负。同理，对其他工具也要精减，工具和画笔越多越形成考试的羁绊，本就有限的桌面让画笔抢占了空间也会给自己的绘图带来麻烦。

考试的空间、时间有限，工具要以最便捷的方式来配合考试，以免在寻找工具中消耗时间，增加烦躁情绪。精减并优化装备，才能在考试中以最有效的方式完成设计，节省考试时间。建议带上考场的颜色为冷灰、暖灰、木质颜色、植物、天空蓝色及自己常用的几个色彩就足够了（图 2-7）。不同品牌笔的编号不同，注意颜色与图 2-7 一致即可选择。

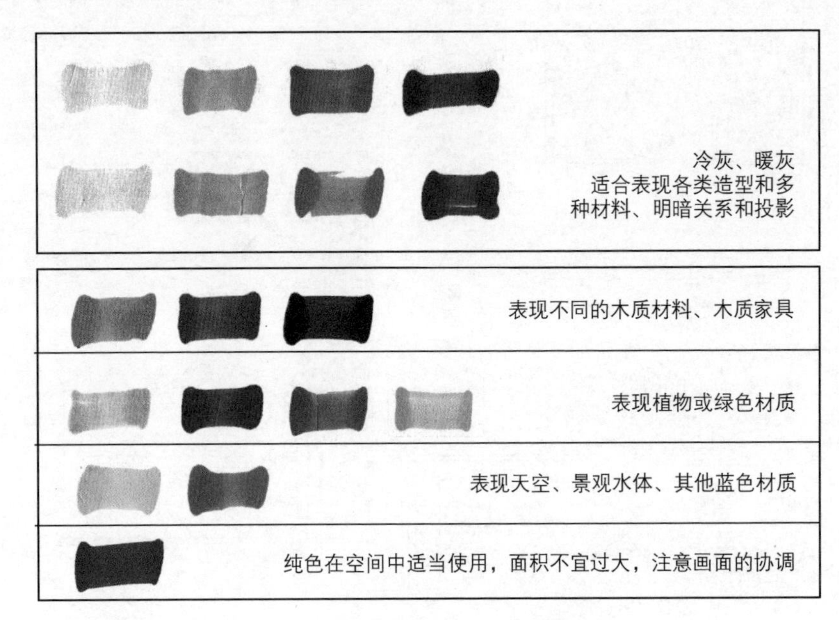

图 2-7　快题设计常用的马克笔色彩

对于在考场上使用的绘图工具一定要做到非常熟悉，依照自己平时的作图习惯准备，不要在考场上尝试新画法、新工具，这只是冒险，基本没有成功的可能！

2.2.5　版式细节

快题考试要求提交综合的绘图成果，往往需要提交包括总平面图、主要剖/立面图、重要节点详图、透视效果图以及分析图和文字说明等整套的设计图纸，并且要求紧凑美观地在试卷上排版。试卷中的图纸设计表达要规范，符合通用的制图标准。在保证各设计图纸准确和规范的前提下，试卷的整体版式效果才

有说服力和吸引力。

首先要明确试卷中需要绘制图纸的数量及大小比例关系，在绘图开始之前就应该确定所要绘制的各图纸的大小关系和位置安排，也便于后期调整排版（图 2-8）。方案的具体设计内容和空间设计条件是决定各剖/立面图比例大小的因素，在考试中很难做到各图纸的整齐划一，故需尽力选择合适的比例关系来协调各个图纸的大小位置。

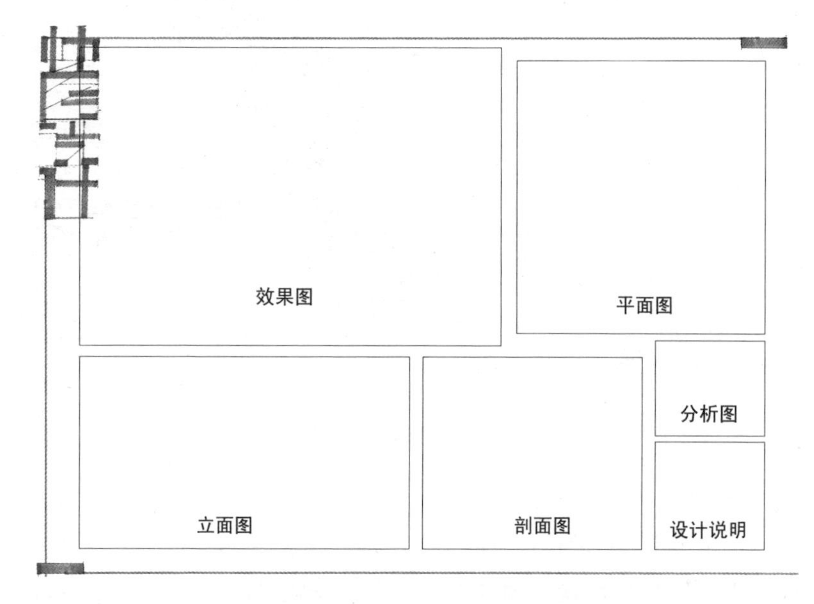

图 2-8　确定各图纸大小和位置

效果图和分析说明没有比例要求，在考试中可以主观调整其占用的空间大小，以协调画面布局和版面效果。绘图中还要注意图纸的边缘轮廓的对齐及距离，这是最便捷有效的方法，营造一个整齐的图纸轮廓很容易形成整齐的版式，同时也能将不同大小和状态的图纸整体化（图 2-8）。同时还要抓住试卷上所有能够维持画面效果的图纸细节，众多因素配合才能完成理想的版式。

要注意图名、比例、文字大小等细节在整个版式中的作用。在绘图过程中注意文字大小的统一、图名位置的对齐等，这些能够给整体的版式效果加分很多。

快题设计卷面上可以设计文字题目来明确设计内容，具体用色和字体的大小、样式没有具体要求，可以自由发挥，但是要注意文字设计与其他版面元素的配合与协调（图 2-9）。

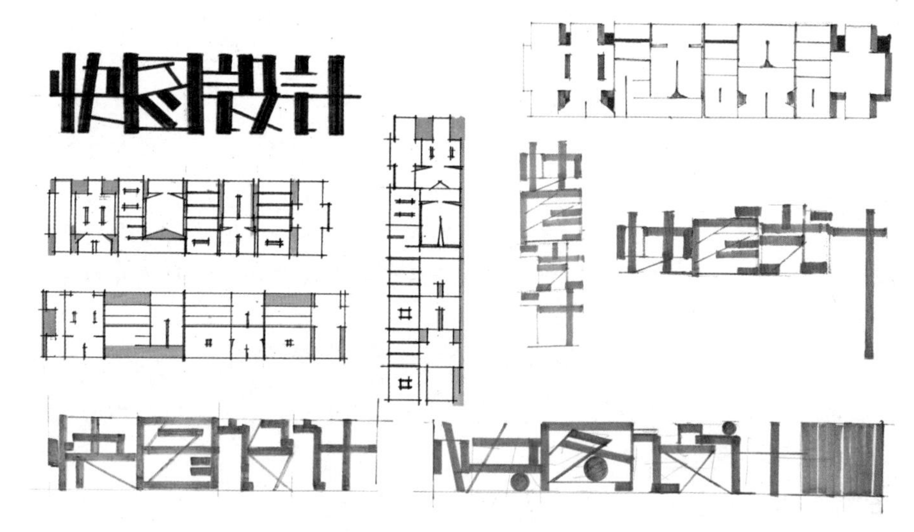

图 2-9　快题设计文字示意

2.3　快题设计方法

习惯借鉴优秀方案来完成设计，该如何应对考试？

在设计过程中，是否有清晰的方法，或者说操作上更简单的方法，能够尽快地拿出方案呢？如何使设计思维的运转更加快捷有效呢？

毫无疑问，考场上需要一套清晰有效的设计方法，披荆斩棘为考试保驾护航。备考过程中要善于总结自己的设计习惯和方法，找到最行之有效的技巧，同时要具备清晰的设计思路，才能最有效地达到效果。

2.3.1　思路清晰

最容易突出设计效果的，在草图阶段就要拿出来。

无论怎样都不会出错的，在深化过程中要熟练表达。

自己最为擅长和把握的，无论如何都一定要表现出来！

要在快题考试的设计之初就迅速地明确设计方向，对绘图的各个步骤做到心中有数，这样才能更好地展示自己的设计能力。

首先，在构思方案的草图阶段，要准确地判断题目要求，以简洁明了的造型和设计元素来把握题目，运用简单的组合变化形成方案。设计主题和效果要与题目要求相符合，不能太夸张，不能有太大的出入。

其次，方案深化过程中注意空间特点并符合规定要求，结合常规设计手段进行处理，不要出现明显和题目产生出入的问题。

再次，要了解自己的优势，注意表达自己擅长的内容，并结合题目进行适当的调整和变化。图纸表达成果要一眼看上去就能显示出自己的特点和对设计的理解。

最后，注意在图纸表达上体现一些亮点。可以是帅气的徒手线条，也可以是设计新颖的造型或者是独特的构图，总之要让人眼前一亮。阅卷教师的第一眼就会决定试卷大概归属于哪一个档次。

1. 要“看起来像是那么回事”

“那么回事”是指试卷的整体效果要看得舒服，从设计思路表达到方案设计细节的深化都要让阅卷教师看到考生的设计能力。卷面上的设计痕迹要体现出受过设计专业训练，简单说就是：虽然有快速设计的忙乱但笔触和线条要表现出肯定。让阅卷教师看到方案的自信，线条放松些，画面的设计效果是随意而轻松地展现出来的(图 2-10)。

2. 注意“准确”和“完整”

考试的过程是慌乱的，制图标准很容易被忽视，不要“天真”地以为画错的地方没那么明显。阅卷教师绝对能第一时间发现你的错误！

考试中，一定要做好试卷的收尾工作，保证图纸的完整性，注意绘图方法和标准，注意各图纸比例和细节的准确。千万不要吝啬在制图的准确上花费时间，能够准确地表达制图规范的学生反而更能赢得教师的好感。

3. 重视方案的整体性

快题设计方案的整体性，不仅是功能和秩序，有时甚至是形式上的整体性。平面布局、立面造型和细节都注意采取相似的造型元素进行设计，无论设计水平如何，都能够在形式上保证方案有一个清晰、整体的设计元素，鲜明的设计形式更容易在考试中变得醒目。当然，这种整体性不是随意去统一的。可以在自己的方案中任意地创造，但是千万不要在方案功能、尺度上挑战设计项目的合理要求。最起码，阅卷教师不喜欢。

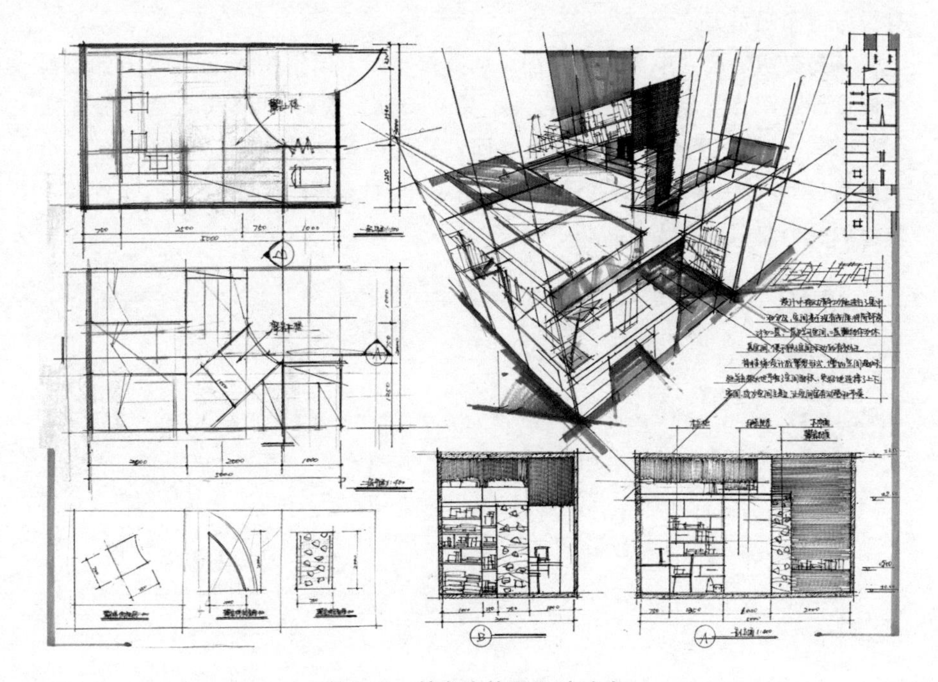

图 2-10　某考生快题设计试卷

总体来讲，快题设计考试要考核考生的设计能力和表达水平，必然会以设计方案的创新性和良好的表达效果来作为判断和选择的标准。但是，设计方案在进行主观表现的同时，也要具备的是工程特征，我们要保证设计方案实施的可能性，所以要以一种工程的概念来完成设计。

在各项图纸符合制图规范要求、制图准确完整并理性地表达设计方案的前提下，卷面的表达效果才有立场来描述方案，新颖的造型设计和绘图技巧才能够为设计添彩。所以，考试的清晰思路，其实是要首先做到绘图方法准确、了解题目的考查重点，然后运用自己最擅长的方法和元素来表达方案完成设计，这样的思路必定会发挥出最高水平。

2.3.2　把握重点

快题设计需要处理的设计问题和表达的内容繁多，并不是所有内容都直接干扰考试成绩。从设计角度来看，方案设计的考核重点主要集中在功能和流线的设计以及方案的效果表达上。考试中要认真理解题目要求，清楚具体的功能、面积、交通要求，以有效的方式进行设计和表达。

室内设计要注意方案的平面布局和整体的设计，流线安排合理，有明确的空间功能，能妥善处理题目设计的问题；景观设计要注意路网的设计和各节点空间的处理，梳理各具特色的组团空间以形成良好的平面功能和空间形态。

在设计方案和表达的过程中，有很多需要注意的问题，要把握重点，知道什么设计适合考试，什么问题不能出现，有的放矢地处理设计和表达方案，才能更好地掌控快题设计。

1. 少犯原则性错误

很难要求考生在考试中不犯错误，时间苛刻的快题考试不可避免会出现某些错误，出现错误并不可怕，也可以挽回，要学会聪明地应对。应该说，最聪明的考生要把犯错犯到教师们不太注意的地方去，而不要反过来强调自己犯的错误。例如：

平面图的比例不能选择错误，一旦错误那么在评分过程中非常危险，因为你和其他考生的平面图很明显不一样大，教师不看题目都知道你画错了。这就是我们不能出现的错误！但是平面图里某个椅子画大了、树画小了或者是铺装画得不够精细等非原则性错误在考试中是在所难免的，评分者也不会小题大做。

2. 将错就错，不要彻底否定原方案

考试中会因紧张和疏忽而在画面中产生一些错误，这些错误有可能是设计上的、线稿上的、透视产生了错误或者上色的效果不理想，等等，这些错误在考试中是不可逆的，一定要尽量避免。

考试的试卷是唯一的，考场上是没有多余的试卷备份的，我们也没有办法再变出一张纸重新进行修改。而且考试时间非常宝贵，考场上没有修改错误的时间。

所以方案设计过程中，首先要注意的便是准确达意，尽量在铅笔绘图和草图阶段就发现问题，及时修改。如果在方案深化的过程中发现存在某些错误，要采取合适的方法进行修改和弥补。如果开始画墨线和马克笔了才发现设计错误（图 2-11），那就需要在现有墨线的基础上进行适当的弥补和重新利用试卷上的墨线线条和颜色（图 2-12）。

图 2-11　造型和尺度设计有误，效果不突出

一旦出现了设计和表达的错误，首先想到的应该是基于错误努力修改，将错就错，重视结果，而不是擦掉一切重新开始。考试时间宝贵，一定要珍惜试卷上的每根线，要努力让所有线条都为自己服务。

3. 以简单、熟悉的方法处理问题

无论考试过程中出现什么错误和问题，都不要惊慌。对于能够修改和弥补的部分，一定要以自己最熟悉的方法来解决问题。例如画面构图问题。可能需要在画面中增设一些家具和植物进行构图的调整和弥补，这时候，绘制什么家具？增添哪种植物？应该选择绘制自己练习时掌握得最有把握的内容，运用自己最熟悉的方法来解决问题。考试对具体的设计上的限制不会很严格，快题设

图 2-12　在错误基础上修改设计

计的细节和创新允许有出入，在符合画面需求的前提下，可以凭经验处理和发挥。

4. 注意“收放自如”

因为时间有限，设计方案的前期概念肯定会出现某些不完善的内容，对于表达不够的内容，要进一步深化；表达过于琐碎和烦琐的部分，要注意调整和简化。在后期的表达阶段，需要主观地判断和选择，对于对整体设计效果没有帮助的设计细节和思路，则选择适当的方法调整，甚至可以回避，以保证试卷整体效果的完整突出。

2.3.3　适当设计尺度

要有自己的特色，敢于创新！要慎重、要适当！

很多考生为了追求方案的全新创意，吸引阅卷教师的注意力和视觉印象，在设计中盲目创新和一味地追求新颖的造型和出位的表达。快题考试成绩是多位阅卷教师所打分数的平均分。一个设计出位、盲目创新的设计方案在这样的情况下是非常危险的，往往很难取得理想的成绩。

究竟如何才能做到适度？需要在练习中积累经验，手绘效果图的表现特点和快题设计的工作方式都决定了快题设计不可能兼顾所有的设计元素并完整表现。一定要能够根据图面效果对表达方式和内容进行适度的调整。

1. 以任务书为准，强调客观的正确性

设计任务书是考试的基本要求，题目的限定条件以考核学生的设计应变能力为最终目标。设计任务书对设计的要求都留有余地，不会做过于刻板的限定，以给考生自由发挥和创新的空间。在考试中对于题目的具体限定要求一定要做到准确无误，但是对于没有精准要求、具备发挥空间的部分要注意表达自己的主观设计思路。

例如图纸的比例、尺寸标注等一定要准确无误，设计方案要能够准确表达设计任务书的要求，制定合理的功能流线。对于家具布置、具体细节、道路铺装、组团设计等不在题目限定的范围内的内容，要采取最擅长的方式来设计，这样才能轻松地完成方案的设计，也能够展现最高的水平。

2. 大胆尝试和表现

练习时可以百般尝试找规律。

试卷上千万要谨慎，不要乱尝试！

很多考生设计思路打不开，是因为平时只注重技巧的手绘练习，不注重设计上的创新，所以根本不能激发方案创新的思路。只有平时进行大量的尝试，寻找设计的规律，才能在考试中把握设计的方法。

3. 关于设计的问题

很多考生具备灵活的表现技法和扎实的制图功力，但问题集中在不能充分运用设计元素表达设计内容上。归其根本是头脑中“缺少设计”的问题，设计素材的匮乏和设计手段的粗劣使快题设计考试变得比登天还难。

解决设计问题，要在平时的练习中进行设计素材的收集和整理，熟练掌握快题设计中常用的室内外家具、常用绿化等素材的绘图技法；积累装饰符号、设计元素、设计细部处理等多方面的素材和经验。这些都可以作为快题设计考试中设计方案的构思源泉。

头脑中缺少丰富的设计概念和行之有效的设计方法，是制约快题设计效果的根本原因。总体来说，设计中要注意以下几个问题。

（1）选择简洁的造型设计

简单的几何形体和符号便于操作和把握，利于方案的统一。但是应注意造型设计要适合手绘表达，最好是几何造型，以便于在深化设计的过程中表达和统一设计元素和设计细节，并快速地体现设计目的。

（2）方案统一且有趣味性

设计方案中的造型元素要进行变化，在具体的比例关系和造型特征中追求空间的趣味性。若想让空间效果更加细腻丰富，具有节奏，那么对造型的处理则需要更加完整。设计中要注意在空间的各立面、不同功能内容中使用造型元素以及其变化衍生得到的造型，同时注意协调和统一。

（3）放弃抽象的设计

方案中的设计手法不要过于夸张和复杂，要结合最后的效果表达一起来考虑设计的方向。设计过于抽象和夸张的内容将会给效果图和平、立、剖面的绘制带来很大的麻烦。

平时的设计可以饱含情感地用方案展现某种感动，体现某种观念，考试中所用的工具有限，时间有限，也没有条件去表达细腻的方案和动情的灵感，在考试中是很难快速并准确地完成抽象的情感表达的。

例如，有些考生设计灵感来源于“风”、“扭曲”或者想要表达“痛苦”等很多类似的抽象的情感，这在考试中很难表达和塑造，也很难产生具体的造型来表达，故不建议在考试中尝试。

我们要第一时间选择能够快速表达而且形象鲜明、不容易产生歧义的设计概念去表达和深化，这样才能在考试中快速地把握设计的中心思想，并通过有效的表达和绘图完整地展现设计思路。

想得好，却未必画得出来。

不是吗？

所以，何苦给自己制造那么大的麻烦呢？

第3章　快题设计的效果表达

把绝活亮出来!

效果图往往是第一个进入阅卷教师视线的图纸,是表达设计理念和方案成果的最直接的“视觉语言”,也是首先打动教师的“绝密武器”。设计表达不仅要突出展示透视效果还要完整表达平面图的设计和功能安排,还要配合细致完整的剖面图、立面图深入分析空间做法和结构,所有图纸综合在一起才能生动地表现空间中的各种设计元素,表达对于空间的处理和思考,全面展示设计修养和水平。

3.1　透视与构图“全面展现设计思路”

手绘效果图是快题设计中表达设计的重要图纸,其目标是在完成平、立面等方案的基础上,科学地运用透视原理,准确地表现出设计方案中各设计元素的空间关系,更好地体现设计内容。本书不赘述生硬的透视制图规范,只精练地归纳出一些考试中的实用方法和透视技巧,现总结如下。

1. 视平线高度的选择

视平线高度决定着整个图面的透视关系和构图效果,根据方案的设计内容和图面需要进行整体考虑,结合设计空间的高度和空间造型的尺寸特点进行调整,这样才能将视平线设置在合适的高度以完善表达设计内容。

以室内设计为例,视平线的不同高度会产生不同的画面,直接影响着空间透视关系的表达效果。视平线以高度 1000mm 所确定的画面效果并不脱离人的视觉习惯,且能够全面展示空间内容并保证画面效果(图 3-1)。

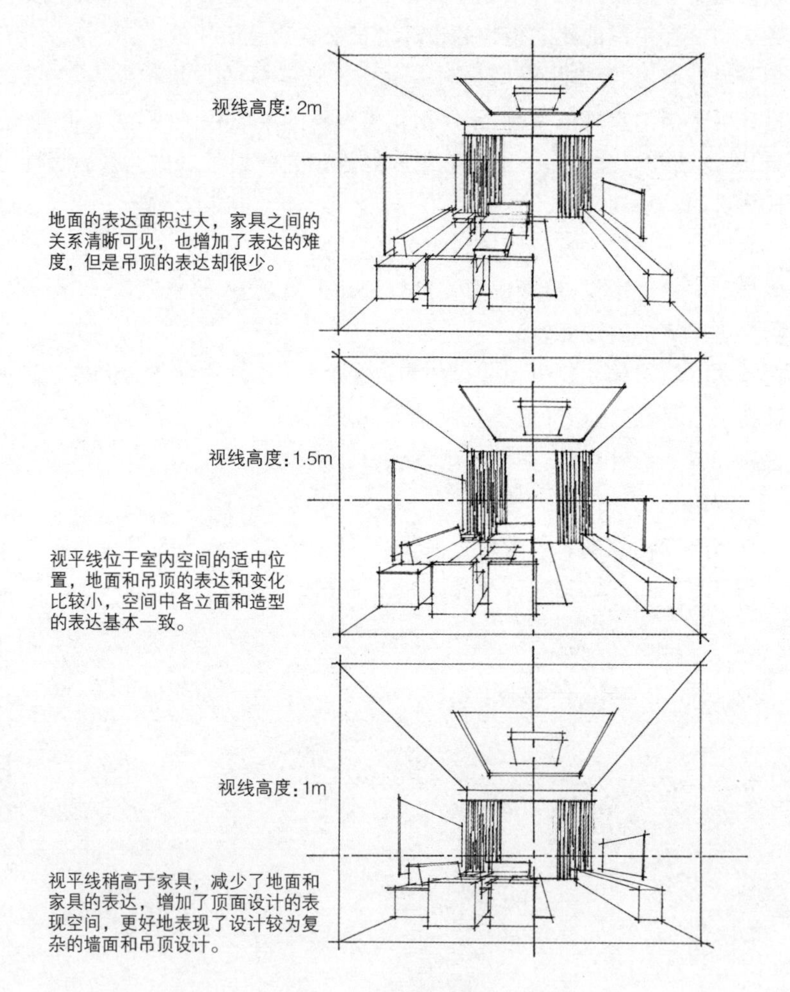

图 3-1　视平线的选择

总体来说,降低视线高度有以下几方面原因。

(1) 在正常情况下,设计方案的地面造型、高差及细节设计变化较少,而室内天花部分的造型、高差变化及相关的设计信息量要远远大于地面,景观设计

中里面的造型和细节同样比地面丰富。透视中将视平线设置在低于空间的中线的高度位置，能够让透视画面中的天花和立面造型所占据的面积大于地面，从而利于回避相对平整的地面，有助于设计重点的表现。

（2）对于很多初学者来说，地面的表现要难于天花。室内空间中所有的家具都摆放在地面上，地面的表达直接关系着家具的深入程度；景观的硬铺地面往往很大，并且很少出现造型、高差变化和家具安排，大面积的地面绘制难度更大。效果图绘图中主观地降低视平线高度，缩小地面面积，在某种程度上就降低了效果图的难度。降低视平线的高度能够减小画面中地面的大小，从而降低绘图的表现难度，也有助于初学者在绘制设计表现图的过程中扬长避短。

（3）将视平线降低，在室内透视图中人的视线对于天花将更倾向于一种仰视状态，这样能够使空间在不失真的情况下显得更加挺拔；景观设计效果图中视线略高于台阶和坐椅，能够将空间立面造型表达得更生动，使本不明显的空间造型更加完整，同时也能够避免图面头重脚轻的现象，从而更好地体现空间的设计。

（4）在特殊情况和个别的设计方案中，视线高度可以定得更低些。例如有大量餐桌、餐椅的餐饮空间设计，我们一般将视平线直接定为餐椅椅背的高度或者仅仅比桌面略高即可，800～900mm，这样我们便可以省去以俯视角度画大量地面家具的麻烦，在画图的过程中也将会省略很多桌面陈设的表现内容（具体的位置和大小都可以很容易地找到在空间的位置，表现的难度也大大降低，这在考试中是非常重要的），同时又更好地表现了空间中最复杂的墙面及顶棚天花板的设计。

（5）景观方案的表现中要更加降低视平线的高度，因为室外环境的家具高度更低。在景观设计的效果图中，近景一般为休闲坐椅、台阶等小尺度的造型和一些材质变化，且往往要出现大面积的硬铺地面。

景观空间中的主体高度是坐椅和基本造型的高度，所以我们将景观中的视平线设定为 500mm 左右，这样便省去了俯视小体积造型和大面积地面的麻烦，无形中放大了近景的尺度，容易形成夸张的透视关系，更好地突出空间尺度。既可以表现空间的整体效果，重点表现出空间家具和立面的具体造型设计，又能够更大程度地节约考试时间。

也许很多考生会考虑：这样地面表现得太小了，也没办法表现地面的设计呀！不要忘记，总平面图已经详细地表达了空间的安排和地面的具体铺装形式，效果图只是为了表达空间的立面设计和整体的空间效果，地面不再是表达的重心。

透视中的视平线高度直接影响画面中各造型要素的水平面大小和透视效果，在根据人的视线实际高度进行调节构图的同时，还要参考空间中各元素的高度和大小进行调整，原则上视平线要略高于主体造型水平面的高度。这样在表现的时候才能够让造型的平面大小比较适当，便于更好地控制画面效果。

2. 方案绘图的步骤

整体来看，透视构图的每个绘图步骤都需要不断地选择、判断和思考，绘图过程是一个循序渐进、不断选择和判断、逐渐深入的过程。以室内设计为例，从方案设计的角度要综合运用透视规律和方法，选择合适的透视角度并协调画面中的各个因素才能够完整表达（图 3-2、图 3-3）。

对透视方法中各辅助点位置的确定和各项要素的调整直接影响着画面的组织方式和图面效果，这也是后期建立画面的基础和前提。在绘图过程中不能死守规范，要根据图面效果随时调整和修改，灵活运用这些规律和方法才能更好地表达设计。

所以，在快题设计备考过程中要善于总结个人的作图习惯和适合设计方案的表达方式，经常总结绘图中的经验教训，这样在以后的效果图表现的过程中才能更加自如地表达，更加轻松地驾驭设计方案。

3. 熟练掌握透视方法

选择透视角度和方法时要充分考虑设计方案的特点，选择最能够突出设计方案特征的透视方法组织画面。一般来说，一点透视因为用一个灭点控制 3 个竖向的立面墙体，而且空间中的造型和家具形式都按照一定的方向排列和布置，使得空间效果会显得比较呆板和单一。若空间设计中使用的造型比较夸张、大胆，有较多的斜线和高差变化，不同空间功能的尺度变化很大，空间中的层次较多，则可以采用一点透视（图 3-4）。

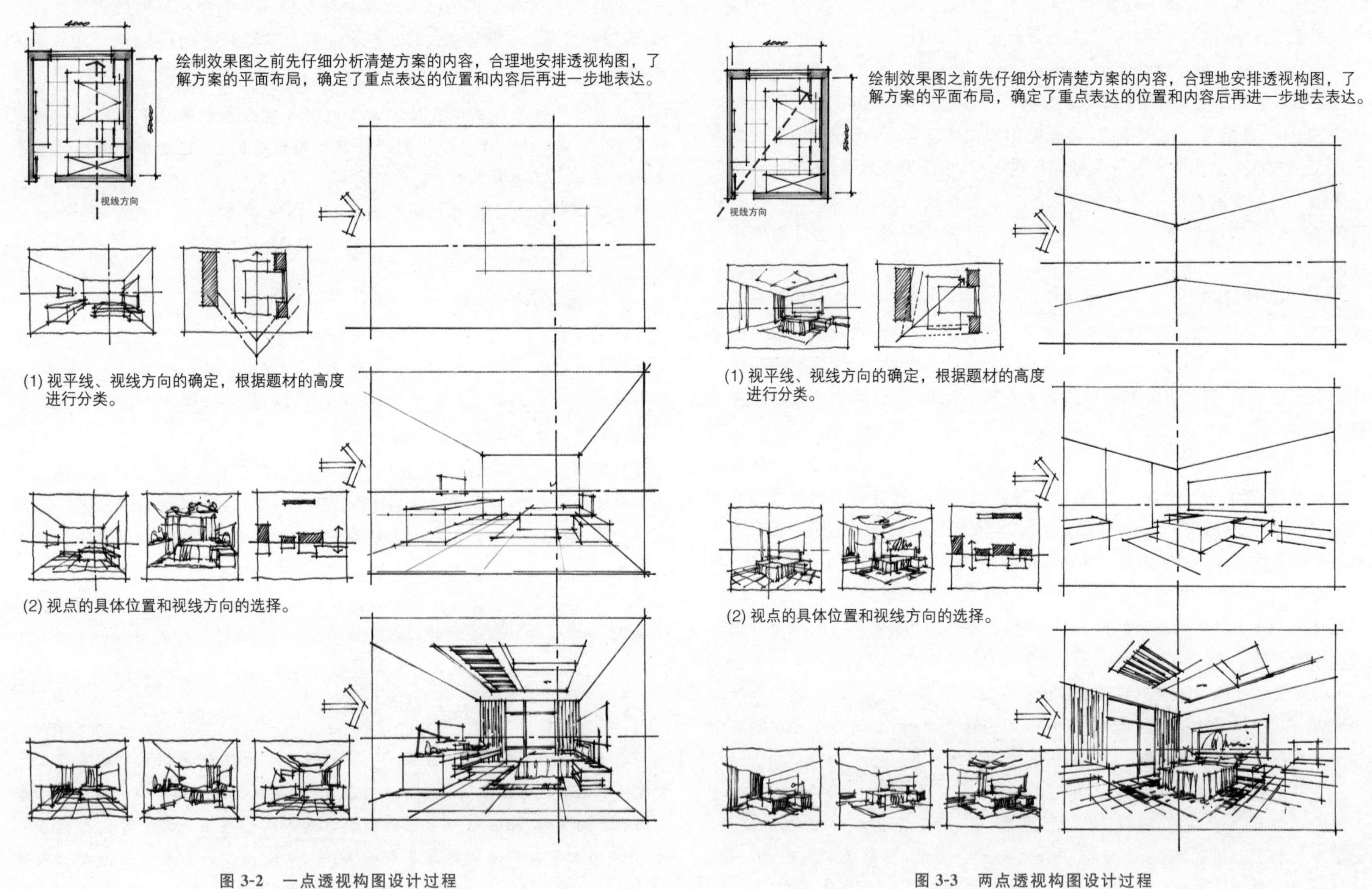

图 3-2　一点透视构图设计过程

图 3-3　两点透视构图设计过程

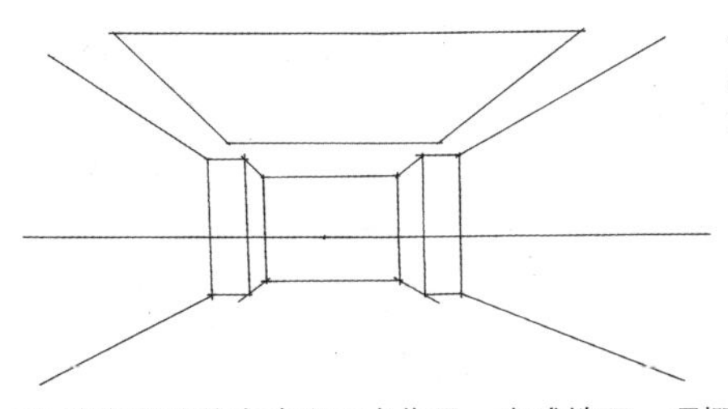

一点透视的线稿构图首先要明确方案的设计概念，确定视线方向和所表达的设计核心内容，然后再根据一点透视原理进行绘图。

(1) 确定视平线高度和灭点位置，完成地面、顶棚和各墙体立面的初步空间透视效果图。

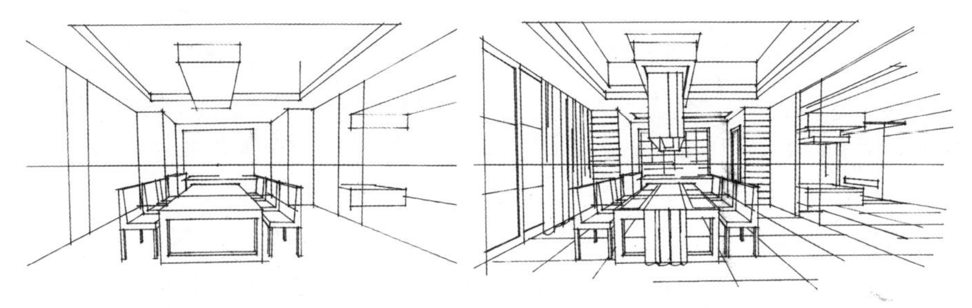

(2) 根据视平线的高度和立面关系，确定空间主体家具、各立面的主体造型特点。

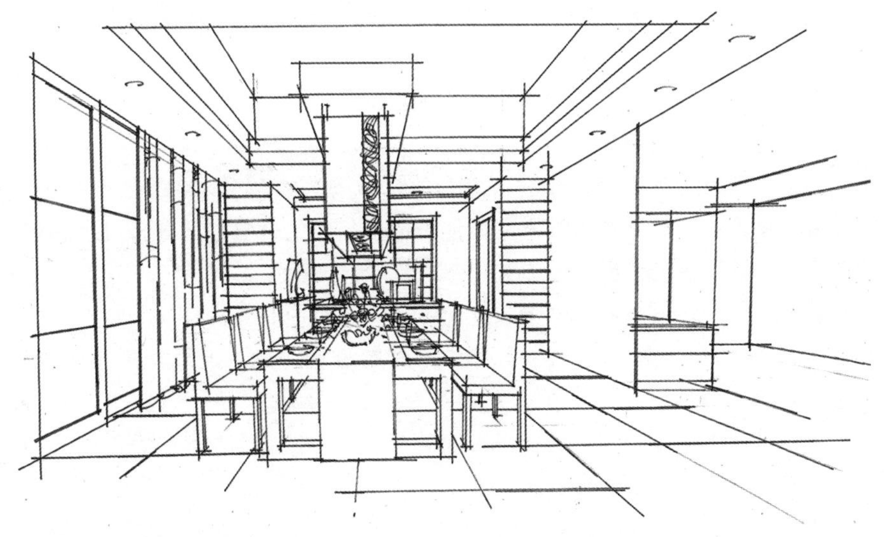

(3) 通过各材质特点表达、造型和形体关系细节，进一步丰富空间内容。

图 3-4 一点透视方法

两点透视因为使用两个灭点控制不同方向的造型和变化，并且可以灵活地调整灭点的位置，故所表现的空间效果也比较生动灵活。所以，如果室内设计中所使用的造型比较单一、简单，空间中的高差变化较少，尺度变化不大，则可以采用两点透视的透视方法增加空间设计的灵活性。在设计中要灵活地根据设计方案的需求调整和运用(图 3-5)。

在手绘表达的过程中，要从画面效果的角度出发随时调整不利于表达效果的因素，例如透视角度、家具高度、吊顶特征等。绘图中要重点描绘能够突出设计特点、展现空间特征的造型元素，并主观地适当调整室内的家具高度、大小和周围陈设内容的比例关系。

在表达过程中也会产生新的设计构思，效果图表达的过程实际上也是一个方案再次设计和深化的过程。在快题考试过程中，随着空间效果的逐渐深入、表达和方案具体造型的不断展现，初步方案中的某些不成熟的设计细节便需要一个再调整的过程。所以，在考试的过程中要不断抓住头脑中的灵感，努力渗透进方案设计中，不断优化自己的设计方案。

4. 整体理解并总结经验

丰富的绘图经验和熟练的操作方法是成功创作手绘效果图的必备条件，也是手绘设计效果图中最为关键的因素。在具体使用的过程中需要结合绘图经验，整体地协调运用，才能更好地掌握透视规律，更充分地表达设计方案。在备考过程中一定要整体地理解透视规律，并结合自己的绘图习惯和对不同透视方法的理解掌握情况进行总结和分析，摸索出最适合考试的绘图方法。

手绘设计效果图的表达虽然具有很明显的主观性，但是令人赞叹的设计作品中的表达方式总有些相似之处，影响图面效果的几大元素之间的关系也总是存在着一定的规律。本书总结出了一些基本的规律和方法以供参考和运用，在掌握这些基本要领之后再逐渐总结自己的作图习惯和方法会助你事半功倍。

3.1.1 方案设计重点与表现角度

在快题考试中，绘图的参考和具体的衡量标准与平时的效果图表现不同，考试中没有太多余地让我们发挥和展现，要放弃华而不实的“水袖功夫”，绘图

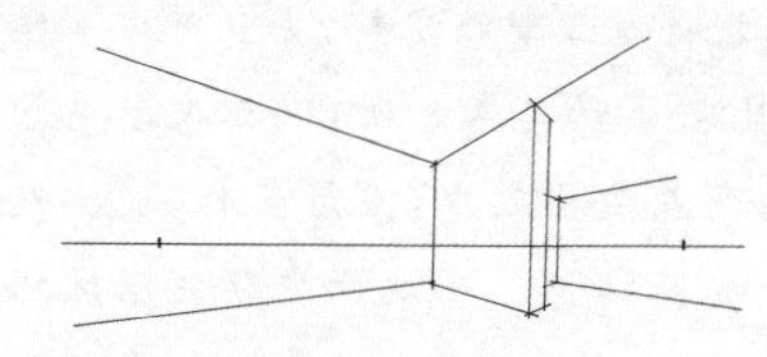

两点透视的线稿构图首先要明确方案的设计概念，确定视线方向和所表达的设计核心内容，然后再根据两点透视原理进行绘图。

(1) 确定视平线高度和灭点，完成初步空间透视效果图。

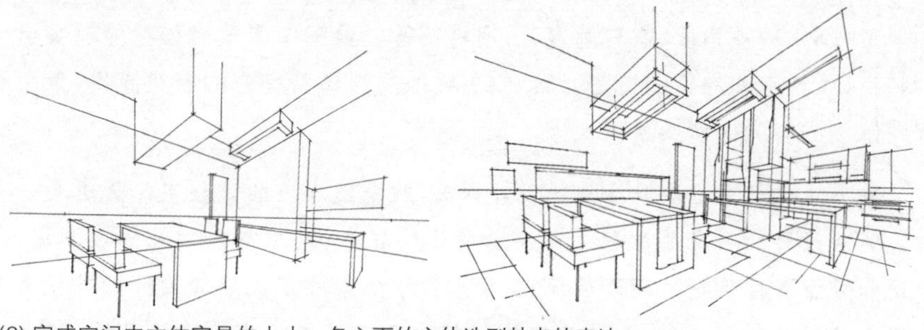

(2) 完成空间内主体家具的大小、各立面的主体造型特点的表达。

(3) 完成立面造型和材质特点的表达，勾画各造型和形体关系的厚度、高度以及各立面的转折关系，进一步丰富空间的内容。

图 3-5　两点透视方法

中“直奔主题”直接有效地表达方案。

对于很多随意的设计习惯要放弃和克制，而要熟练掌握透视构图和马克笔表达的技巧，具备合理有效的透视关系才能满足画面视觉效果的需要。设计内容和细节都要依据画面的比例关系确定，根据所表现的设计内容和空间需求决定绘图的角度和透视关系，甚至色彩的选择都需要重新思考和把握，以保证绘图内容的快速、有效。

1. 根据设计内容选择透视角度

线稿是设计表达的第一步，所以在线稿的绘制过程中，不能仅仅凭借个人的绘图习惯来决定线稿的透视关系，而应该由空间围合形式和具体的设计内容决定选择透视的角度和方法。设计方案的重点是空间的功能划分、整体氛围的营造和细节的设计，在考试中一定要通过透视准确、构图合理的效果图来努力展现设计的内容。

任何方案设计都有所侧重和考虑，设计中所选用的造型和具体的组织方式也会为空间营造一个主题突出的设计。效果图表达的目的是重点突出这些设计中所重点考虑的核心问题。紧密围绕平面方案中的设计核心进行透视角度的选择，这样才能更好地突出设计方案。具体来说，有以下问题需要注意。

首先审视特色创意造型在空间中的具体位置，按照具体的空间位置考虑选择适当的透视关系和具体的表达方法。一般来说，方案的平面布局中家具造型最集中的位置便是手绘表现最应该建立并认真表达的画面内容。在选择灭点和透视角度的时候要始终围绕方案设计特色最集中的位置进行选择，以便效果图所展现的设计内容能够比较完整地突出设计方案的思路(图 3-6)。

综合考虑视线所看到的位置和空间中具体造型的高差关系、设计的具体内容以及墙、地面的造型特点和空间关系，即综合空间中的所有要素进行效果图中透视角度的调整。

景观设计效果图一定要选择地面有高差变化、空间景观有前后彼此遮挡、空间中有一定高差造型的角度进行表现，以保证画面中表达的造型内容之间具有高差的变化、远近的疏密层次和适当的大小体块的穿插关系，这样才能够丰富画面的表达内容和效果，并且使所展现的设计内容具有更多的趣味性和设计感(图 3-7)。

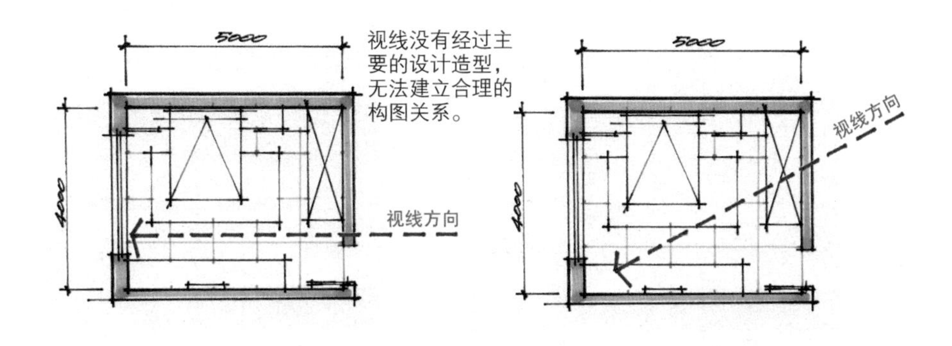

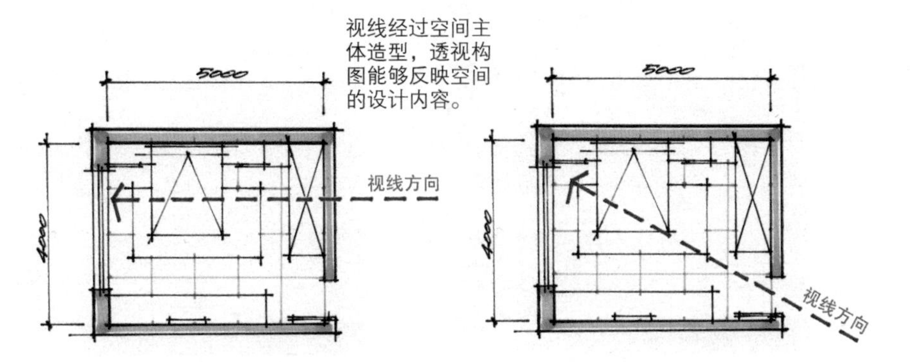

图 3-6　透视角度与平面方案的关系

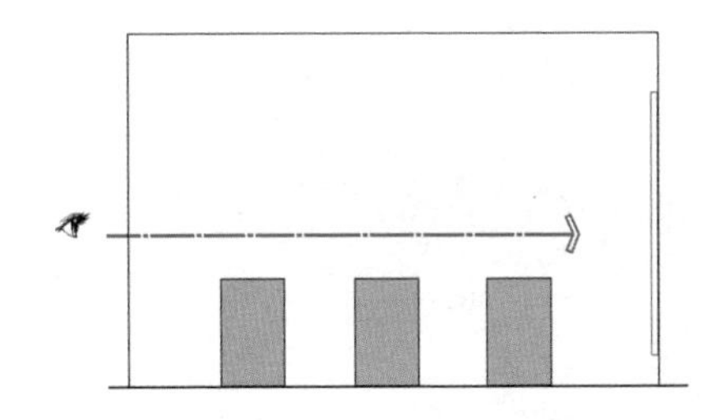

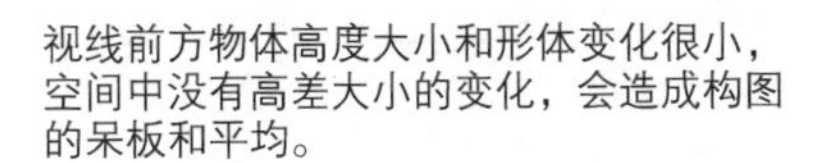
视线前方物体高度大小和形体变化很小，空间中没有高差大小的变化，会造成构图的呆板和平均。

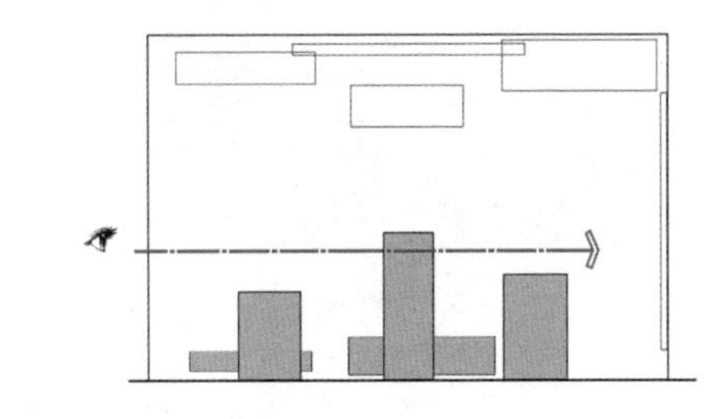

视线前方物体高度大小和形体变化丰富，这样就会让画面中的物体高差变化丰富，从而利于组织画面。

图 3-7　透视角度与空间造型的关系

考试中的构图宗旨：前方家具或造型能够对后面的空间内容产生一定程度的遮挡，通过遮挡营造空间透视效果并减少工作量。

如果方案中不具备造型间彼此遮挡的条件，则可以在方案中利用增加隔断、植物、设置物等手段进行调整。尤其是有大量桌椅的空间和大面积硬铺地面的景观空间，考试中要巧妙地避免复杂的角度，有合理的遮挡和设计手段可回避和降低效果图表达的风险。

2. 方案内容影响构图方法

设计方案所涉及的内容很多，如造型、材质、尺度、色彩等，这些复杂因素在各个层面上都影响着效果图的表达。室内设计方案中的具体造型、家具的距离、吊顶高度、地面的高差等各要素之间的关系都影响最终的设计效果。景观方案中的路线设计、功能组织、造型尺度和距离远近等，各个因素都左右构图的方法。

常用的透视方法是一点透视、两点透视，不同的透视方法具备不同的特点，结合设计者不同的设计习惯而适用于不同的设计方案。在手绘表现组织构图的时候，一定要综合方案的各项设计内容，选择恰当的透视方法将设计方案所要表达的内容进行全面的组织和整理，并生动地表达出来，这样才能够真正地满足手绘效果图表达设计目的的要求。

只会一种透视方法能打遍天下吗？

毫无疑问，不同的透视方法和原理在透视构图中起着不同的作用，熟练掌握并灵活运用才能在考试中所向披靡。道理显而易见，但是却总能遇见这样的考生：透视掌握不熟练，却总是抱着侥幸心理准备考试，总是惴惴不安地祈祷考试题目对自己有所偏爱。但往往总是那些准备充分、知识掌握牢固的考生取得成功。

只有把知识武装到脑袋，技巧舞动在笔端，才能够在考试中得到理想的成绩。仔细分析透视原理，结合方案设计灵活调整，才能真正理解透视和构图。一般来说，若室内设计方案中没有夸张的造型，设计形式较为单一，空间的高差和细节设计较少，在绘图中可以选择两点透视，能够使画面显得更加灵活生动（图 3-8、图 3-9）。

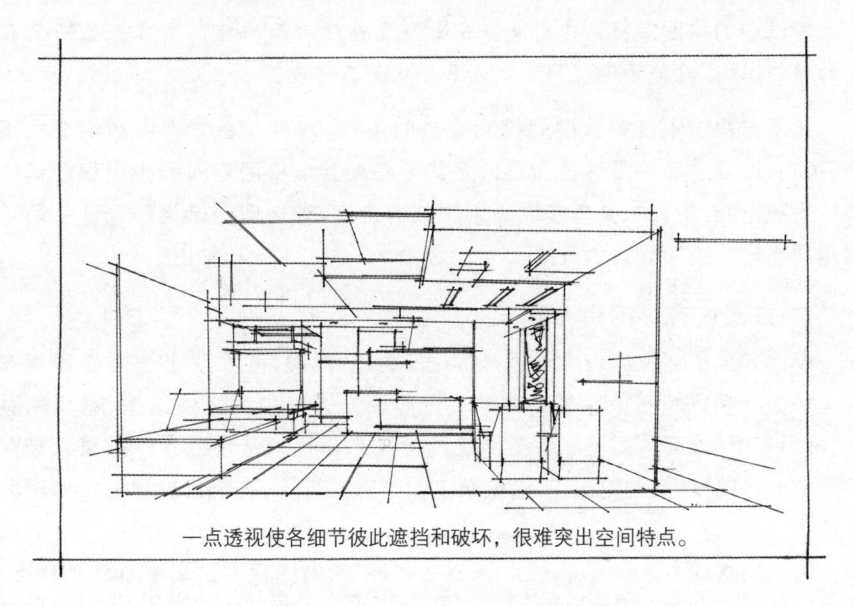

图 3-8　运用一点透视所表达的空间方案

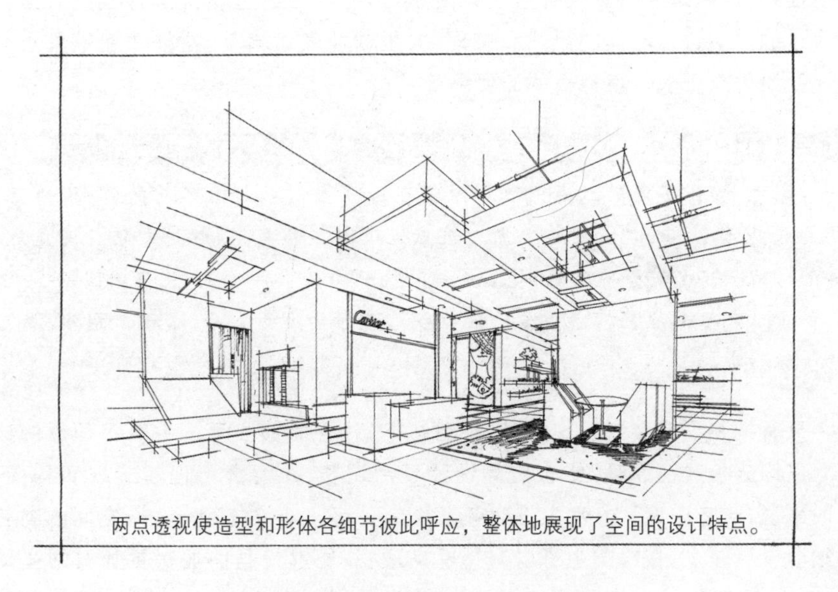

图 3-9　运用两点透视表达的空间方案

景观设计绘图对于透视方法的选择(图 3-10、图 3-11)。

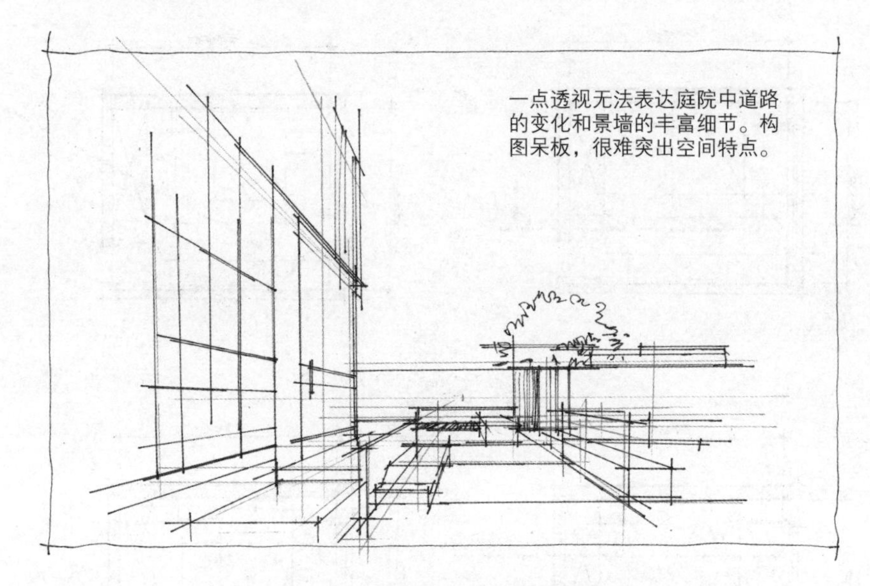

图 3-10　一点透视表达的庭院景观方案

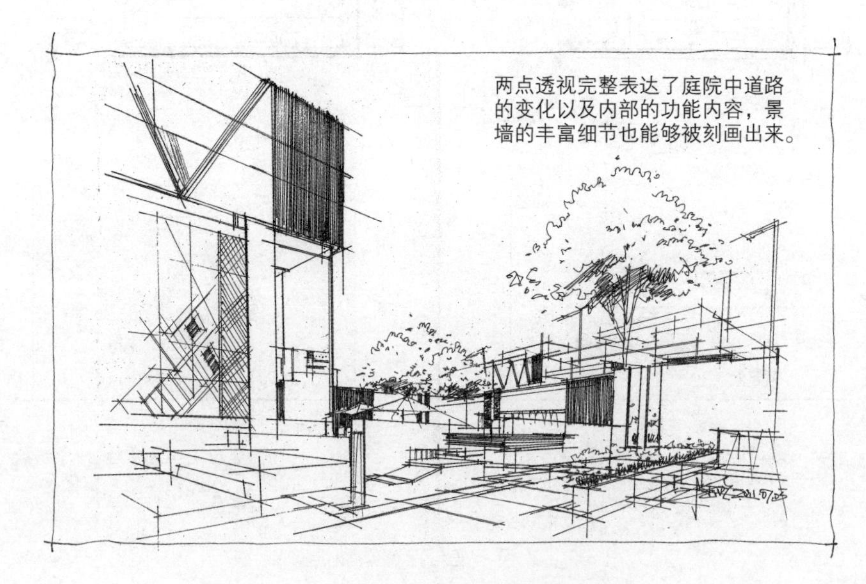

图 3-11　两点透视表达的庭院景观方案

若空间中有夸张的造型要素，设计形式变化丰富，空间中有大量的设计细节和一定的高差变化需要在透视中去体现和表达，则可以考虑选择稍显刻板的一点透视进行绘图，运用规律的透视方法来平衡活跃夸张的空间造型，以免过于灵活的透视方法和丰富变化的空间内容互相冲突，反而削弱了画面的表现力（图 3-12、图 3-13）。

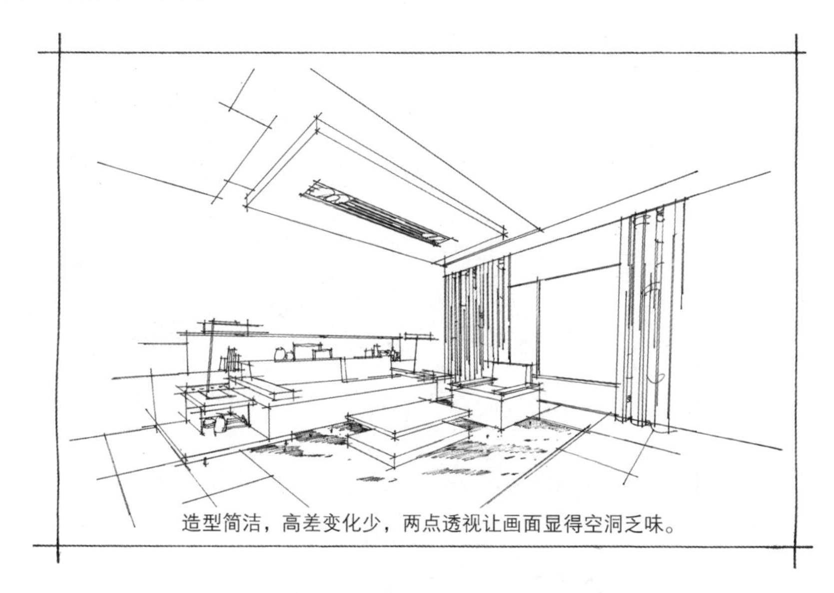

图 3-12　运用两点透视所表达的空间方案

选择透视角度和方法时要充分考虑设计方案的特点，选择最能够突出设计方案特征的透视方法组织画面。要认真分析透视构图和图面效果之间的关系，理解不同构图和色彩关系的组合变化会对效果图产生怎样的影响；总结画面形成的规律和具体的调整方法，更好地理解透视原理和效果图的表达，更灵活地运用在快题设计考试中。

根据方案内容适当地运用不同的透视方法组织画面是绘制效果图的基础，只有和方案内容相适应的透视方法才能更好地突出方案设计的独特部分。任何一个让人流连的作品都离不开合理的构图，只有满足审美需要的构图才能组织起画面的整体效果。

在设计效果图时要重视画面的构图形式与方案设计内容的关系，选择合适

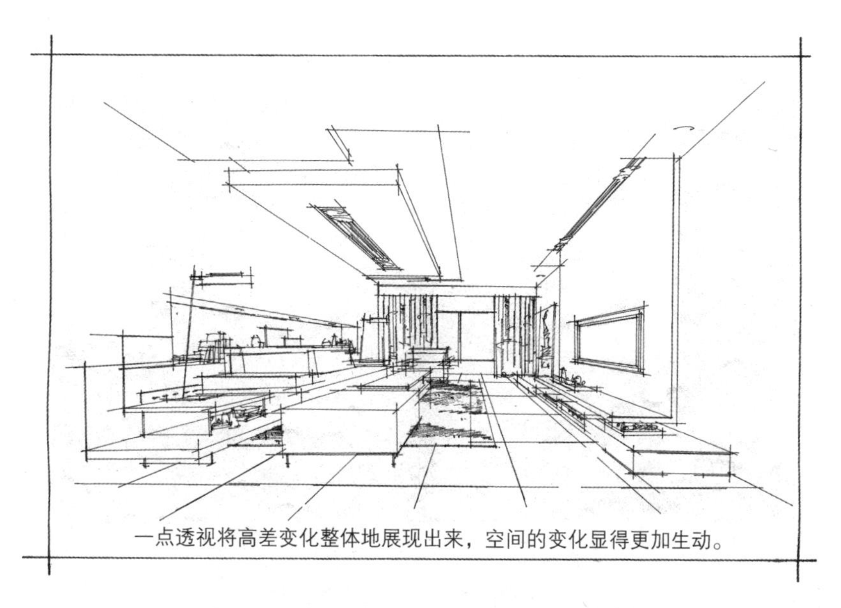

图 3-13　运用一点透视修改过的空间方案

的透视方法组织画面，根据画面适当地调整表现的内容和形式，这样才能满足效果图的审美需要。

在线稿绘图过程中时刻注意空间中各物体之间的远近关系，才能更好地突出空间层次，同时注意重点突出并深入刻画视觉中心的物品和设计内容，并且要兼顾整体画面的效果。各部分的深入程度要恰当，在视觉中心的位置运用大量的线条和精力突出设计内容，对于在画面构图边缘位置的设计内容则要适当地省略和简化对造型细节的描绘，这样才能更好地突出视觉中心并使构图的重点更加明确。

在兼顾整体画面对墨线进行不同的处理和调整之后，还有一些容易破坏画面的制图方法需要在绘图过程中注意避免。画面中不要形成居中的线条和形体（尤其是景观效果图），这样很容易便将画面平均分成两个部分，使画面显得呆板没有生气（图 3-14）。

整体来说，构图不能过满，同时也不能过偏、过小，这样才能以完整的构图表现设计内容。同时需要注意线稿最终形成的构图轮廓应该是舒展的、不规则的，从而能够使画面效果比较灵活生动（图 3-15）。

图 3-14　构图出现居中的造型

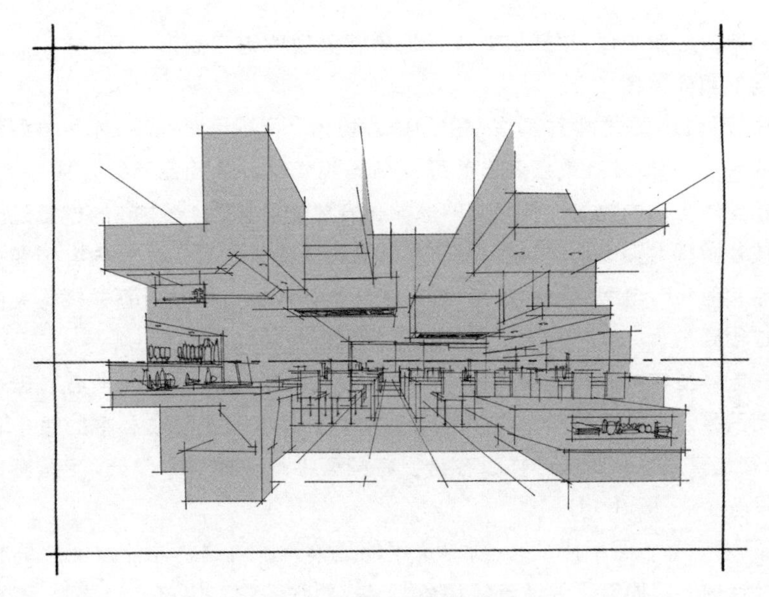

图 3-15　线稿的构图轮廓示意

景观效果图要注意植物的位置和大小，这对构图非常重要，很多考生热衷于刻画植物，效果并不生动的植物会直接破坏画面效果(图 3-16)。

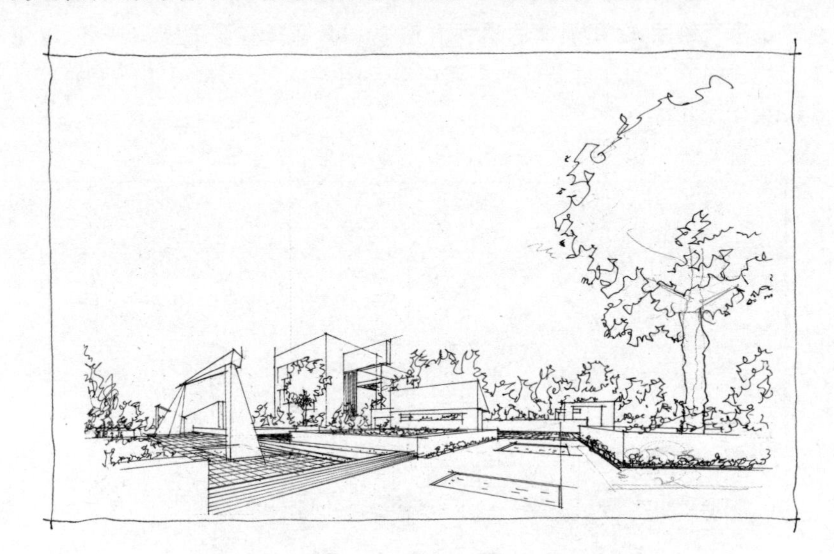

图 3-16　过大的植物无法突出构图主体

3. 线稿绘制突出空间层次

刚画了几笔就发现交卷时间快到了，抓紧平、立、剖！

这是经常出现的事。

快题设计的各类图纸几乎都需要用墨线完整地表现出来，之后才能进行马克笔上色以及继续深入表现方案设计的细节。线稿的质量直接影响效果图的最终效果，在绘制过程中一定要重视线稿构图和表达的重要性，并且整体地理解效果图中线的特点才能更好地掌握效果图。

在透视准确的前提下注意用线的变化，综合考虑透视关系进行轻重、明暗的调整，透视的准确和线条的流畅是后期马克笔上色的基本保证。在透视准确、构图合理、设计造型刻画生动突出并且灵活运用线条的墨线稿的基础上，我们在考试中简单着色便能轻松地表达设计方案。

4. 全面展现方案设计重点

在方案的表达过程中要保持头脑的清醒，能够运用合适的表达手段突出自

己设计方案中最精华的部分。要根据设计内容选择合适的透视方法，突出设计重点。一点透视和两点透视是手绘设计表现中经常使用的透视方法，在绘图中都各自具有一定的优势和独特的画面效果。绘图中需要灵活运用透视方法和室内家具的布置安排来协调空间效果，选择合适的透视角度表达设计重点。

根据设计方案中主体造型元素的位置和空间的关系适当地调整透视角度和具体的透视方法，尽量保证画面中所描绘的几面墙体大小和动态能有所变化并和空间设计内容相适应，能够衬托空间的造型元素，使其显得活泼生动，这样才能够使设计表现得更加充分。针对不同作品进行的调整可以很清楚地看出透视构图方法和方案设计的关系（图 3-17）。

3.1.2　突出表达主要设计意图

考试中经常出现的问题是画蛇添足：本想运用陈设小品丰富画面，最终却造成画面的无法控制；想要运用植物的刻画来烘托景观设计的氛围和空间特点，却不小心让植物的表达过于丰富和细致，使景观效果图变成了植物风景画。

快题设计的效果表达和构图出现的很多问题都值得反思和总结。效果图的目的是表达设计方案的空间预想效果，方案的主要设计内容一定要着重表达、重点刻画，在设计表达中要注意所刻画的造型特点、材质肌理以及各元素之间的关系的统一协调，通过整体协调的设计内容和元素关系，具体表达空间的核心内容和设计意图。

表现什么内容？

究竟要表达多少设计造型？

绘图中表达到什么程度才叫合适？

快题设计表现一定要明确方案的设计主题，在设计中所有的要素都要为主题服务。考试时间苛刻，真正用来表现效果的时间少之又少，这就需要考生具备整体把握能力，以协调好图面中各个元素之间的关系。在透视关系和空间内容的组织上要适当突出室内设计中最具创意的造型，表现空间中最具特色的角度。在画面的适当位置突出表达设计方案的主要创意思路，将方案中最具特色的造型和要素放在构图的视觉中心，让人一目了然，突出设计特色。

效果图要做到表现内容和设计方案的合理协调，这样才能通过合理的设计内容最终突出表现设计方案的预想效果。图 3-18 针对某作品进行的调整可以更清楚地体现设计意图。

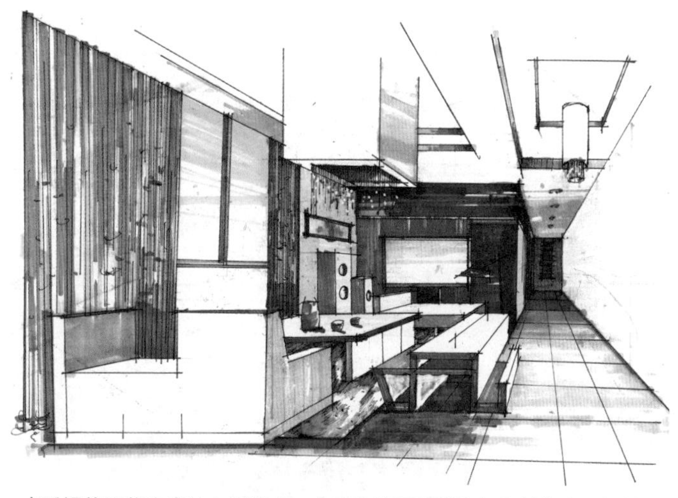

一点透视构图将走廊纳入视线中，空旷的墙面和道路与左侧挤在一起的家具形成强烈的对比，无法突出表达空间的设计。

调整为两点透视构图，回避长走廊和墙面，重点表达客厅家具和立面造型，不仅平衡了构图，而且使空间设计的重点得到了充分的展现。

图 3-17　根据方案内容调整透视方法

设计内容若过于苍白，则必然会使得构图过于空，最后无法得到丰富的画面效果。

将效果图中的造型细节结合设计方案进行合理地调整，通过不同造型最终突出表现设计方案的预想效果。

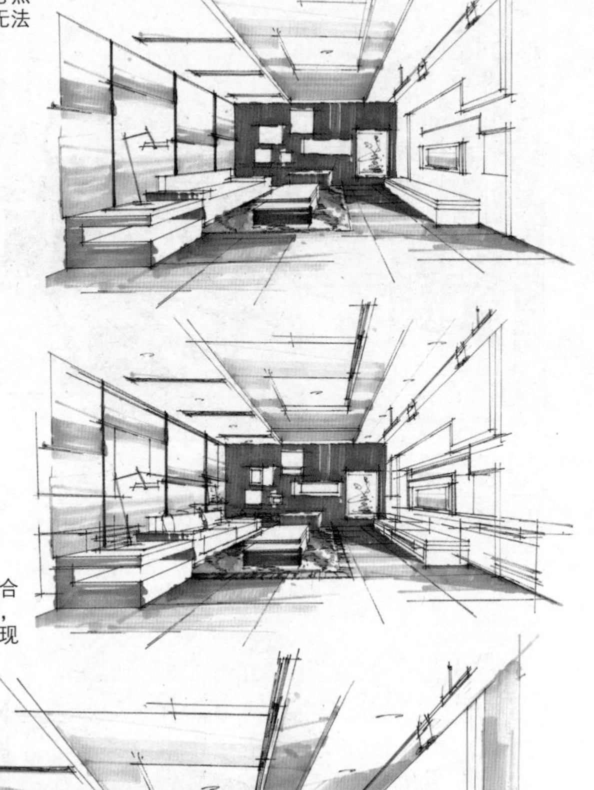

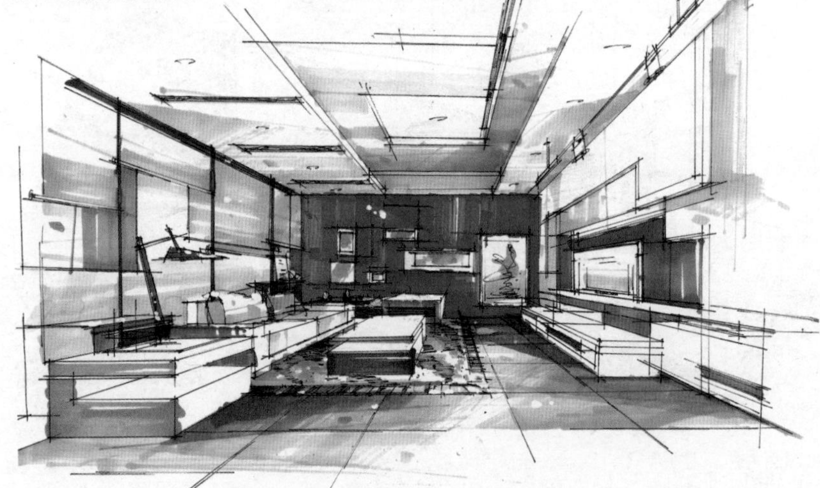

图 3-18 运用细节的对比关系调整画面

图 3-19 所示方案采用折线的设计元素组织设计，但是无规律的折线很难统一，造型和透视关系彼此干扰，故很难展现设计的重点和设计概念。

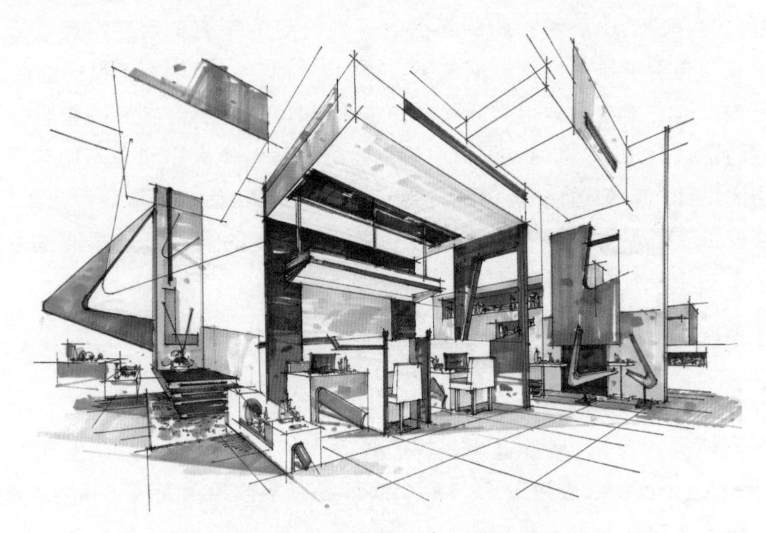

图 3-19 设计造型和透视关系的彼此干扰

修改中依然保留折线设计概念，各造型元素间有一定的规律并统一协调，设计理念重点突出完整地展现设计(图 3-20、图 3-21)。

图 3-20 造型元素具有一定规律

图 3-21　造型元素做到彼此统一

图 3-22　过多的琐碎细节无法突出设计重点

某些设计概念因造型、尺度和材质的特殊性，在表达过程中困难较大，要适当放弃和调整，或者简单表现以免影响总体效果。图 3-22 是某餐厅设计方案，其过于关注各造型的琐碎细节，且采用的设计元素很难统一，太多细节和变化让画面的元素彼此干扰，很难展现设计的重点。

修改中将表达主体放在构图中心，省略复杂的细节表达，统一画面造型和设计语言，运用简洁造型和色彩表达空间设计的重点(图 3-23)。

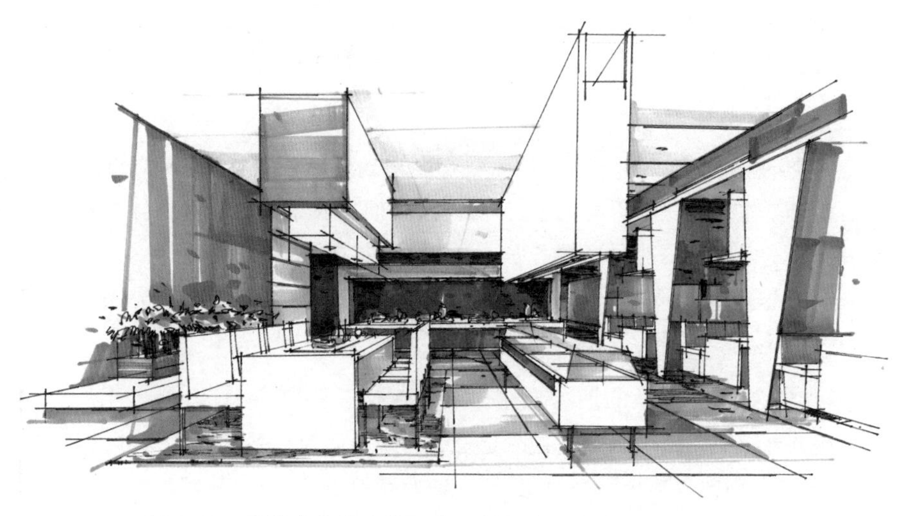

图 3-23　表达主体放在构图中心保证造型和设计语言的统一

3.1.3 设计策略和构图禁忌

设计思路是效果图的重点表现目标，但是在绘图中不能毫无节制地随意表达和强调，要注意各元素之间的协调统一，兼顾整体的画面效果，在需要的时候甚至要放弃某些造型和概念的设计。

如果画面到处都在刻意强调表现设计中所采用的造型元素，则会使画面很难突出设计理念，设计元素彼此干扰更加无法表达设计意图。同时，手绘能力会制约对方案的充分表达。种种因素都制约和束缚着快题设计表达，为了回避绘图的困难和更好地突出设计，考试中的设计表达有独特的设计策略和禁忌。

1. 视平线一定要控制住

依照本章所述，室内透视中将视平线设计在 1m 左右，略高于空间主体家具；景观效果图的视平线设计在 1m 以下，甚至可以在 500～600mm，略高于地面，这样会大面积地减少地面的表现，节省考试时间。

2. 画工可以很烂，设计必须扣题

构图不好，没问题；上颜色很拙劣，没问题。这些都可以通过技巧和方法掩饰，但是设计思路和功能组织的错误在考试中是无法回避的。设计方案跑题、不能满足题目要求、出现明显的错误等情况往往是致命伤。

3. 构图中的前后遮挡

无论是室内还是景观设计，构图中都会出现大量的设计元素和造型，效果图很多的工作是在处理不同大小、位置的造型间的关系。在构图中注意空间设计中各个造型元素的前后遮挡关系，可以营造彼此的对比和变化，这样便于表现空间的尺度，形成鲜明的空间关系，尤其适合表现大面积的空间环境(图 3-24)。

图 3-24　空间造型的前后遮挡

4. 学会运用夸张的造型

快题考试效果图中的造型在满足设计要求的同时还要兼顾画面效果，很多时候要做“画面效果需要”的设计。造型的新颖很重要，视平线降低使表现的重心转移到立面上，室内主要是家具和墙体的立面处理，景观设计主要的立面是主体的雕塑、休闲设施和植物，设计中要注意主要设计语言的统一和新颖。

夸张的造型设计要尽量放在画面的视觉中心和前面的位置，这样设计的语言和大胆的想法能够被更明显地表达出来。但是“夸张”要适可而止，在自己可控的范围内，满足构图需要并且能突出设计特点的夸张才是考试中真正需要的(图 3-25)。

5. 善用植物、地面铺装、家具控制轮廓线

快题试卷一般是 A1 或 A2 图幅的绘图纸，卷面很大，所有图纸集中排版布局，试卷的排版布局、构图的美观和试卷整体要求都需要效果图能够活跃气氛。但是考试中活跃的线条和透视不能用设计的造型和空间特点来冒险，这样会增加绘图的难度。考试中要善于利用灵活的要素来控制画面，例如植物、地面铺装，可以根据画面的需要进行调整。对于植物，可以灵活地调整其摆放位置和高度，家具的大小和细节的刻画可以影响构图的状态，地面铺装可以调整地面轮廓的大小，通过这些能够随意控制和变化的元素，可以控制效果图的构图和设计。

图 3-25　构图突出设计特点

6. 对称构图很可怕

画面不要过于对称，这样会使画面过于死板，如果在构图的时候没办法回避，那么在后期效果图的深入过程中要进行调整（家具造型尺度的变化、材料变化等）。构图和空间的造型轮廓在画面的中线位置分割，结果也会产生画面生硬分割的效果。而且，图面中等大的体块关系会带来等大的色彩关系，造成画面的呆板。

7. 忘记圆形和弧线

透视中最难画的是圆形和弧线，效果图中的造型往往伴随着细节设计和空间变化，这更加大了透视的难度，往往需要花费更多的时间和精力。除非个人能力很强，否则不建议在快题考试中选择圆形的造型进行整个方案的设计，实在需要刻画也要谨慎处理，不要在构图中占据太大比重。

8. 控制好"配角"

效果图中的"配角"主要指植物和地面，以及一些与主题设计不相干的元素。对"配角"的过分表现，容易使配景的精彩程度超过主体设计，这样便使得效果图很难展现设计的重点。

9. 效果图中没有人

很多考生在效果图中细化绘制人物以烘托画面的氛围，如果功力深厚当然无可厚非，也一定会给考试带来好处。但是对于不擅长绘制人物的考生来说，就放弃这个想法吧，先不谈画的是否生动，人物的大小如果没控制好就直接影响阅卷者对于空间尺度的判断；同时人物身上的衣物又增加了选色和协调画面的难度。

10. 巧妙使用轴测图

轴测图是近年快题考试中偶有出现的一种透视方法，能够明确地表达空间组成和具体分布特点，利于方案的整体呈现。就算考题不做要求，我们也可以在考试中尝试运用。

面积紧凑的空间类型都可以尝试运用轴测图来表达，例如展示空间、学生宿舍空间等设计，都可以采用轴测图的方法表现。因为展示空间较小，空间内容较为明确，造型元素比较整体，运用轴测图的方法能够完整地表现空间，如果使用传统的透视方法反而很难表达空间尺度。在设计中还要注意造型的对比和色彩的关系（图 3-26）。

在景观设计部分还有一些禁忌需要在考试中回避。

1. 一块大平地

虽然降低视平线会让地面的面积变得很小，但是如果设计中没有注意高差变化，平整单一的平地加上没有新意的铺装，很难表现出景观的空间感。设计中在构图需要的地方增加几个台阶，同时注意台阶在高度和宽度上都和场地的尺度协调，便足以解决这个问题。

2. 眼前一个大水池

构图中出现大面积的水池，也许线稿运用几根线便可轻易地表现出来，但是上颜色的时候便很难避免对于大面积色彩的处理。水的蓝色在景观效果图中是比较明显的颜色，面积过大且没有高差变化是很难处理的，一旦处理失败，则对考试成绩有很大的影响。

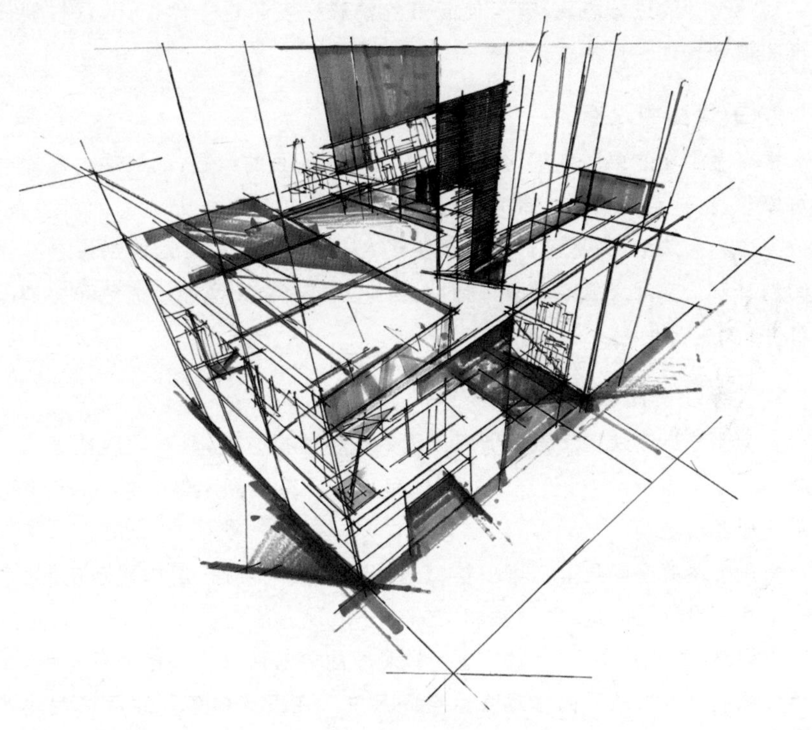

图 3-26　轴测图

3. 喷泉你真的画不好

水的材质是通透的，喷泉实际上没有遮挡功能。效果图中，喷出来的水体后面和周围的景观环境还需要表现，无形之中加大了效果图的难度。效果图中的水体设计要尽量缩小尺度，利用汀步、小型叠水等丰富造型变化的设计进行表达，可以最大限度地降低表现难度。

对于快题设计，任何求快、求准的方法都值得掌握。

任何方法一旦熟练掌握后都不耗时，再结合经验适当简化，会更为快速。积累丰富的设计素材，结合简单而精确的方法常加练习，一定能练就快速的设计表达能力。

虽然方案设计不提倡模仿别人，但是设计时往往需要有相应的素材作为激发点和参照物，平时多看多想多做积累非常重要。

3.2　小品与细节"重点突出主题元素"

在快题设计考试中，适当设计细节、小品陈设与统一的设计元素整合，共同影响着设计方案的效果。平时要多积累关于装饰符号、细部处理、设计手法等多方面的素材和经验，这些都可以作为快题设计的基本元素和构思源泉。

室内设计经常会遇到的小品陈设主要有：装饰摆件、书画、植物、各类型器皿等。景观设计常用的小品是：休闲坐椅、树池花坛、水体、植物、各类室外用灯等，在练习时注意熟练掌握。

小品陈设的细节往往很多，在设计表现中要充分表达细节设计以及形体的空间关系，同时注意表现各造型细部的厚度和材料特征才能使效果更加丰富（图 3-27、图 3-28）。

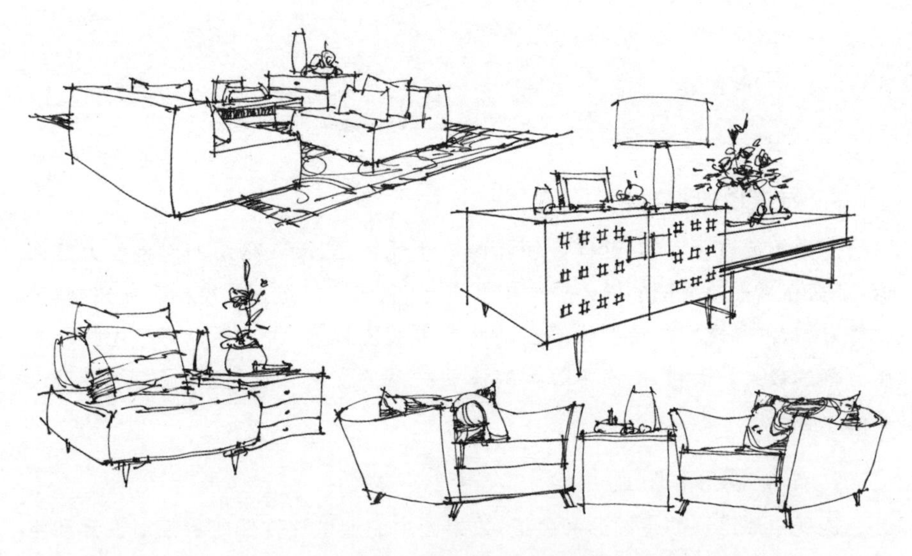

图 3-27　家具设计线稿表达

景观设计中主要的小品陈设是休闲设施和植物，植物是表达景观空间特点的重要元素，一定要掌握几种植物的画法（图 3-29）。

很多考生在景观效果图中总是习惯于刻画大量的植物，认为只有充分的植物才能凸显景观的特点。运用绿植，这没有问题，问题是在表现设计方案时却

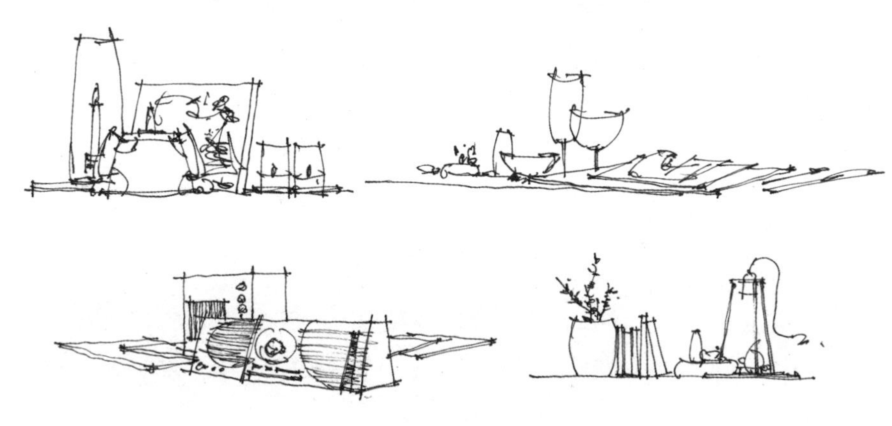

图 3-28 小品陈设的线稿表达

图 3-29 植物的线稿表达

没有考虑这些设计的完整表现会对你的试卷产生多大的破坏力。绿色植物可以烘托整体的设计，但是不要忽视植物的颜色，上色过程中处理大面积的绿色，对任何人来讲都不是一件容易的事。

小品素材是为了配合突出设计而画，不能抢了“主角”的戏。

练习时注意掌握自己最熟悉的内容，不能贪多。

考试中画 1～2 种，能够与主体设计内容配合，便已足够！

3.2.1 细节层次与画面效果

室内空间设计除了空间内容划分和具体的功能安排之外，还有很多细节的处理和设计，具体包括：各个体块尺度关系的区分、不同材质的处理、各类造型在空间中具体位置的协调和安排、设计造型的呼应和一致性、各个材质和造型之间的过渡和变化的设计处理方法、地面功能内容和小品陈设的呼应关系，等等。

室内效果图的线稿在很多时候就是在表现空间透视中的家具和地面、墙面之间的关系以及家具间的互相遮挡关系，同时运用陈设小品表现室内设计的空间特点和氛围。要注意室内的造型及家具样式在空间中的虚实关系，可运用线条的变化强调形体的空间透视关系。

室内陈设在丰富画面的同时还要注意局部与整体的关系：整体的空间造型如果都是尺度较大的体块和设计，就需要细节丰富的陈设来丰富画面，绘图过程中要注意选择具有很多细节变化的陈设小品内容来平衡画面。

空间中的造型和设计如果都具有大量的丰富细节，那么在绘图过程中就要尽量简化陈设和烦琐的布置，这样才能通过细节来平衡画面，得到理想的绘图效果(图 3-30)。

景观设计的线稿要注意表现室外空间中的空间氛围，准确表达各要素的尺度关系、设计的整体性，同时还要运用陈设小品表现景观设计方案的空间特点和氛围(图 3-31)。

要注意景观空间中很少出现利用立面设计和大尺度的造型来平衡画面，构图中需要大量的植物和丰富的空间关系来丰富画面，绘图过程中要注意选择尺度造型合适的植物和空间造型来平衡画面；在丰富画面的同时还要注意局部与整体的关系，这样才能通过细节来表达生动的景观效果。

透视图中的用线不仅仅是刻画陈设小品的细节，还可以通过线的变化和位置来表达和协调空间的透视效果。运用线的疏密、轻重的变化，能够突出空间的层次并表达更丰富的空间细节设计，完整地表达设计方案(图 3-32、图 3-33)。

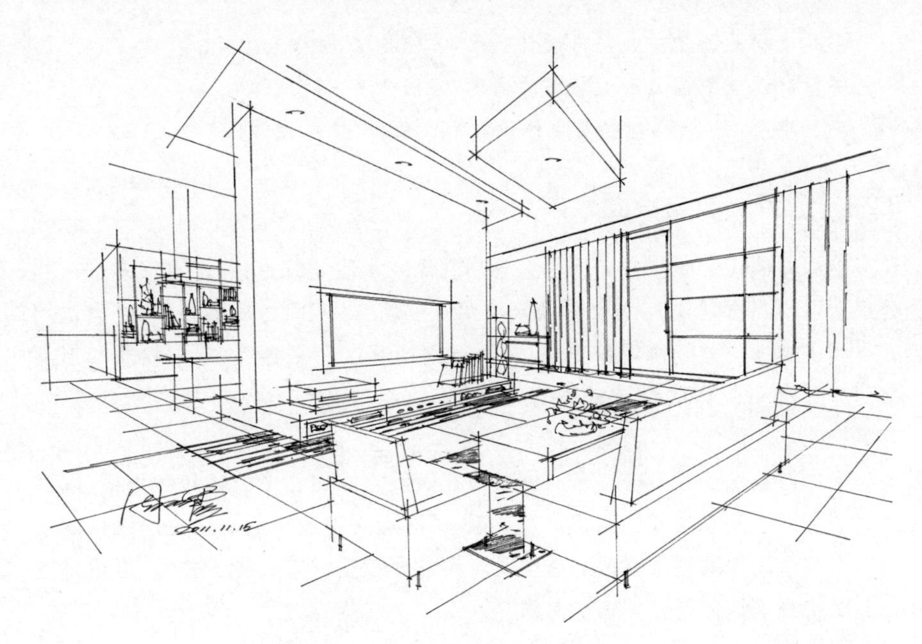

图 3-30　家具、装饰细节及空间关系

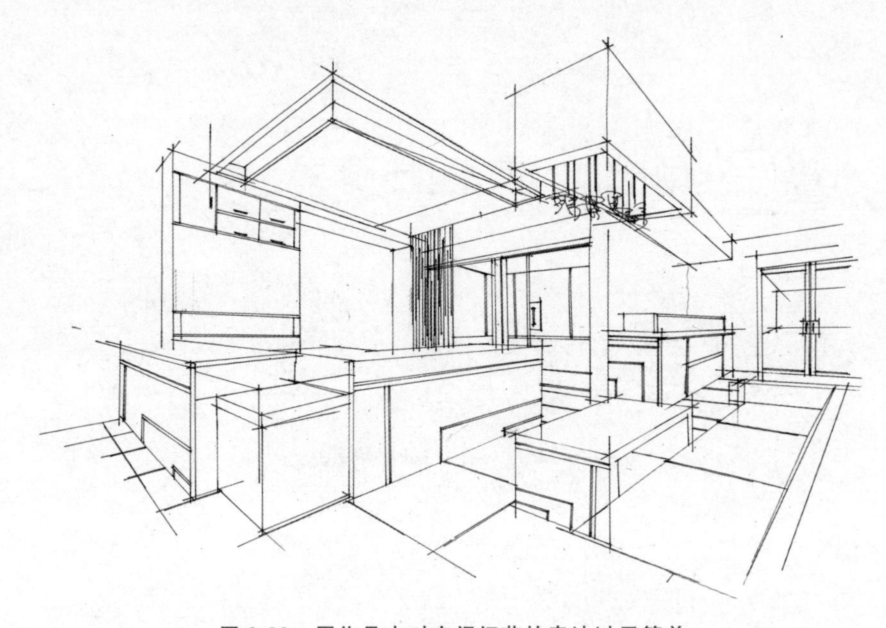

图 3-32　原作品中对空间细节的表达过于简单

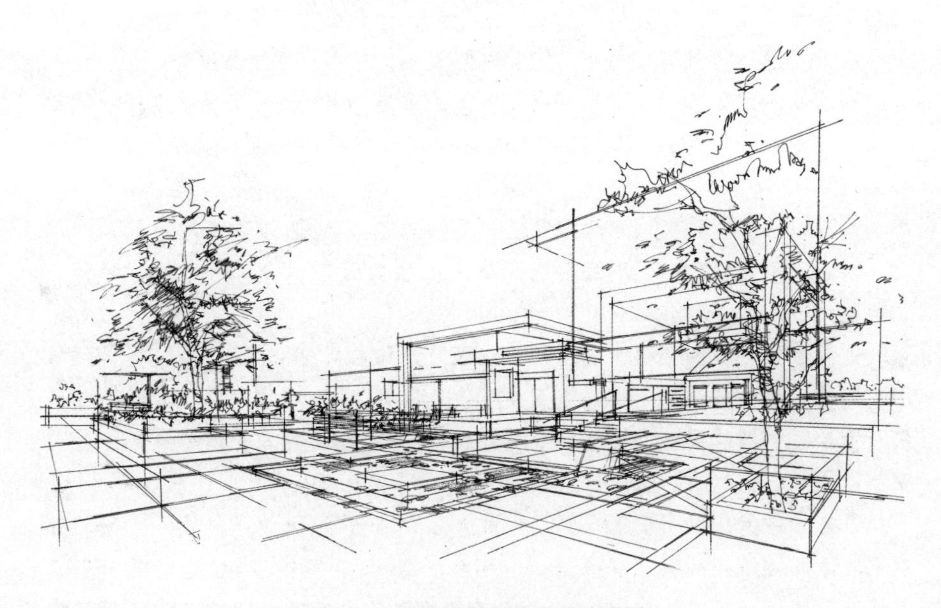

图 3-31　景观场地的空间特点营造

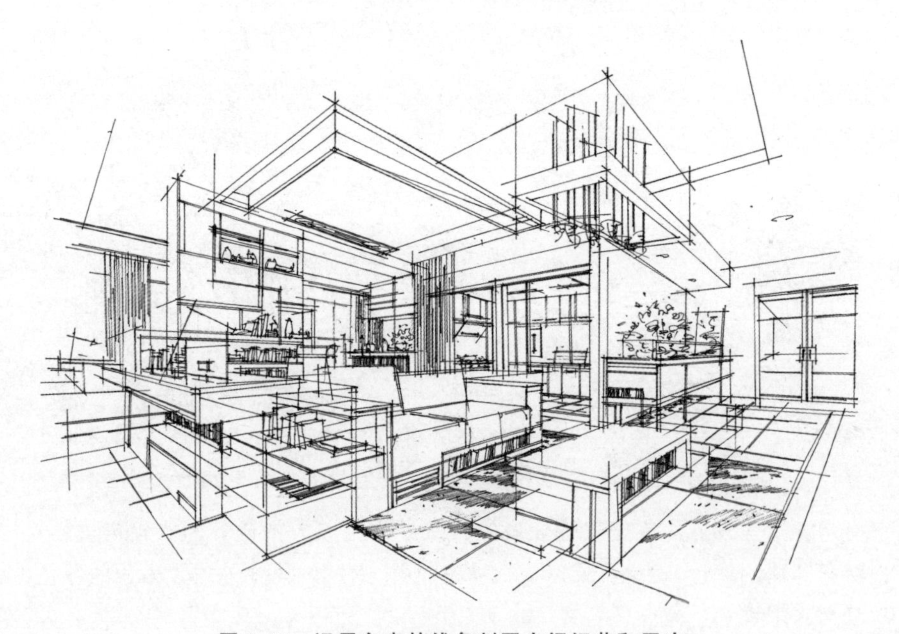

图 3-33　运用多变的线条刻画空间细节和层次

在准确的透视基础上，全面地理解设计方案，合理地组织各个设计元素，才能更好地表达设计方案。在效果图线稿的绘制中，要通过对室内空间设计内容的完整表达和生动的细节描绘，展现设计方案中对于空间造型和各设计细节的考虑，展示造型元素的空间关系和基本的小品陈设，在线稿阶段合理地梳理用线和表达内容的关系才能保证最终的设计效果图能有更加丰富的层次和完整的空间内容。

在线稿的深入过程中，要注意用线的灵活多变，对于不同造型内容的刻画要注意区别用线的方式和方法。只有综合考虑各个要素，合理使用构图方法，同时又能够轻松灵活地用线表达空间的氛围，才能够清晰地表达设计方案的整体思路和概念。

在考试中没有时间和精力揣摩设计中应该使用哪种配景、空间中设计怎样的陈设和小品等各类细节，对于经常使用的造型和元素，要形成固定的表达方式，在练习中要多注意整理，总结绘图习惯，运用最得心应手的方法应试，将时间用在设计和完善的过程中才更有效、更值得。

图 3-34　立面造型与空间设计的协调统一

3.2.2　立面造型与空间关系

室内设计中立面是表达的重点，根据空间设计的功能类型和空间特点，选择适当的立面造型和空间关系才能突出设计效果。但是立面不能依据画面需求随意绘制，而要根据空间功能合理设计，对于不可回避的建筑构件，例如柱子、门窗等元素，在构图的时候要学会适当地弱化处理，或结合在立面中进行整体设计。

同时注意立面造型要结合配饰和陈设品，与空间设计能够协调统一才能够更好地突出整体设计方案，明确设计思想，全面地展现空间特色，也能使空间的设计更加丰富和生动(图 3-34)。

各造型元素和陈设在整体方案中需要有整体且完美的体现，才能突出设计方案，在绘图过程中不要轻视对细节的表达和深入，并且要能够灵活地运用细节的处理，使其为整体的设计效果服务。

景观设计中一般很少出现大尺度的立面造型，而多为室外家具、植物、水体设计和高差踏步。空间表现的难度较大，构图中要重视各造型的特点，努力在立面上设计出满足图面需求的造型，适度夸张立面造型的尺度和设计，配合空间植物景观特点来烘托画面效果(图 3-35～图 3-37)。

图 3-35　立面造型呆板无法突出空间特点

图 3-36　夸张立面造型与细节表现空间特点

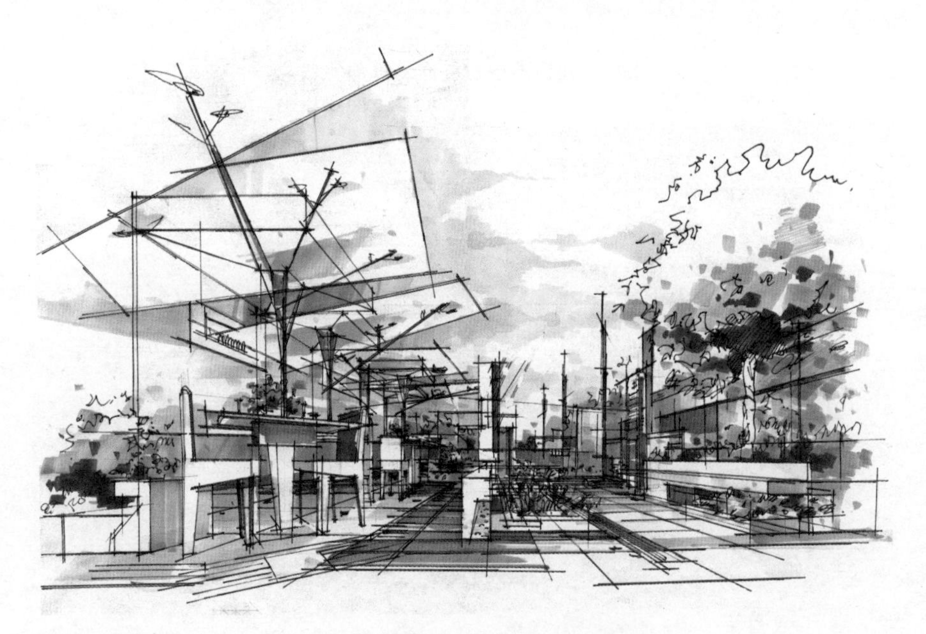

图 3-37　夸张立面造型配合空间细节

3.2.3　家具尺度与细部设计

很多考生的设计方案总是无法深入，或者深入过程中总倾向于将造型搞得很复杂，最终影响整体效果。考试中的无法深入，在很多情况下是因为家具和造型的形体特征表现的位置和方法不对。

其实在考试中以大的体块关系组织画面更加容易画出效果，过于复杂的家具和造型会使画面杂乱没有规律，难以突出设计意图，并且加大效果表现的难度。那么这些细节在什么位置去体现呢？

设计细节包括：各元素的厚度、质感，各界面的大小、材质变化和具体的细部特点，以及陈设内容与空间个性的匹配度。只要适当刻画一些细节变化便能够达到画面的需要，不需要刻画复杂的造型(图 3-38)。

图 3-38　局部刻画造型细节表达设计

家具尺度和细部的设计往往与整体的设计理念密切相关，具备丰富的设计经验才能够恰当处理和调整某个局部的设计细节，设计师要兼顾整体方案的设计思路才能完成对所有设计细节的把握。

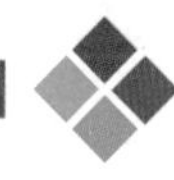

图 3-39 是某客厅设计方案效果图，方案中使用了大胆的造型来突出休息区的设计。空间组织、功能布局和处理都比较完整，满足客厅设计的基本需求。但是对家具的尺度和具体比例关系的表达过于简单，无法突出设计细节和具体的空间特点。

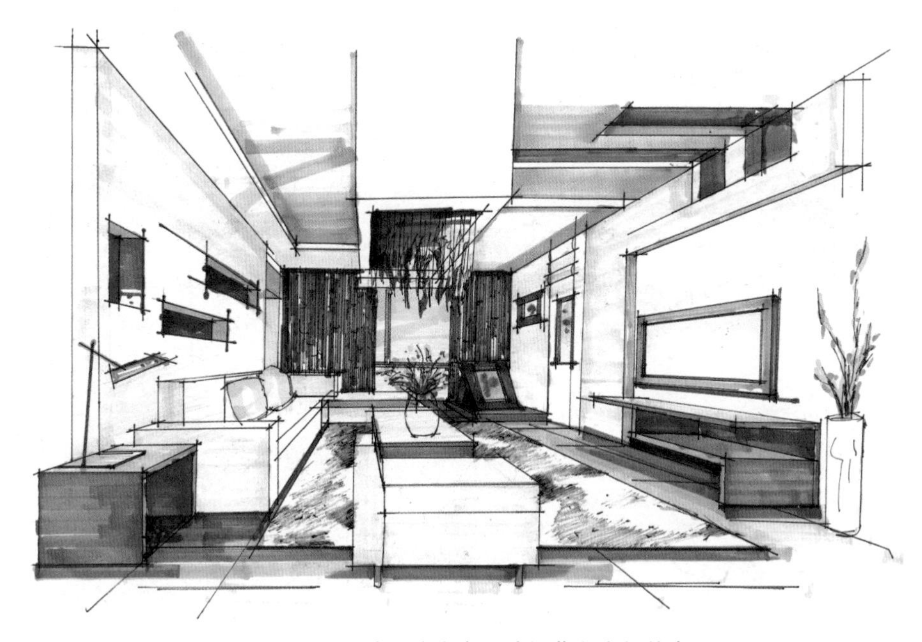

图 3-39 线稿无法突出设计细节和空间特点

修改中调整了家具的大小关系，注意各造型特点，刻画了不同造型和材质的厚度。主体突出、效果完整地表达出设计方案的特色(图 3-40)。

图 3-40 造型和具体细节营造了舒适的空间效果

平时一定要注意收集资料，多借鉴风格多变、构思新颖的设计作品，多注意优秀方案中的细节处理和方案的组织方法，慢慢总结出自己的设计方法。这样才能在手绘效果图深入的过程中保证头脑中有可供借鉴的构思和创新思路。

另外，稍微啰唆一下中式设计。

快题考试中经常出现中式题材的设计题目，即要求考生设计茶馆、瓷器展示等具有很明确的方向的设计题目，虽然没有明确要求做中式风格的设计，但是设计方向几乎是肯定的。遇到这样的题目，我们的设计要尽量倾向于“中式现代”，以现代几何造型为主，配合中式装饰符号进行设计，这样能够在突出中式氛围的同时又易于表现(图 3-41)。万万不能将传统明清家具一股脑儿地放在空间中，那会大大增加绘制效果图的难度。

需要注意的是：中式符号和装饰元素尽量用在小的位置，点到为止，不要用得过于繁杂，画龙点睛反而能够使设计更加突出。并不是把传统家具全套地搬到空间中才是中式设计。

室内设计中，甚至可以依靠丰富的中式陈设和装饰图案并结合现代的家具和造型进行表达，这样也能够更加完整和贴切地表达整体的设计和设计的风格特点(图 3-42)。

设计中采用的造型元素要具有整体性，方案中出现的设计元素要在统一的前提下做具体的变化，各造型的设计手法要保证基本一致。设计中所使用的元素符号不能随意创造，要能够基于一个基本元素进行变化和提炼，最终做到在各个层面上都与设计概念保持一致，完整地表达设计(图 3-43)。

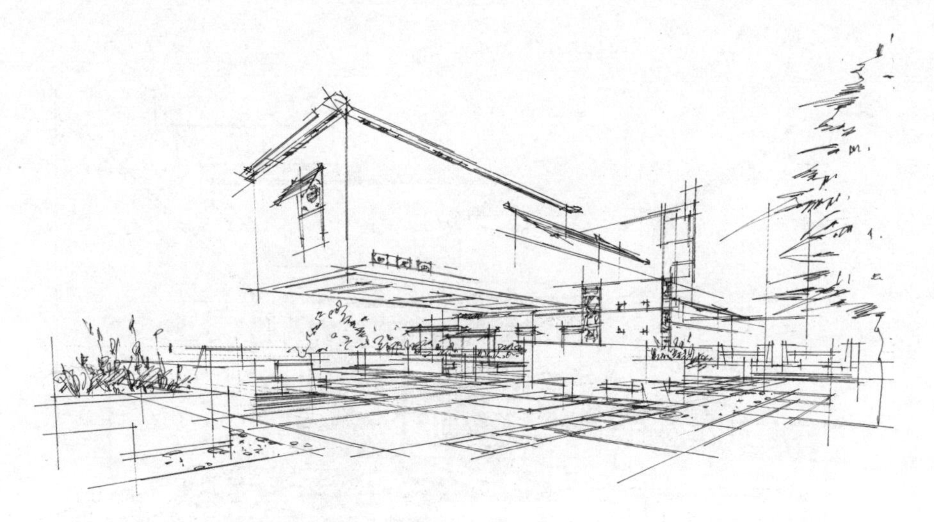

图 3-41　中式设计细节点到为止(一)

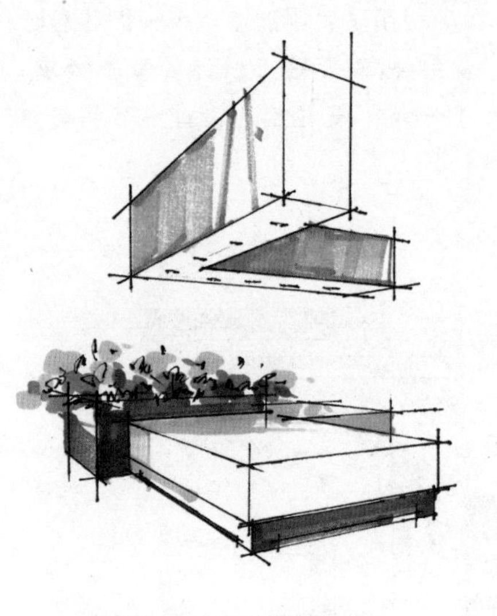

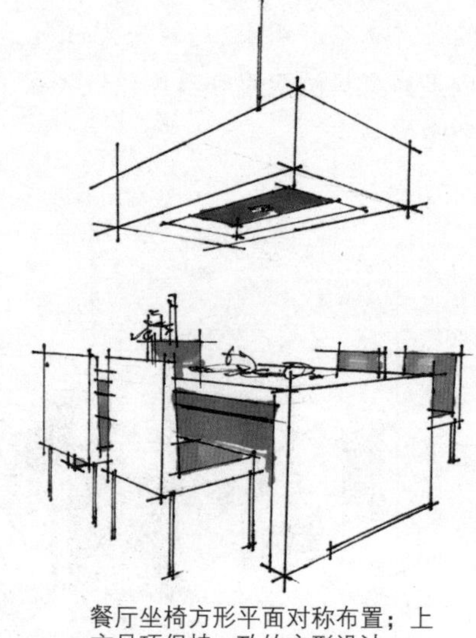

沙发休息区L形平面布置；上方吊顶保持一致的L形设计。

餐厅坐椅方形平面对称布置；上方吊顶保持一致的方形设计。

图 3-43　空间设计元素的统一

图 3-42　中式设计细节点到为止(二)

3.3　色彩的作用“用色关系重新定位”

效果图是试卷中“占地面积”最大的图纸，是分数最高的图，而且是内容丰富、颜色最夺目的图纸，在考试中的作用不言而喻。色彩在表现空间和设计氛围的过程中作用明显，故要慎重选择效果图的色彩。

色彩的选择是主观的设计，要根据设计内容和构图特点进行选择，不同的色彩搭配会造成不同的画面效果。但是设计内容对色彩的影响不是绝对的，色彩在很大程度上是主观控制和把握的，每个人对色彩的理解和绘图习惯都不同。以某设计方案为例，我们用同样一张线稿，让不同的学生来上色表达，得到的作品效果各有不同(图 3-44)。

要注意色彩之间的明度、冷暖变化和具体的对比关系，孤立的色彩是不能生动地表现空间的。色彩是通过彼此的对比来产生的，同样也就形成了独特的设计效果，而并不取决于使用了哪些颜色(图 3-45)。

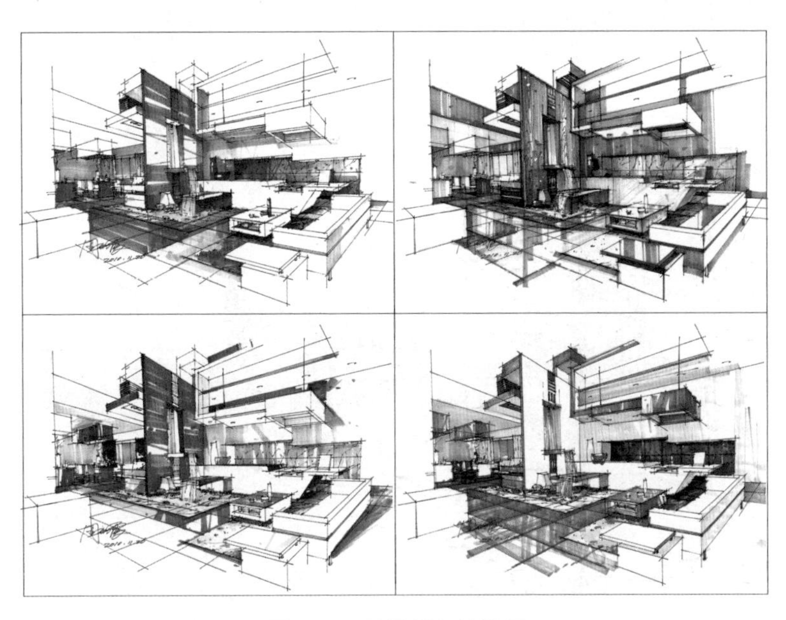

图 3-44　不同颜色的选择

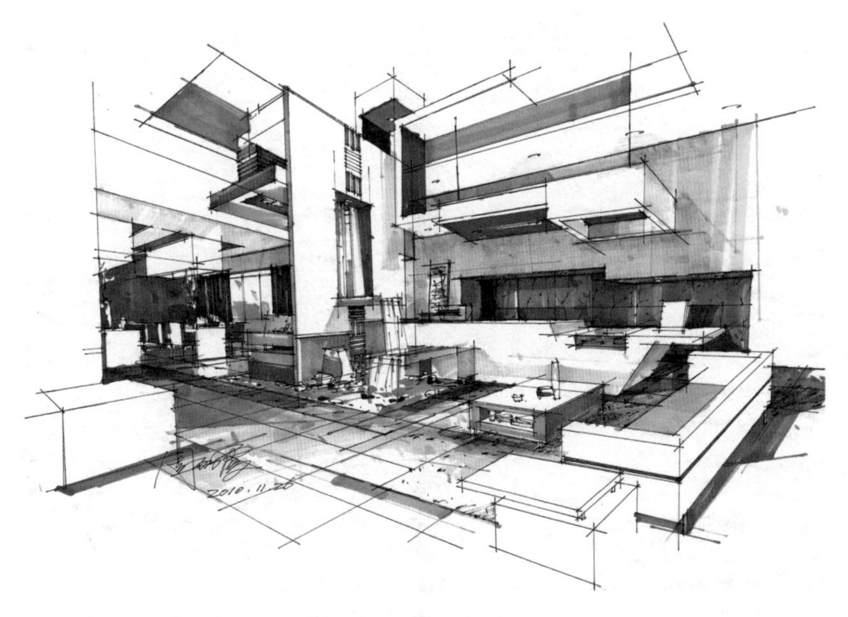

图 3-45　效果图中需要颜色的对比和变化

手绘表现不仅仅是画出一幅完整的效果图，也不是致力于学会某种工具的表现技法，而是应该能够独立地把握方案设计的理念和方法，并且能够完整全面地呈现设计的最终效果。

3.3.1　整体理解色彩运用规律

1. 色彩的位置和大小

色彩在画面中呈现的面积大小是由墨线稿决定的，在线稿阶段就要将色彩的大小关系结合该色彩的材质做整体的构思和调整，才能灵活地呈现空间中丰富的色彩关系。

画面如果缺少鲜艳的色彩和夸张的造型关系，就会单调，而且也缺乏画面的重点和视觉中心。画图过程中要认真考虑色彩在空间中的位置，思考不同的色彩关系对于画面的作用，利用色彩凸显空间关系，而且色彩要和空间距离以及尺度结合，以共同表现空间。

上色过程中随时调整色彩的明度和纯度，远处的色彩更暗、更脏一些，色彩之间的差别也更模糊些。近处的色彩更亮、纯度更高，色彩之间的对比会更强烈一些。注意画面中不同大小的色彩间的明度和位置要形成协调的对比关系，以保证纯度最高的色彩出现在构图中心。在画面的所有位置都需要注意各个色彩之间的关系，按照空间的特色和整体的画面需要选择合适的色彩表现设计方案。要运用色彩的明度和纯度的对比，在需要深化和强调的位置进行色彩的叠加和继续刻画，通过造型细节、色彩和更改对画面效果进行进一步的调整（图 3-46）。

2. 色彩要成熟，不突兀

色彩的具体作用需要在对比之下产生，若想要突出主体色彩的明艳则需要在周围使用较低纯度的色彩来进行对比；若想要凸显主体造型的明确和空间的进深则需要选择在空间远处使用明度较低的色彩，在空间最前面使用明度较高的色彩。

只有存在明与暗的对比效果才能突出设计和具体的空间关系，尤其是空间相近的造型和细节变化丰富的位置，没有明与暗的交替和对比就会缺乏视觉快感也很难突出空间的设计细节。所以，画面中位置比较接近的造型色彩关系要尽力做到明度和纯度的变化和对比，这样才能轻易地突出空间的变化，也更容

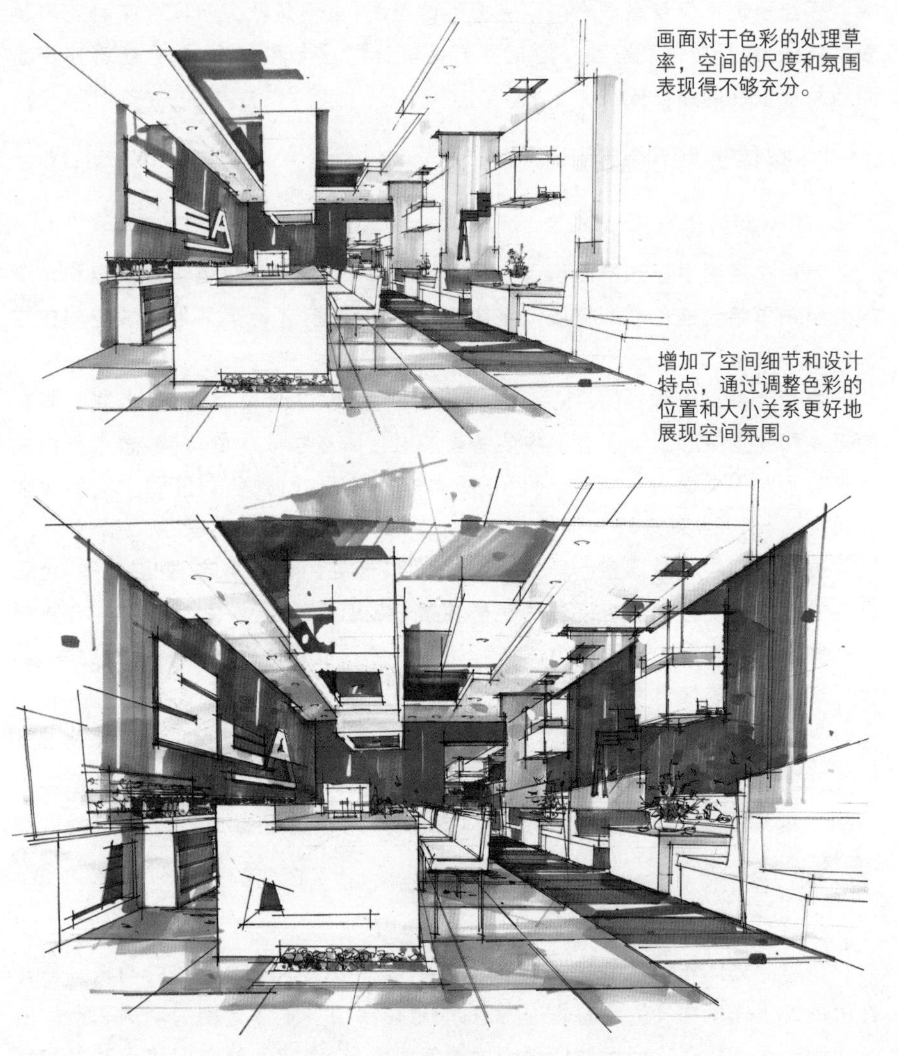

图 3-46　色彩的位置及对比效果

易表现出设计内容(图 3-47)。

始终要知道的是：考试中务必注意和把握色彩之间的对比。色彩的运用要成熟，尽量使用自己习惯的配色，色彩要为空间环境服务，决定色彩具体的明度、纯度和位置的唯一因素是空间的需要，故不能随心所欲地表达和运用色彩。

图 3-47　色彩明度、纯度的对比效果

3. 灵活运用“灰色”

效果图中的灰色是指冷灰、暖灰和一系列具有一定色彩倾向的灰色系的色彩，其在刻画空间和烘托氛围的过程中有很重要的作用。

变化丰富的色彩关系能够让空间效果更加丰满，就算出现失误，其柔和的色调也不会对画面产生太大的干扰，不足以影响效果图的整体效果，可以说考试中最保险的色彩就是灰色。以某餐厅设计为例，色彩表现主要以协调的灰色调为主，即运用不同的灰色展现空间特点(图 3-48)。

注重表达空间中的光影关系和明暗变化，这是表现空间设计的重要因素。同时也要注意空间中的每个物体都会因所在位置的不同及和周围物体关系的不同而发生色彩明度和纯度的变化。要充分运用色彩这一特性来表达设计内容。合理利用不同色相和不同明度、纯度的色彩之间的对比效果，才能更加突出画面的空间效果。

4. 利用鲜艳的颜色“吸引眼球”

如果图面出现大量的灰色，一定会造成画面缺少对比效果，在绘图中要保证图中出现 1～2 个鲜艳的色彩用到构图的重要位置，以平衡过于灰暗和模糊

图 3-48　效果图选色以协调的灰色调为主

图 3-49　鲜艳的颜色提升整体画面效果

的画面，以鲜艳来衬托灰色的丰富变化，更容易达到良好的画面效果和空间层次，这是快题设计考试中常用的方法（图 3-49）。

5. 有自己的配色习惯和特点

研究生入学考试归根结底是一种选拔的形式，阅卷和评分的过程中始终伴随着对各张试卷的淘汰和比较，过于刻板和老套的色彩运用是很难打动阅卷教师的。在备考的过程中，要注意总结自己的绘图方法和配色习惯，有特点的绘图才能在考试中脱颖而出（图 3-50）。

图 3-50　成熟的配色习惯和绘图技巧

3.3.2　体现空间尺度环境特点

设计方案的表达在快题设计中要简单直接，减少精致和细腻，所有步骤都致力于展现空间特点，才能在最短的时间内有效地突出方案、展现实力。考试的宗旨是运用最有效的手段来保障图面效果，如何处理效果图的色彩和造型非常关键。色彩的使用和造型的设计都建立在舒适的空间尺度、合理的功能安排和恰当的陈设组合的基础上，只有能够完整表达空间特点和氛围的效果图才能完成设计方案的表述（图 3-51、图 3-52）。

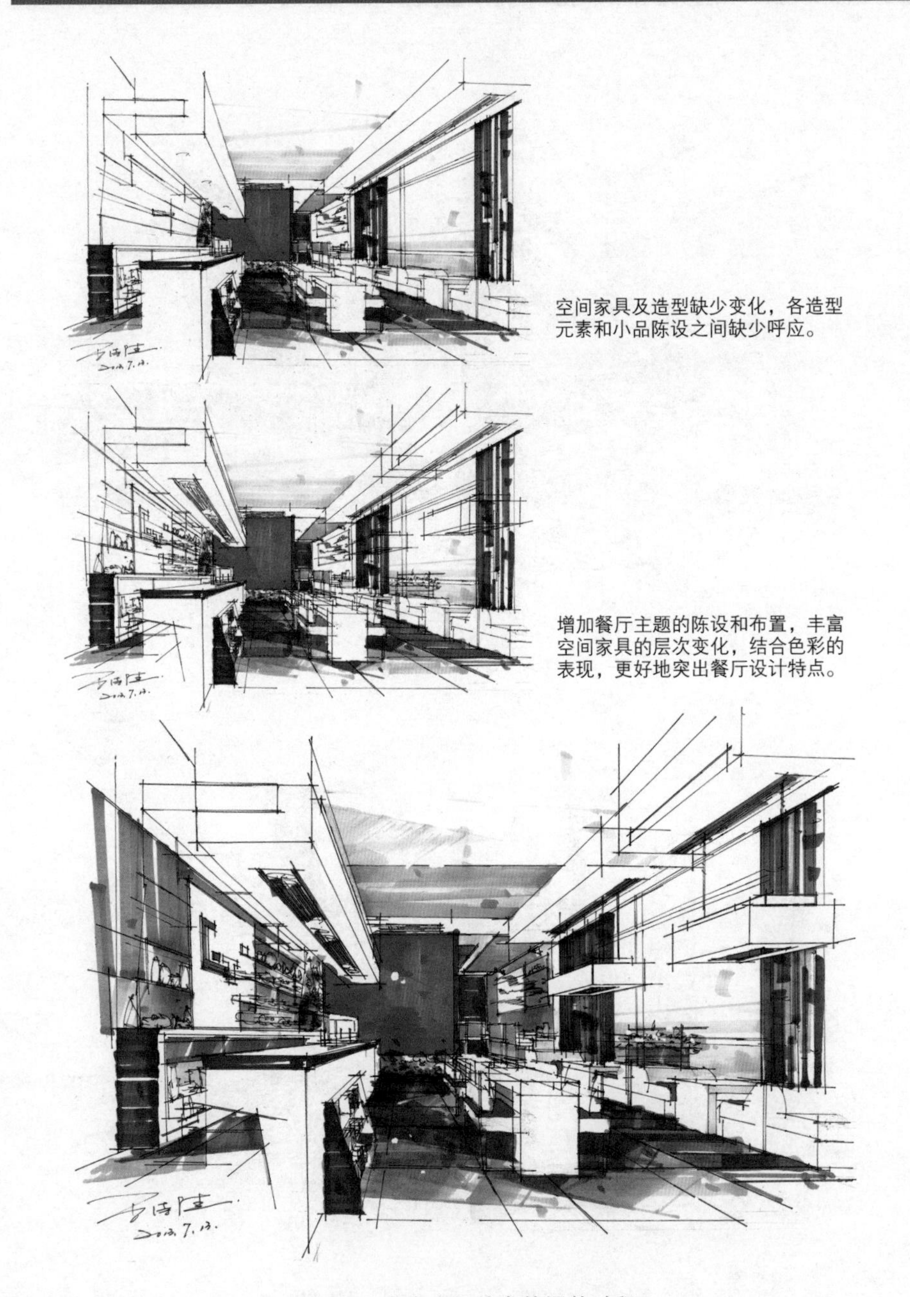

图 3-51　室内空间特点的调整过程

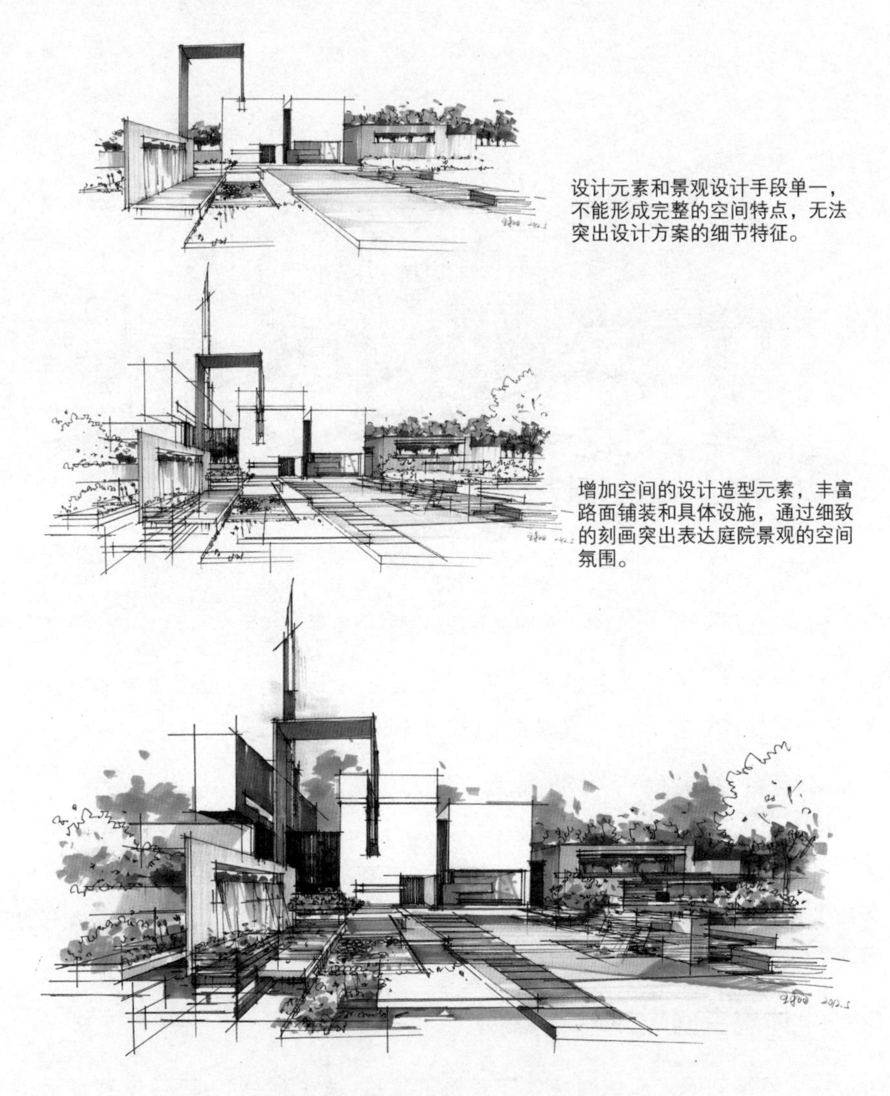

图 3-52　景观空间特点的调整过程

3.3.3　重点展现特色设计元素

效果图是为表达设计方案服务的，快题设计中的效果图表现要与设计方案紧密相关，从构图到色彩要始终围绕主体设计概念和造型进行组织和设计。

色彩的位置和用色的大小、明度和纯度都要考虑空间中的特色设计元素，无论是留白还是用色刻画都要鲜明地突出主体造型和设计概念。次要的造型和远处的空间则运用简单的灰色体块的层次表现去突出空间关系。重要的造型设计可以运用纯度高的鲜艳颜色，或者用大胆留白与浓重的颜色产生对比效果（图 3-53）。

图 3-53　突出夸张的主体造型表达设计思路（一）

如果设计条件有限，无法设计夸张的造型，室内设计表现中就要以吊顶造型的穿插变化来表现丰富的空间层次。如果设计方案中吊顶空间有限，只能做平顶设计，就一定要在距离、大小和层次上做设计，以保证吊顶具有丰富的细节（图 3-54）。

因为室内的视平线已经设定为 1m，即无形中已将空间的透视关系变为对吊顶的仰视。如果吊顶设计过于平淡，没有细节和造型的设计，那么在效果图中将会干扰整体的效果。忌讳吊顶不做任何设计，只是通过灰色的笔触来表达，这对于高手来说无可厚非，但对于基础不够深厚的考生来说难度很高。

景观设计的主体造型往往是设计核心，很多空间功能都是围绕其设计和布置的，效果图的构图中心往往就是景观设计的特色设计元素，注意色彩在空间中的对比关系就能表现出生动的画面效果（图 3-55）。

图 3-54　突出夸张的主体造型表达设计思路（二）

图 3-55　构图中心与空间色彩的协调

3.4 笔触与图面“局部提升整体效果”

试卷在评分中往往只在评分教师的眼前停留非常短暂的时间，因此，图面的整体效果是最为重要的。在考试中切不能过分注意细节，要采用合适的方法协调整体的图面效果。考试中因时间有限，效果图的表达总不能达到一定的深入程度，在效果和气势上总不能在试卷中脱颖而出，几笔帅气的笔触在图面中颇为重要，大胆的笔触总是能让卷面增添几分活跃。

3.4.1 笔触处理与整体构图

马克笔的最基本作用是快速展现设计方案的着色效果，所以在笔触上色的过程中应该表现出对于方案的肯定和自信，但要清楚的是：大胆并不是盲目地上色和凌乱的笔触。笔触运用的最终目的是表达设计意图，体现个性和能力。

用马克笔表现时，笔触大多以排线为主，有规律地组织线条的方向和疏密，有利于形成统一的画面风格。要熟练掌握马克笔的排笔、留白等运笔方法，而且在绘图中要注意点线面结合效果的灵活使用(图 3-56)。

点线面的结合在表现中经常用到，是手绘表现图中出场率较高的一种笔触技巧。

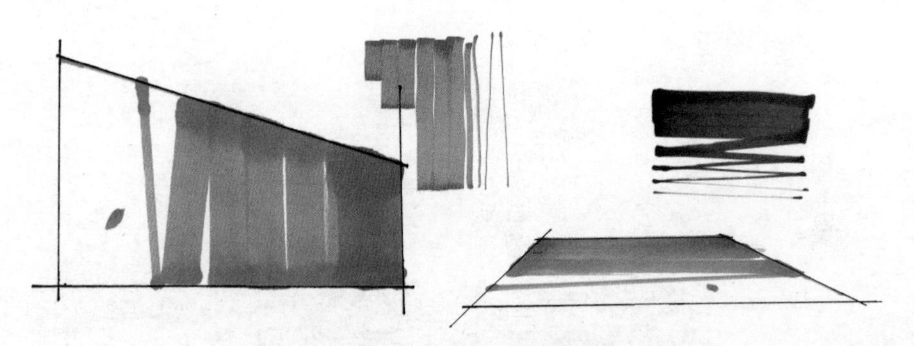

图 3-56 点线面的笔触效果表达不同平面

在表现大面积的平整墙体或者体块的时候，马克笔运笔以大而宽的笔触为主，以尽量表现平整的平面特点，笔触具有一定速度和方向感，要注意根据构图需要表现光影关系和具体的透视方向，适当留白和考虑光源。墙面有复杂的形体关系的设计，在表现中要刻画各造型元素的大小变化、组合方式和光影关系(图 3-57)。

图 3-57 室内墙面复杂形体的表达

效果图表达是各个要素对比协调的效果，在绘图中应该根据形体关系和空间功能安排，合理地运用马克笔的笔触变化和色彩叠加的效果，这样才能合理运用笔触的表现力以使空间关系更有层次，更能够突出画面的效果。

马克笔没有办法像水彩和彩铅那样具备细腻的色彩过渡效果，但是利用同类色系的颜色和粗细结合的线条及笔触完全可以最大限度地做到渐变和过渡的画面效果，绘图中要注意运用。局部构图需要的位置以适当的马克笔笔触表现效果和氛围，最终保证整体构图饱满，充分表达方案空间特点(图 3-58)。

不要刻意地追求笔触的美观和帅气，夸张自信并且足够激情的笔触，如果不能突出展现方案设计的具体特点和整体方案的设计语言，那么再漂亮的运笔也是失败的笔触。

1. 大面积空白的处理

马克笔的笔触可以根据笔端的不同大小画出不同宽度，结合手腕用力的变

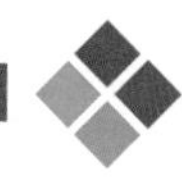

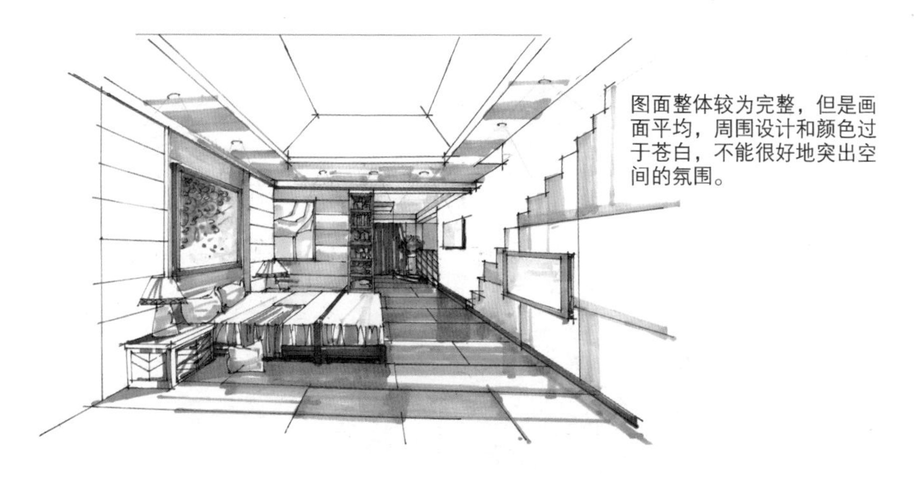

图 3-58　笔触效果表达空间氛围

化和节奏的不同，能够得到大量的笔触效果。除了能够表现材质和具体的设计细节之外，还能够起到丰富画面的作用。在构图不利和留白过大的地方，可以运用笔触来平衡构图和丰富图面效果，生动灵活的笔触可以很好地提升图面的气氛和空间的气势，更好地突出设计(图 3-59)。

图 3-59　大面积空白的处理

2. 笔触的方向

笔触在表现具体的材质和形态的时候，其方向和大小直接关系着表现的效果，也影响着整体的设计表现。笔触的方向一定要参考构图的形式和角度来进行布置，这样才能更好地突出构图和空间的特点。

例如：一点透视的地面笔触，一定要水平绘制，这样才能突出空间进深并且减弱地面对构图的破坏(图 3-60)。

两点透视的地面笔触则需要考虑两个透视方向，地面材质的表现要兼顾透视方向、地面的铺装材质特点、具体陈设造型的投影效果和光源方向(图 3-61)。

3. 关于笔的问题

马克笔有其自身的特色，透明鲜艳或灰淡沉稳的颜色可以进行重叠以获得丰富的色彩和笔触变化，具有很强的表现力。马克笔是快题考试的首选，市面上的马克笔种类丰富，身边用的总不是最得力的那支，带到考场的往往画不出想要的效果，很多考生都因为笔的问题头疼。

要按照自己的喜好和画图习惯进行选择，用起来最顺手的笔才有资格被带上考场。同时还要注意每个学校所用的试卷用纸都各不相同，先了解自己要在哪种类型的纸上作画很重要。根据考试内容和学校选用的纸张选择用笔，绘图纸、水彩纸、素描纸等任何图纸都有可能在考试中出现，故一定要注意纸和笔的问题。

图 3-60　一点透视的笔触处理

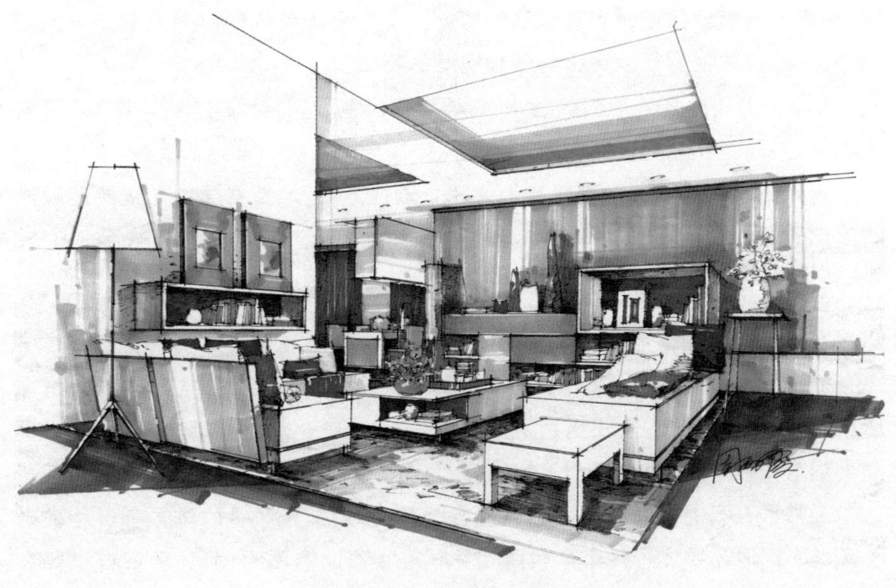

图 3-61　两点透视的笔触处理

3.4.2　隐藏弱化不利因素

设计方案自草图、设计深化、效果表达到施工图的绘图，整个设计过程需要大量的基础知识和表达技巧。不同考生在处理设计题目时所采用的设计思路和手法也各不相同，表现的内容和工作量也会因各自选择的方法和角度的不同而有所区别。

那么如何选择、怎样组织和画什么内容，在快题设计考试中就变得十分关键。在表现的过程中，一定要注意画面的需要，不能肆无忌惮地去表现。要分析画面的需要和自己的优势、劣势，在绘图的过程中，除了要表现自己的个性和能力之外，还要注意隐藏和弱化自己的弱点，以免破坏画面效果。

了解自己的优势和弱点，很重要！

考试之前要了解自己在绘图和设计方面的优势，比如：自己画哪方面的设计题材最擅长，处理经验最丰富；自己绘制哪种透视效果最好；画图中善于处理哪种材质；哪种景观植物和配景绘制得最精彩，等等一系列需要用到的设计要素，我们都要清晰有数，了解自己才能在考试中发挥优势。

当然，还要知道自己的弱点：画什么内容一画就败；做什么设计怎么也不出效果；什么颜色死都不能用，等等一系列的问题都需要去思考。设计中的弱点大部分都会成为考试中的劣势。

了解了自己在设计上的优缺点，才能更好地应对考试。在快速设计过程中，努力展现自己擅长的内容，从草图到设计表达都以自己最擅长的内容来组织和完成，对于自己不擅长、陌生的内容一定要回避和隐藏，这样才更有利于展现最优秀的设计水平，得到理想的成绩。

3.5　材质与表达“善用材料辅助设计”

方案中各造型的材质也是方案设计的一部分，在方案的表达中也起到很重要的烘托的作用。要熟练掌握常用材质肌理的表现方法等，这样在考试中手绘效果图的表现中便能做到灵活运用。

快题设计中，并没有时间去刻画材质的细节和具体的变化，更多的是点到为止，能够简洁表达出特点、配合构图突出设计就已经足够。本书重点分析材

料与效果表现的关系，不再阐述具体的材质绘图技法。

3.5.1　从色彩和构图角度决定材料

材质脱离不了色彩的属性，在表达材质的同时还要兼顾材质的色彩在整个效果图中的位置和作用。在构图的主要位置选择具有艳丽色彩的材质，在构图的次要位置要选择使用颜色灰暗的材质来表达，以凸显构图中心。同时要保障方案的统一和完整，不能随意地选择其他材质来替代，而是应该兼顾周围的环境需要、材质所处位置和具体的光影影响，降低或提高所表达材质的明度和纯度，以满足整体画面的需要。

一般来说，效果图中需要有 1～2 个肌理丰富的材料，来平衡众多的造型和空间关系。从画面的需要来考虑，任何图面都是需要细节设计和丰富的材质的，对于简单而又缺少设计细节的方案，要选择合适的位置和造型进行材质的深入表达，这样能够保障原有设计造型的特征，轻易地对效果图进行深入绘制，在考试中也是最有效的方法。

以某室内设计方案为例，考试中为了节省时间，作者放弃了对家具和大量造型设计细节的刻画，但是卷面需要一定的深入程度，所以选择了表达地毯的质感，柔软的线条和色彩与完全留白且造型简单的家具形成鲜明的对比，突出了设计并且展现了生动的空间效果（图 3-62）。更重要的是，节省时间且效果明显。

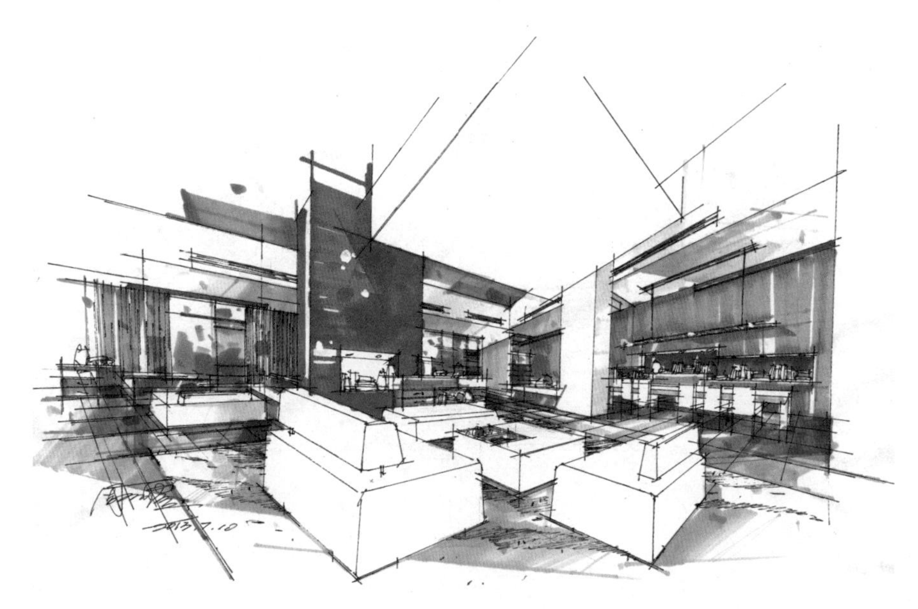

图 3-62　对空间材质的处理

3.5.2　与环境和陈设相呼应

材质的表达在关注自身的同时还要注意周围的环境，材质离不开周围空间的特点和材质细节。例如：植物和陈设的呼应，植物的特点是枝叶繁茂，细节颇多，那么在表现材质的时候就要兼顾这一特性，植物的周边材质和摆设尽力以简洁为主，不能与其他的细节互相干扰以致破坏画面的效果。

材料的适当深入能够协调画面构图，弥补造型设计的细节不足。同时要注意材质之间的线条对比、深入程度的对比、质感细腻和粗糙的对比，这样才能营造生动的画面效果。如果画面中已经具有很多细节的造型，那么刻画细节就要慎重，应尽量采取简单的造型和材质；如果画面中细节较少，则应该选择细节复杂的材质来丰富画面（图 3-63）。

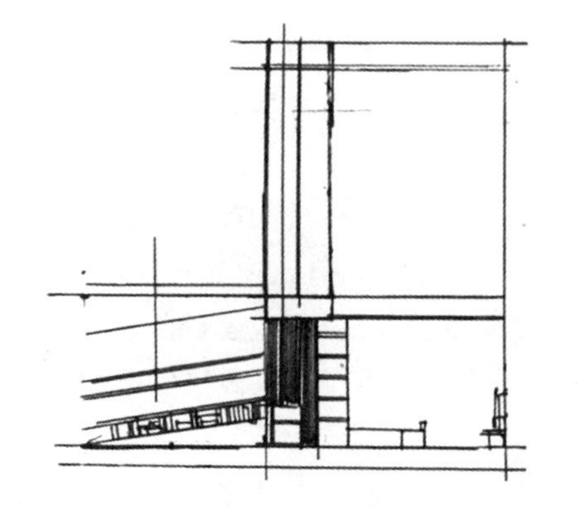

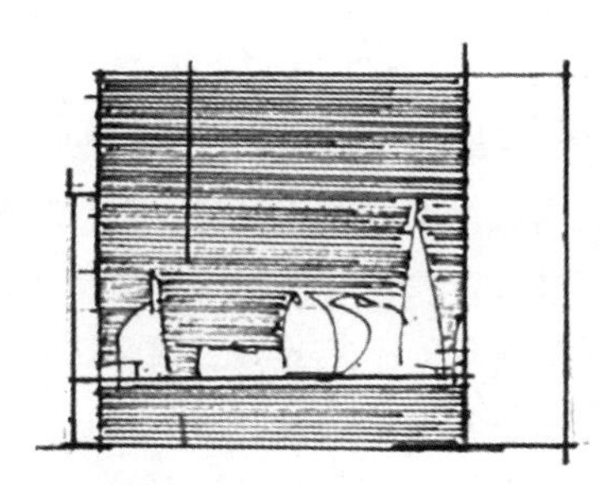

图 3-63　材质间的疏密对比

景观设计中材质较为单一，经常出现的材质主要是木质材料、石材、水体和植物，设计中应该注意材质的搭配和处理，例如道路铺装的边线和高差的细节处理，这会让图面效果更为专业（图 3-64）。

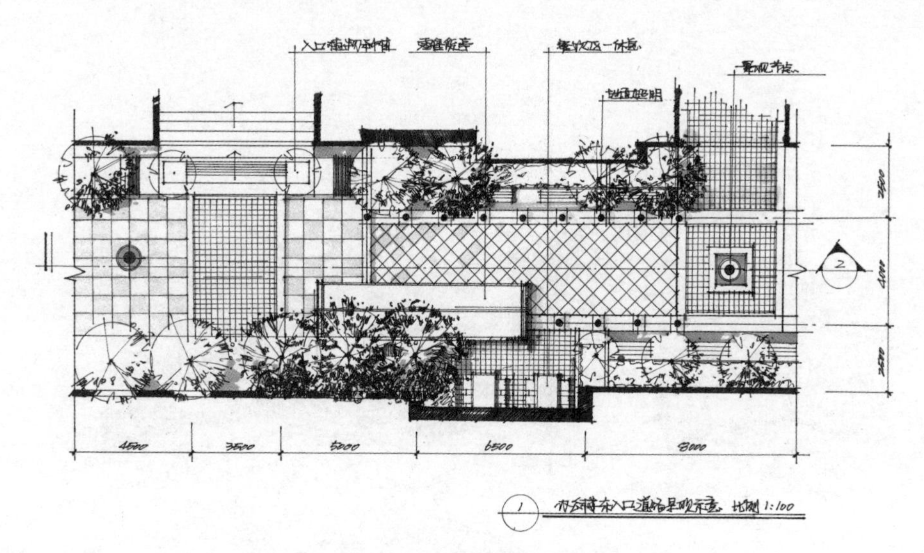

图 3-64　材质间的细节处理

3.5.3　优先表现熟悉材质

考试中一定要优先考虑表现自己熟悉并能熟练表达的材质类型，这样才能保证最终的表现效果。对于自己不熟悉的材质和造型应该尽力回避，这样才能保证卷面上所呈现出来的是自己的最高水平。

从设计角度来看，材质应该根据设计方案的目标和方向来选择，空间的具体功能和所要完成的目的才是决定用材的关键。但是，考试中的表现水平在一定程度上也代表着你的设计水平，设计中所涉及的材质很多，遇到自己不熟悉、不擅长的材质一定要尽力回避。用自己熟悉和擅长的材质来表现设计，这样才能更加稳妥地掌握画面的效果。

玻璃材料一定要尽量回避，因为玻璃材料具有通透性，它并不能对其后面的造型和内容起到遮挡的作用。那么在空间中设计过多的玻璃材料只能增加表现难度，这在考试中很不可取。不同方向和角度如果出现玻璃材质的重合和叠加，那么表现的难度则更大。

打最有把握的仗，带着你最顺手的枪上战场！

3.6　协调整体图面效果

效果图的表达和深入是对设计方案进行不断修改和完善的过程。对图面的色彩安排及色彩的明度、纯度、室内造型的大小关系等很多元素，都要根据整体画面的效果不断地进行调整。

在整体的设计效果基本呈现之后，需要重新调整画面中出现的不协调的色彩关系和细节设计，需要时甚至可以运用墨线修改大小和具体内容，以求更好地配合画面呈现的空间透视特征来表达整体的空间设计方案。

快题设计考试中的绘图过程其实是一个对基础设计方案进行不断补充和探讨的过程。在效果图的不断深入过程中，通过对不同元素间关系的比较和协调来进一步考虑设计的不足和问题，再对方案进行修正和提高。

效果图的绘制是通过不同设计元素互相对比衬托，最终形成设计方案整体效果的绘图方法。在设计中要始终保持清晰的思路，随时调整各设计元素以协调整体画面才能完成令人满意的手绘效果图表达。

以某设计方案为例，从效果表达逐步完善的过程中，可以很清楚地看到方案中设计要素的设计过程。原方案设计是某公司的接待门厅室内设计，总体来看，方案对于空间的关系和细节考虑得较为完整，但设计元素和具体概念的展现还不成熟，整体效果稍显呆板和沉闷(图 3-65)。

图 3-6 所示的作品仅在构图中展现了主体家具的摆设，无法提供更多的信息来理解空间。缺少对于环境特点的描绘，室内空间的基本布局、交通空间的走向、周围空间的功能类型等环境的基本特点都无法在效果图中展现。各设计元素和具体概念的展现还不成熟，不能表达设计方案的概念和思路。同时，画面的构图不够理想，刻画的造型内容偏左，整体效果不够突出。

为了协调偏左的构图，在图面的右侧增加透视内容，补充刻画紧邻接待门厅的展示空间，通过表现周边空间的设计和造型特点平衡构图和设计。新增的内容不做深化设计和表现，仅延续原有的设计符号，以保证设计整体性。对空间中的大型隔断做处理，增加玻璃材质，使空间彼此交流 ，同时在较大的体块中增加一些细节，丰富画面(图 3-66)。

经过修改，构图饱满，空间特点表达突出，并且能够重点展现空间中心。设

图 3-65　运用细节的对比关系调整画面

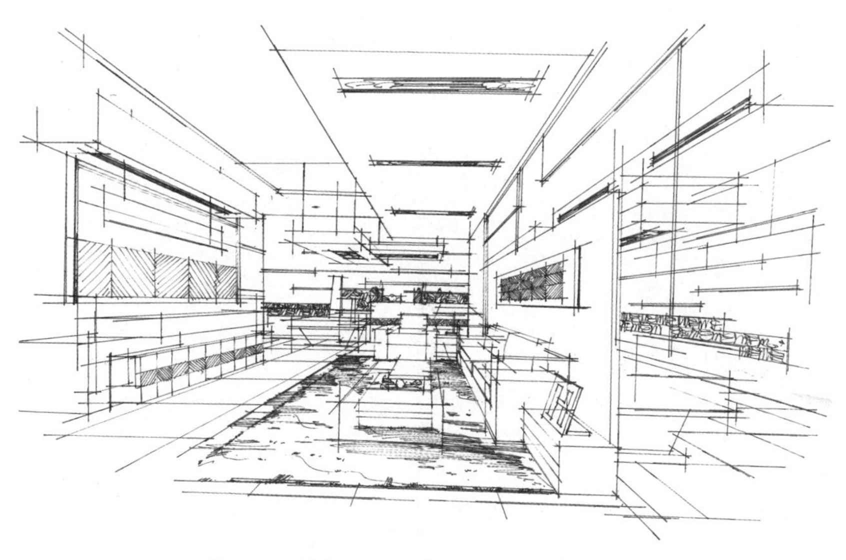

图 3-66　增加设计细节，保证设计的完整性

计细节得到全面的表达，调整处理了体块关系，空间的尺度和层次比较协调。不用过多的色彩和笔触渲染便能够轻易地突出空间的设计效果(图 3-67)。

图 3-67　全面表达空间尺度和设计层次

在明确的空间尺度和协调的空间层次基础上做进一步的深入和调整，在构图中心和主体的造型元素上使用纯度高的色彩突出设计，再完成灯光、细节装饰以及局部陈设装饰上的色彩点缀，这样便理性地完成了一幅设计效果图的绘制，主体突出、设计概念明确、完整体现空间氛围特点，室内方案的设计效果非常突出(图 3-68)。

图面效果很重要！

上百份图纸挂在一起，评图的过程对评分教师来说是很艰辛的，所以图面效果的好坏直接影响教师对试卷的评价。但是要适度，考试中提倡功力深厚的图面表达，但反对过于个性化的表现方式，过于强调个性和独特，教师在卷面上的精力越多则发现的毛病越多，反而对考试成绩不利。

表现效果与设计方案哪个重要？

个人认为各占一半，表现决定了评分教师对作品的大印象，方案才是根本。精彩的效果表现能够让阅卷教师第一个发现你的试卷，从而产生良好的印象，

图 3-68　完整体现空间氛围特点的效果表达

提高分数的起点。但是要经过教师对方案设计概念和具体内容的处理手段的认可才能最终确定考试成绩。

方案也许学4年，还是一塌糊涂。表现的提高比方案的提高容易得多，只要方法得当，专心练一段时间就可以突飞猛进成为高手。

如果具备一定的基础，建议先侧重设计效果表现的练习，因为表现提高得比较快，先取得一些进步会让自己更自信，当然，练习表现的同时也要练方案，练方案的时候也是在练表现。最重要的是方案能力，这绝不是短时间内可以提高的，但又是最根本的，考生不要为快题而快题，造成喧宾夺主。

很多考生在准备方案的时候针对各种考试类型都各准备一套方案，在考试的时候再尝试套用。其实关键并不在数量，而在于自己对方案设计的把握能力，在考试中能够自如地操作设计，恰如其分地表达题目所要考查的内容才是最重要的准备。

考前只准备一种平面形式也不要觉得心里没底，要把功夫用到变化上，灵活的构思对于不管怎样的题目要求、什么功能，都能够把准备的内容用好、用灵活。考试有一定的套路，但肯定不是机械地照搬，准备的内容不能使死板的平面"起死回生"，真正有效的是考生对空间关系的灵活运用。

第 4 章　快题设计的方案思路

怎样在短时间内有好的创意?

什么设计方案才是最适合考试的?

110 分和 140 分的具体差距在哪里?

真正造成考试分数的差距的不是效果和技法,是设计能力!

对于快题设计考试来说,很难在苛刻的时间内让效果图的表现效果拉开明显差距,但是设计思路的表达和空间的处理手法是设计能力的自然体现。方案设计的理念表达、展现设计能力和水平是快题设计所有图纸的共同目标,作为方案设计灵魂的平、立、剖面图互相配合,头脑中的思考和判断通过笔端清晰地呈现在试卷上,整体表达着设计者的功力。

4.1　平面方案"功能空间的营造"

在快题设计考试中,平面图集中体现着设计方案的功能划分、空间布局和整体的设计思路,是快题考试中最具分量的一张图纸。通过平面图能够迅速地看出考生的设计水平,它也是阅卷教师判断设计方案、评价考生设计能力的主要依据。

平面图在快题设计考试中的分值很大,某些景观设计题目中,总平面图的分数甚至比效果图的分值还要高。对考生来说,平面图是能够直接阐述自己设计思想的图纸,直接关系着设计的整体表达,往往在试卷上占据着重要的位置。平面图在设计方案的表达和整体卷面效果的营造中都具有不可忽视的重要作用,在快题设计考试中要具体注意以下几个方面的内容。

4.1.1　功能设计合理

因景观设计的灵活性和独特的设计手段,故在快题设计中,方案设计的功能考虑更多地体现在室内设计上,室内平面图主要表达各功能要素的布局和组织形态,可营造新颖的空间造型并合理布置交通流线,并考虑功能要求和家具陈设之间的关系。能够充分满足空间功能要求并达到良好的空间效果是快题设计的第一目标(图 4-1)。

合理的功能是设计方案的基础,快题考试中要针对题目的要求组织平面方案,准确定位使用者和具体的面积要求,认真审题以对设计方向和空间的功能内容有大概的梳理和判断,通过逐渐的调整和设计细节的完善,形成最终的设计方案。

以住宅设计为例:居住空间的功能和内容较多,包含玄关、客厅、卧室、书房、卫生间、厨房、餐厅等功能类型,各功能空间的大小、朝向和位置关系是设计重点,要结合空间中的行为流线综合考虑。同时设计方案还要兼顾使用者特点和设计条件等要求,考试中的设计思路难以梳理,设计中可以通过泡泡图来确定空间各功能的关系,从而快速而准确地表达思路,为平面方案打好基础(图 4-2)。

通过泡泡图可以明确空间功能并得到大致的布局思路,对空间内的各功能进行初步的安排,在这个基础上运用交通空间进行串联,注意空间的衔接和交流,运用墙体和家具进行空间的分隔和整理,将具体的空间功能进行细化,根据空间类型完成家具的粗略布置和人行流线的安排,对平面方案进行进一步的明确和完善(图 4-3)。

室内设计在满足使用功能的前提下,还要在空间布局、功能组织上有一定的创新;要尊重使用面积,不能浪费空间;交通空间要尽力便捷、短程,注重行为流线的有效性和各功能空间的沟通和交流。

泡泡图和设计初稿还远远不能满足设计要求,这仅仅是平面设计的第一

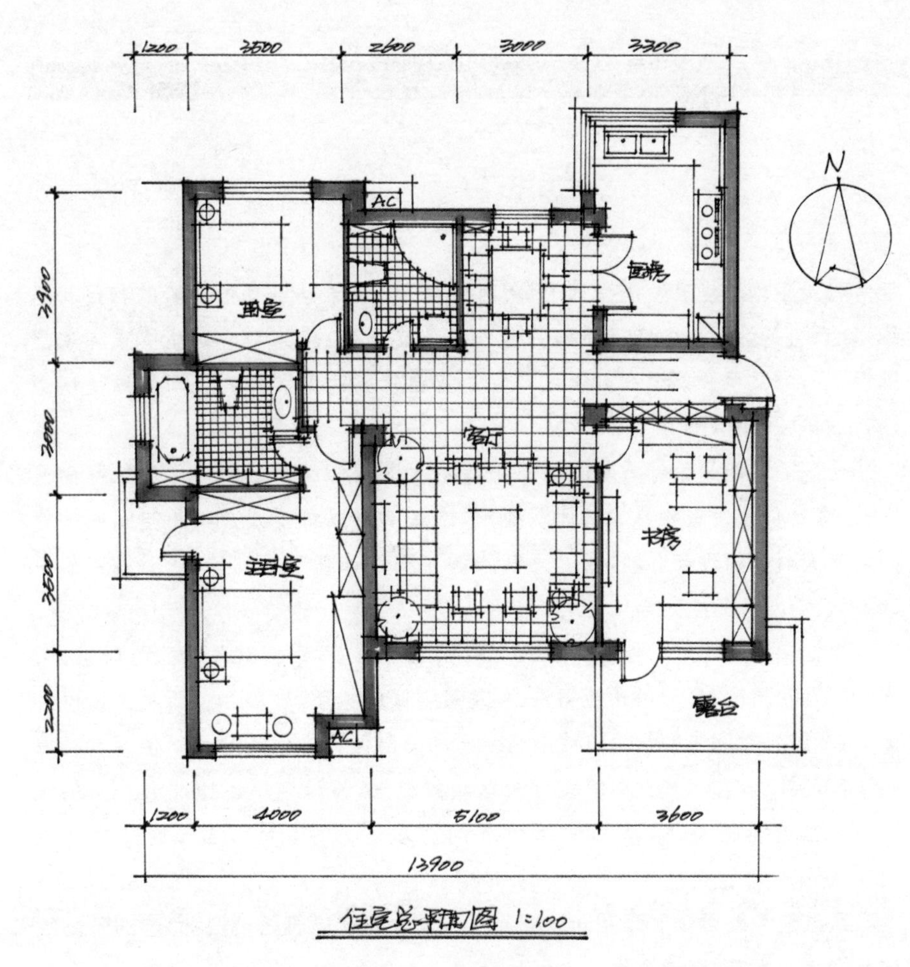

图 4-1　室内平面图

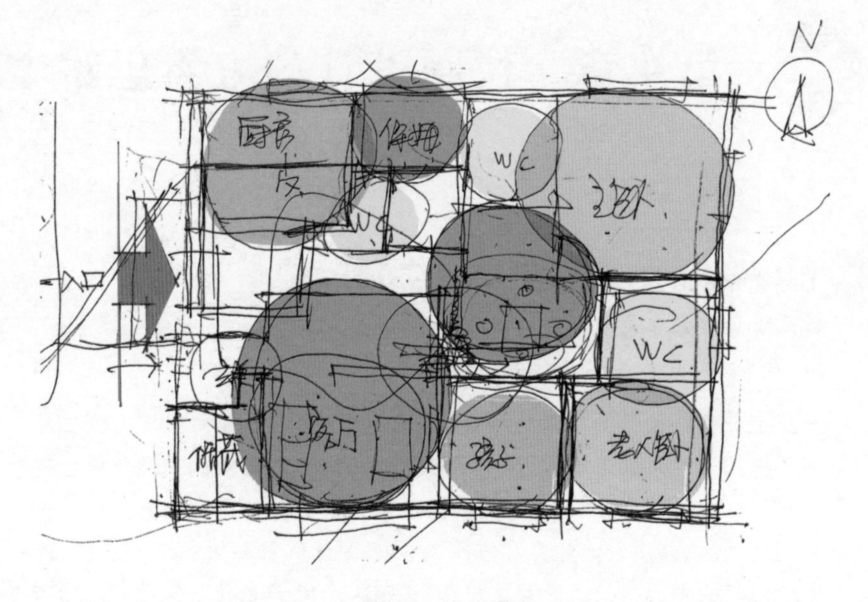

图 4-2　泡泡图

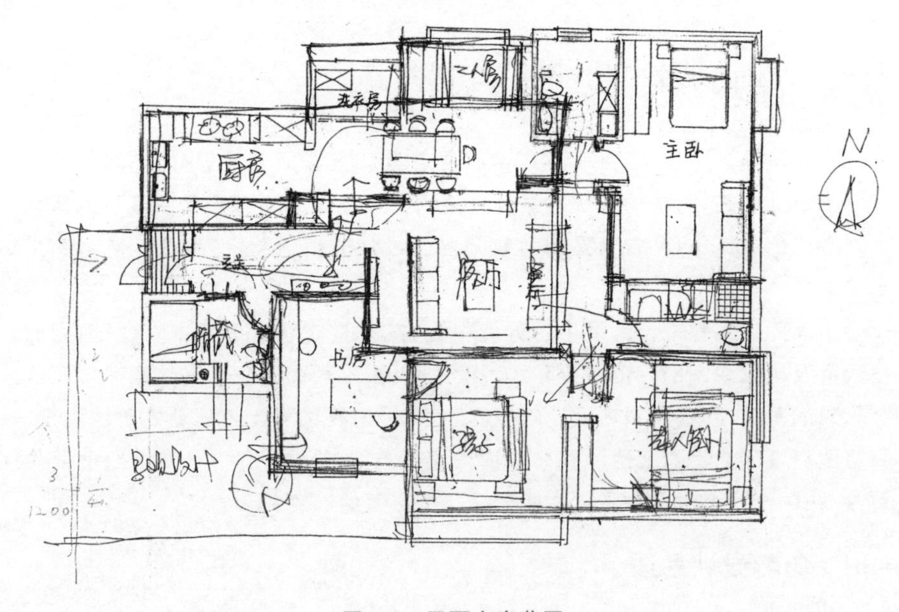

图 4-3　平面方案草图

步。在草图基础上，还要进行功能的调整和完善，通过进一步调整草图中各功能空间的面积大小、空间分隔手段，完善人行流线、合理整合不同功能，并配合准确的比例尺度、具体的尺寸标注和较好的绘图方法，才能最终形成满意的设计方案(图 4-4)。

方案平面图是对整体空间的布局、功能安排和具体创意设计的直接表述，在空间的立面造型和具体形态设计上进行综合考虑，重点表达空间的功能内容

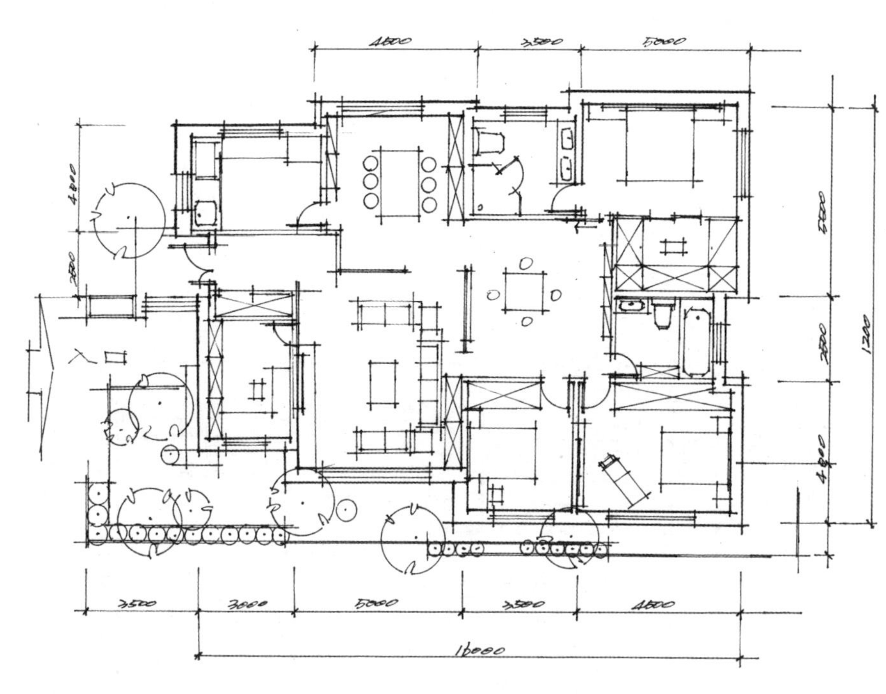

图 4-4　设计方案平面图

和人行流线的安排(图 4-5)。

快题考试中,平面方案的设计不能追求技巧,要针对考题的要求和设计条件进行空间功能的合理考虑,合理的功能设计配合巧妙的空间处理手段才能得到优秀的平面方案。同时,考试中还有一些不好的设计习惯和容易被忽视的几个问题值得注意。

1. 浪费空间面积

在考试中经常出现走廊尽头的狭长空间,考生经常不做任何功能设计和处理,不仅不利于平面方案的功能组织,也浪费了有限的室内面积,不仅破坏了各功能空间的联系,同时也暴露了考生的设计能力,这是设计需要避免的问题(图 4-6)。

2. 平面方案的轮廓

快题考试倾向于考核考生的创意和设计能力,题目中所限定的平面一般都是方正的矩形,例如 8m×8m 的居住空间、10m×15m 的餐厅等,这样的题目描述很直接地决定了平面图的形态,试卷中也就常常能够见到呆板的平面图设计。

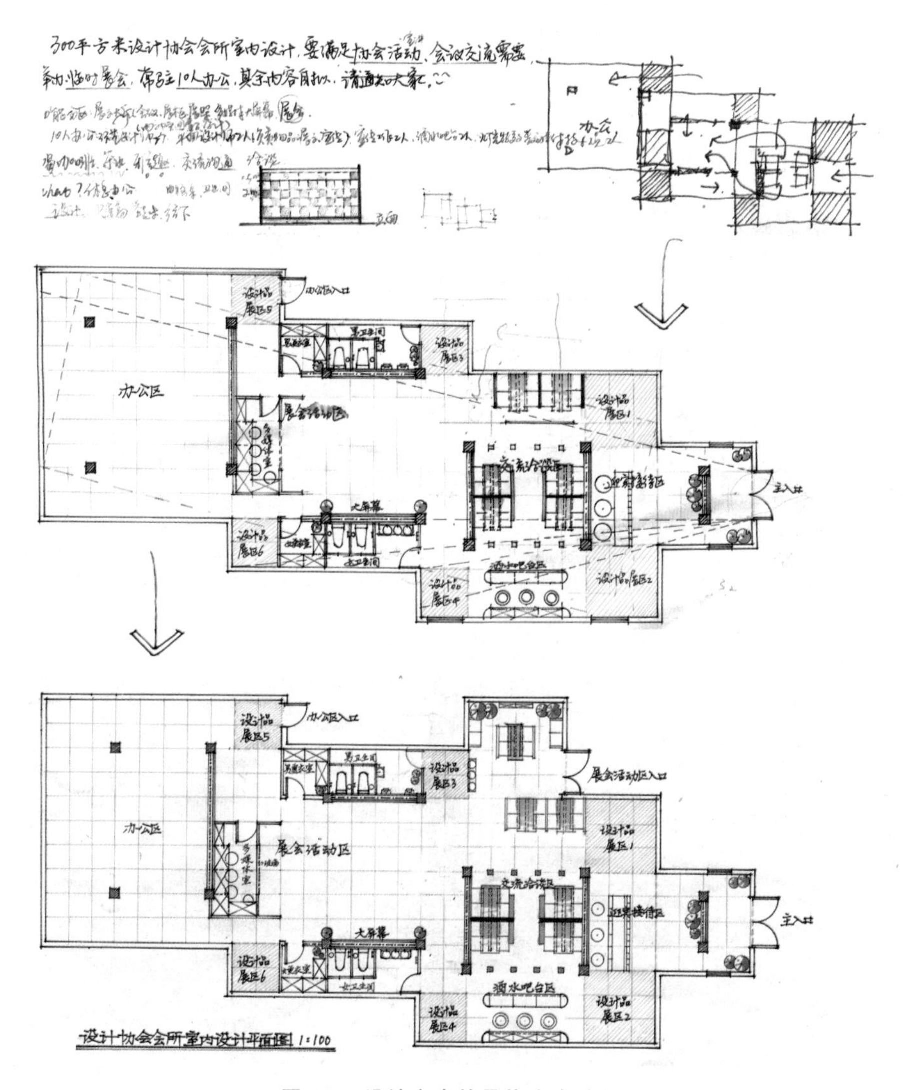

图 4-5　设计方案的具体生成过程

具有设计感的平面图能够营造更好的视觉效果,而且还可以微妙地影响设计效果。不需要刻意地改变平面图的大小和安排,而在绘图时有所侧重,注意深入程度和具体的平面变化,就会产生很不同的效果(图 4-7)。

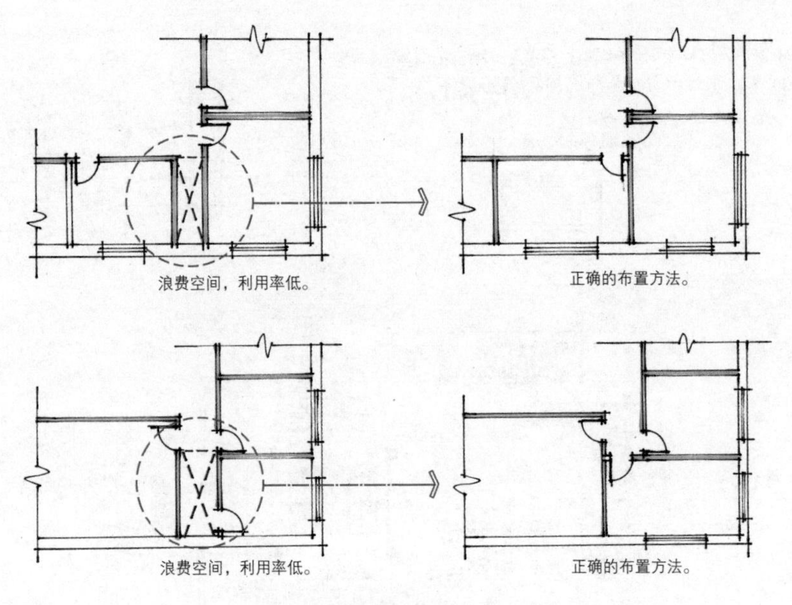

图 4-6　空间功能的有效利用

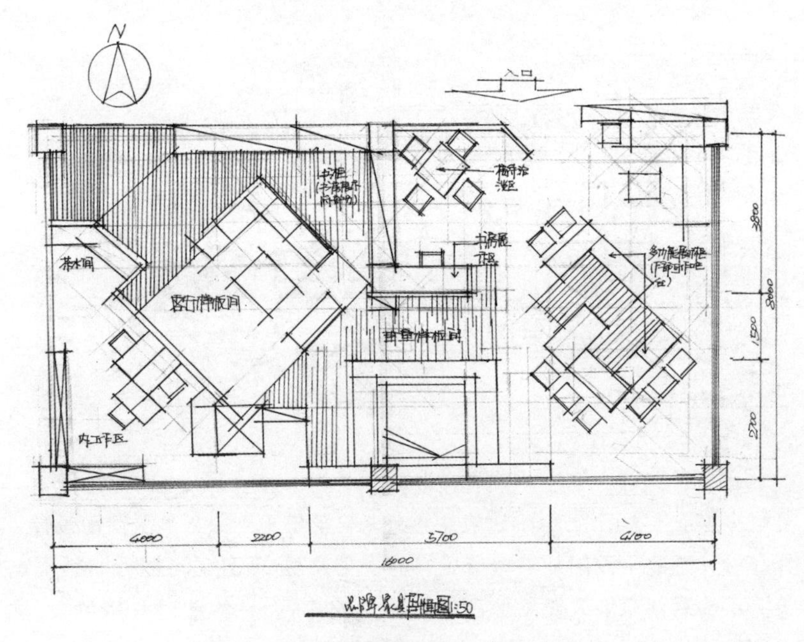

图 4-7　平面图中的不同处理

室内设计方案的轮廓是由墙体限定的，考试中不可能突破墙体的束缚。设计方案想要在表达上追求新颖，可以在局部营造变化的空间围合形式，或者在适当的位置做局部的造型设计。一定要通过设计改变边界，让室内外空间内容有所延伸，以此来丰富平面方案的轮廓(图 4-8、图 4-9)。

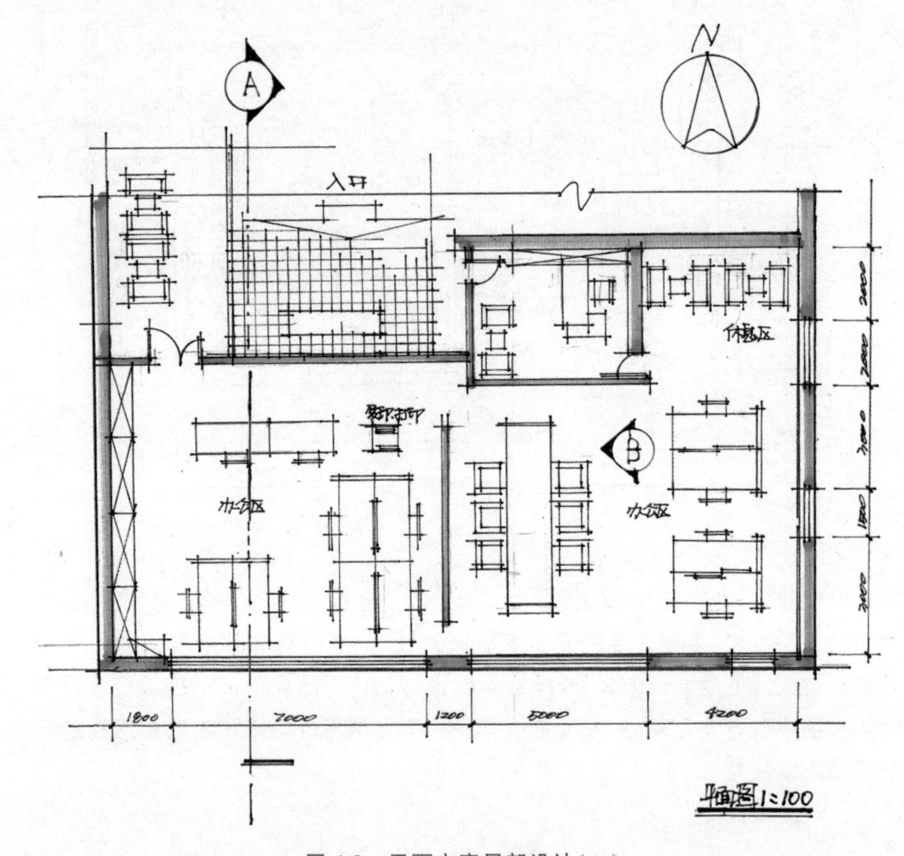

图 4-8　平面方案局部设计(一)

景观设计方案的表达则灵活得多，在考试中要注意对用地边界的植物和地面铺装的处理，可以根据画面需要进行处理和适当地简化或强调。对于能够烘托画面氛围并对设计表达有帮助的造型和线条要重点刻画，对容易造成画面呆板并形成规矩的平面轮廓的设计要注意回避和省略。

设计的前提一定是空间功能的完善，同时思考设计表达的方式也是快题设

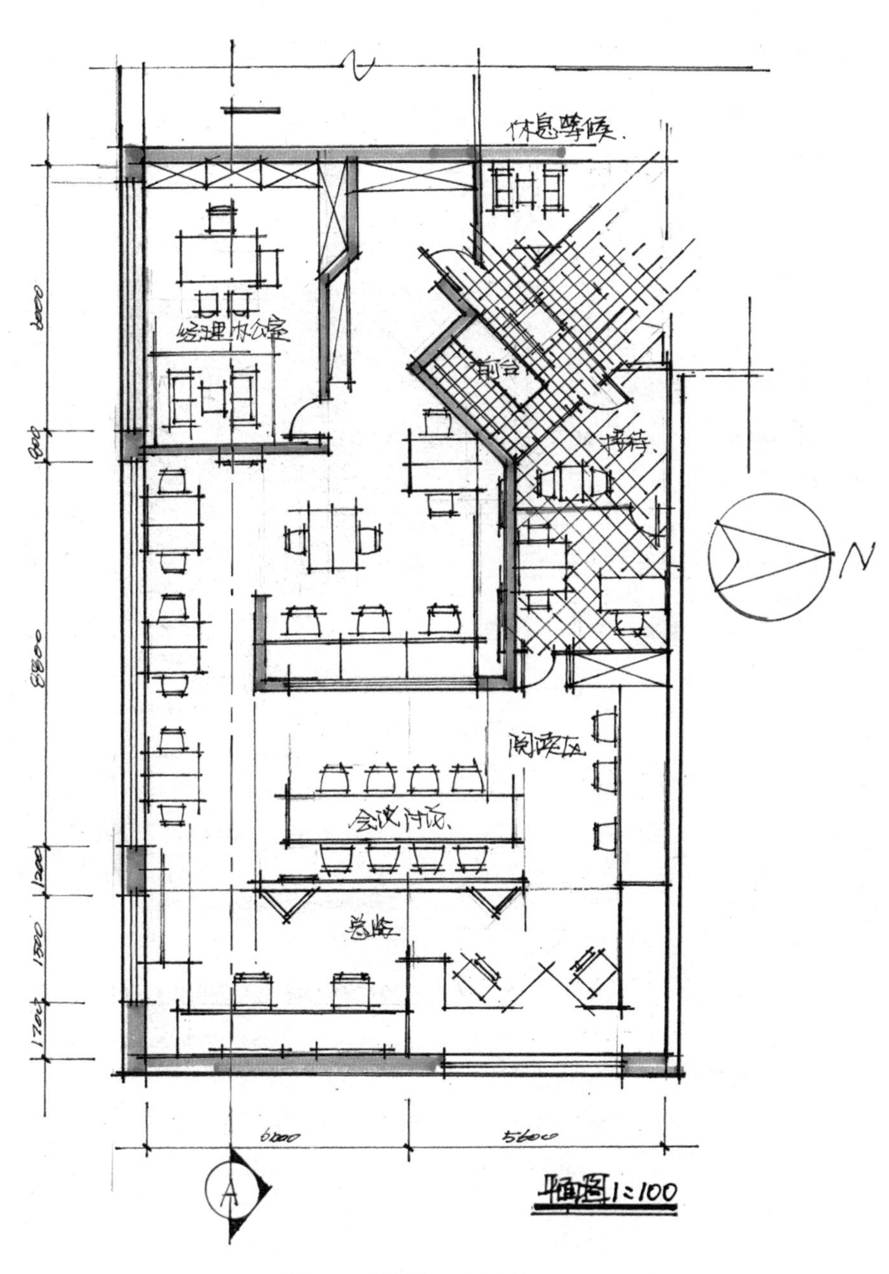

图 4-9　平面方案局部设计(二)

计考试中的重要思路。即使设计表达没有很大的空间,也可以根据画面的需要,对道路、地铺和绿化的表达方式进行调整来形成丰富的平面形态,以辅助平面方案的表达(图 4-10)。

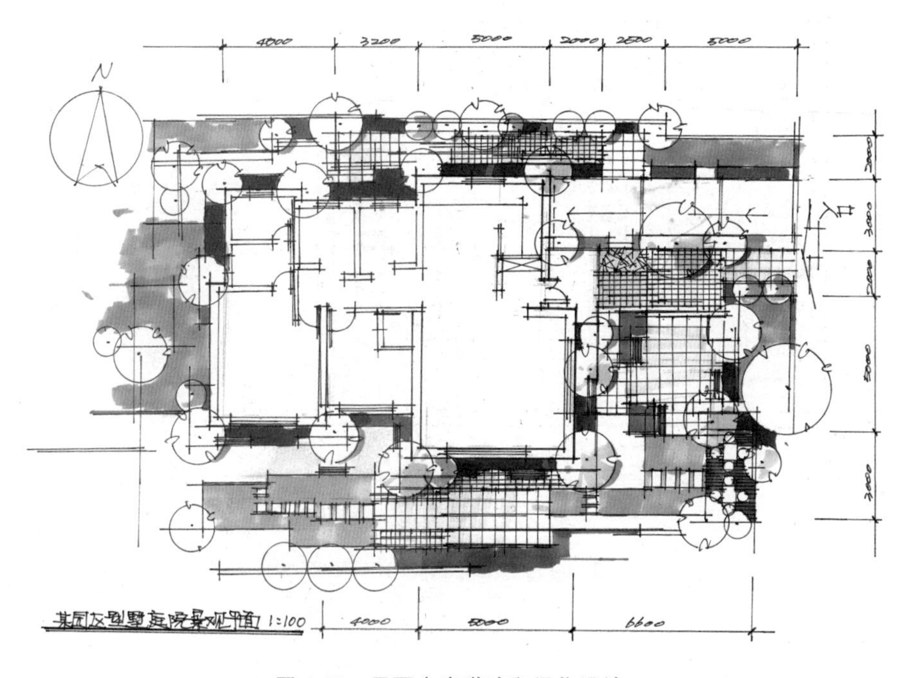

图 4-10　平面方案道路和绿化设计

3. 设计细节要合理

要注意设计的基本特征和常识的准确性,设计方案中的细节要合理、准确,考试中经常出现方案设计特征不清晰的情况。例如:题目要求做餐厅设计,考生也确实按照餐厅的设计思路设计了餐厅的方案,但是平面图设计呈现出来的却是一个模糊的空间形象;空间中的餐桌、餐椅和布局看起来总是很像办公空间(图 4-11)。

平面功能的合理不只局限在墙体划分和流线设计上,设计细节的扣题往往能够直接地体现空间特点。要重视空间功能的组织和氛围的设计及营造,对空间内容进行整体设计才能使方案具有明确的环境特点(图 4-12)。

平面方案中的设计细节主要是指家具与空间功能的一致性、空间尺度与内

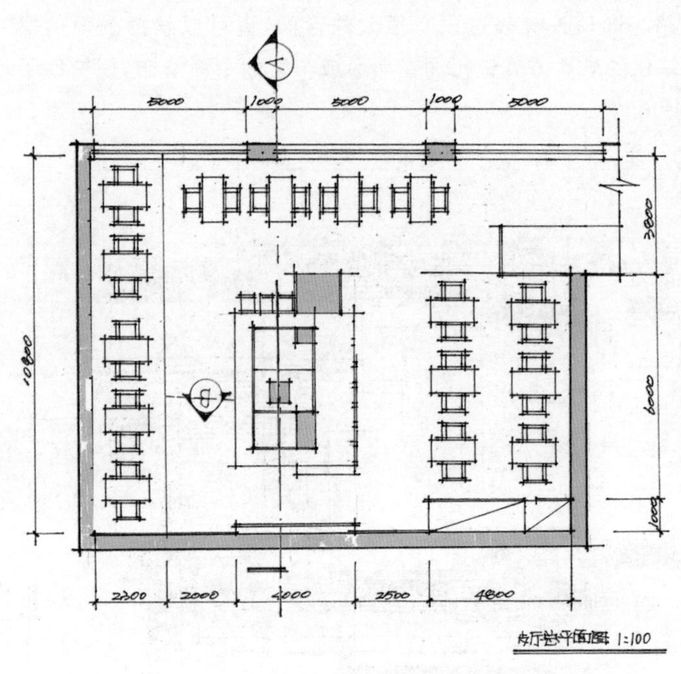

图 4-11　模糊的餐厅设计方案

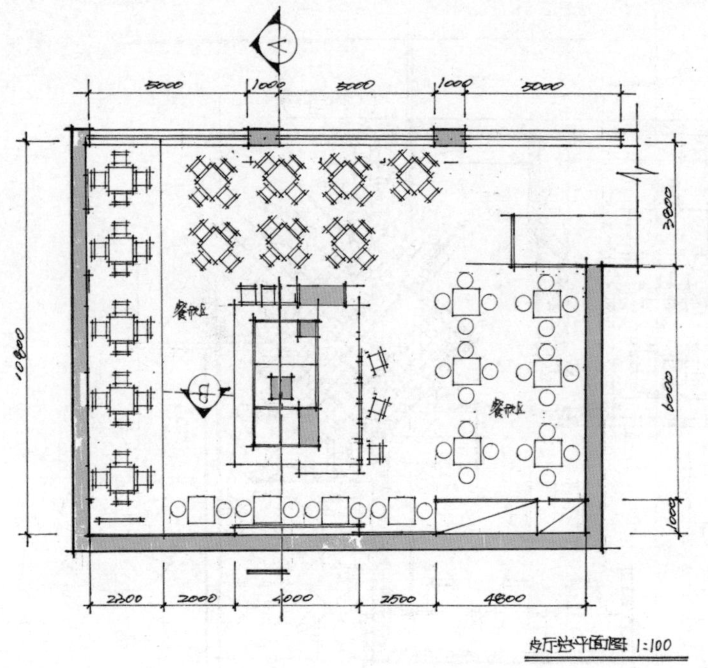

图 4-12　设计特点鲜明的餐厅方案

容相适应、空间的变化和趣味性等，同时要注意平面图中所营造的氛围和设计特点要符合题目的要求。平面图的绘制要注意家具特征的完整、台阶及细部尺寸的合理、道路的宽度、绿化的位置，还可以在入口及交通空间中关注无障碍设计，等等，很多细节都可以使方案更加完整。

4. 不做陌生的设计

当看到比较陌生的题目时，要慎重设计，尝试运用自己熟悉的方式和内容来完成设计。考场上一定不要画自己没画过的内容和设计，在平时的练习中要把能固定的东西记忆下来，把吸引人的设计积累下来；考试时要用简单熟悉的方法来处理设计问题，在原有的素材和熟悉的方案基础上设计和创新。

备考时应该掌握几种常见的设计手法，对于室内和景观设计方案中常用的设计元素要做到灵活运用。题目所涉及的某些景观元素总会组合在一起经常出现，比如水体的常见形态、绿化种植形式和树阵处理、休息坐椅的组合方式、室内空间不同功能空间中家具与围合要素的处理等，对这些自己熟练的内容注意整理，形成比较完整的思路和方法，并对比例和尺度有准确的把握，这样表达在图纸上的东西才能够更加合理，方案的设计水平也能更加成熟和生动。

5. 图纸的设计味

快题设计考试中，设计方案最核心的思路和空间的功能布局都体现在平面图中，平面图能直观地反映出考生的设计能力，故一定要让平面图的设计完整并有一定的新意。

一成不变、设计没有新意的乏味图纸在快题考试中根本没有任何竞争力，一定要想办法让自己的平面方案更有创意，更有视觉冲击力。当然，考试中不能一味地追求怪异夸张的造型，设计方案要合理并能够解决问题。在功能布局和流线设计满足题目要求的前提下，可以尝试通过灵活的用线和成熟、自然的设计痕迹来体现图纸的“设计味”(图 4-13)。

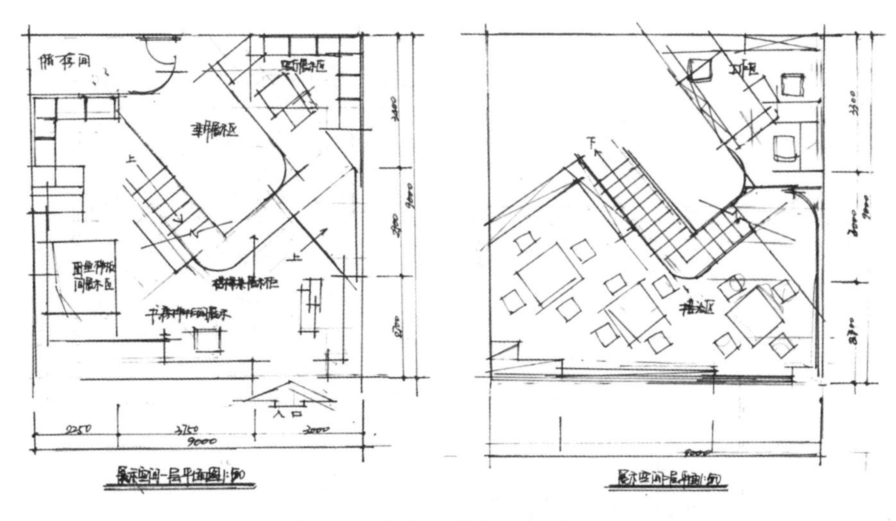

图 4-13　灵活、有“设计味”的方案

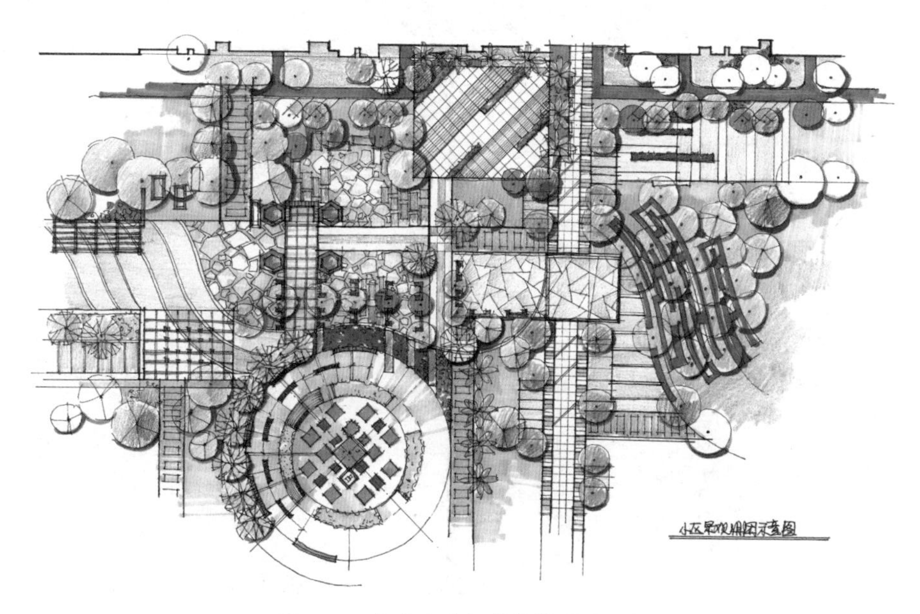

图 4-14　具有丰富细节的景观平面图

4.1.2　交通流线布局

景观设计平面图需要表达场地的功能布局和主次路网、绿植、水体等复杂的空间关系，在合理进行功能布局的前提下，还要考虑平面图的设计概念和具体的处理手段，详细展现不同场地的功能安排、不同层次的道路设计、铺装变化、绿化种植等很多方面的内容。

景观平面往往比室内平面更为复杂，在考试中也常常占有很大的分值，在某些考试中甚至超过透视效果图，成为主要的表达图纸并要求考生深入绘制(图 4-14)。

因为场地的功能划分、空间布局、景观特点都可以在平面图上有详细的反映，故通过平面图中恰当的线宽划分和阴影的使用，竖向设计要素也能体现出来。在阅卷过程中，教师会仔细判断平面图设计的问题，从平面方案入手，审视设计中功能和形式的关系是否合理。

设计在重视空间功能的同时千万不要忽视交通流线的布局和路网的设计，在基本的平面功能要求能够满足的前提下，要保证平面方案具有一定的新意，注意各功能空间的大小面积安排的层次，重视路线的趣味性，适度地运用各种方法协调画面才能展现方案的个性和创意。

景观设计的平面方案不仅是功能内容的简单表达，还要追求空间形态的多样性和趣味性。快题设计考试中的景观试题往往留给考生很大的发挥空间，但是考试中仍有以下几个容易被忽视的问题值得注意。

1. 场地设计

不同大小的场地是聚集、活动流线交汇的主要位置，中心场地通常是方案的核心，要比其他位置更具有吸引力，其造型和构图都要起到突出的效果。场地需要有中心和重点，流线安排要合理，注意轴线、道路(长度、宽度、距离)的变化。场地设计除了考虑构图和布局以外，还要重视其中的元素和小品，并注意与整体平面布局和整体设计的统一(图 4-15)。

2. 道路设计

道路设计首先要分析场地现状，根据题目要求和具体的设计条件来确定人行流线的主要方向、需要连接的主要节点和具体功能，然后再确定主路位置；结合设计方案中的各个节点、设施布设支路；最后根据整体的交通、线形、景观等因素进行调整和优化。最终要求路网主次分明，且建立起多向的交通路线以避

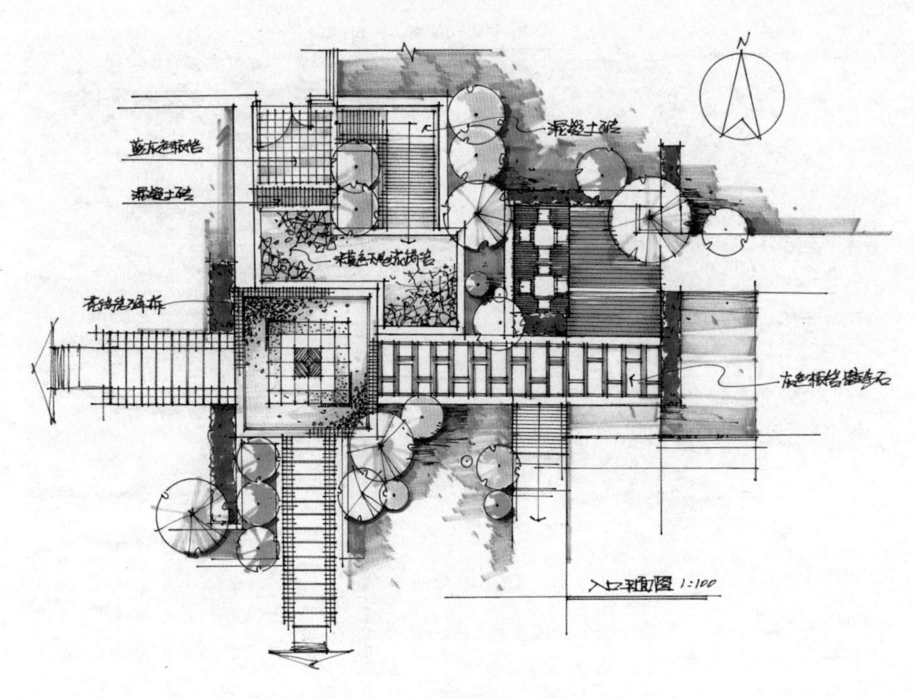

图 4-15　景观不同场地的处理

免重复。

道路的设计要注意尺度得当并与周边元素有机融合，在具体设计与表现时，道路的宽度要适当，且要协调道路和整体平面方案的关系，同时还要注意道路细节的变化和路线节奏的设计，这样才能使方案有动感和变化。

快题设计考试中要重视人行路的细节设计，认真处理道路边界和周围环境的关系、协调道路和功能的尺度变化也是方案深入设计的重要步骤。只有丰富的道路设计，才能使人在行进过程中体会到路线的节奏变化和空间尺度的转换，要使其感受到场地的趣味(图 4-16、图 4-17)。

在道路的设计中，初学者容易犯两类错误：一是道路尺度太大，如自然式路网道路宽度超过 10m，相当于城市中 4 车道的机动车道路，或是规则式路网中轴线道路太宽，犹如广场；二是不注意区分道路等级，主路、支路、小路区分不清，不成体系。

不同类型和规模的道路宽度标准各不相同：主路一般要考虑少量机动车

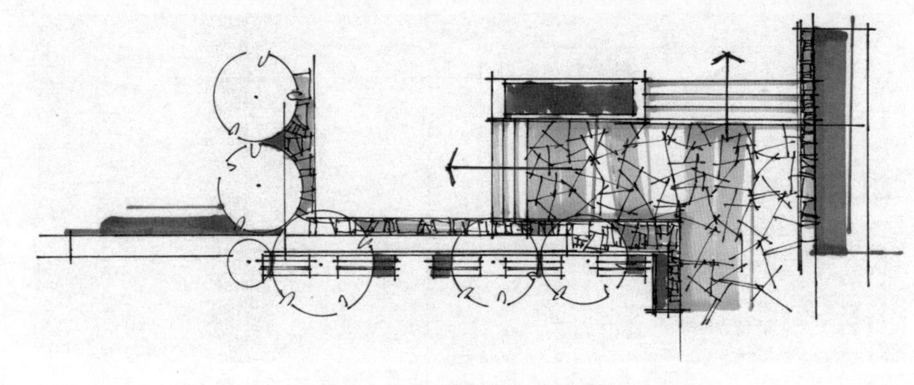

图 4-16　人行道路边界的设计

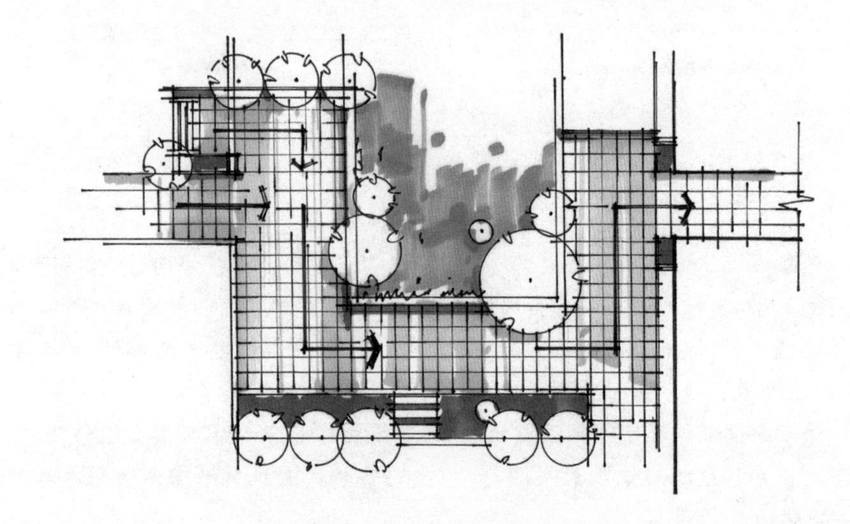

图 4-17　场地与道路的关系

对行的可能，以 5m 左右为宜，支路 2～3m，小路 1.5m 左右。虽然在快题考试中表现相对粗略，但是道路设计的尺度要合理，不同级别的道路要有明显的区分。

同时还要注意道路的尺度、铺装变化和各场地空间的衔接，可以点缀水池、树池、草坪等元素，这样既保证了路线的功能，又避免了单调、尺度过大(图 4-18)。

中小尺度场地中，交通流线相对简单，道路宜简捷，避免道路比重过大。对于道路的造型、宽度、边界(如围合的植物、挡墙)以及铺装材料与图案等要仔细推敲。

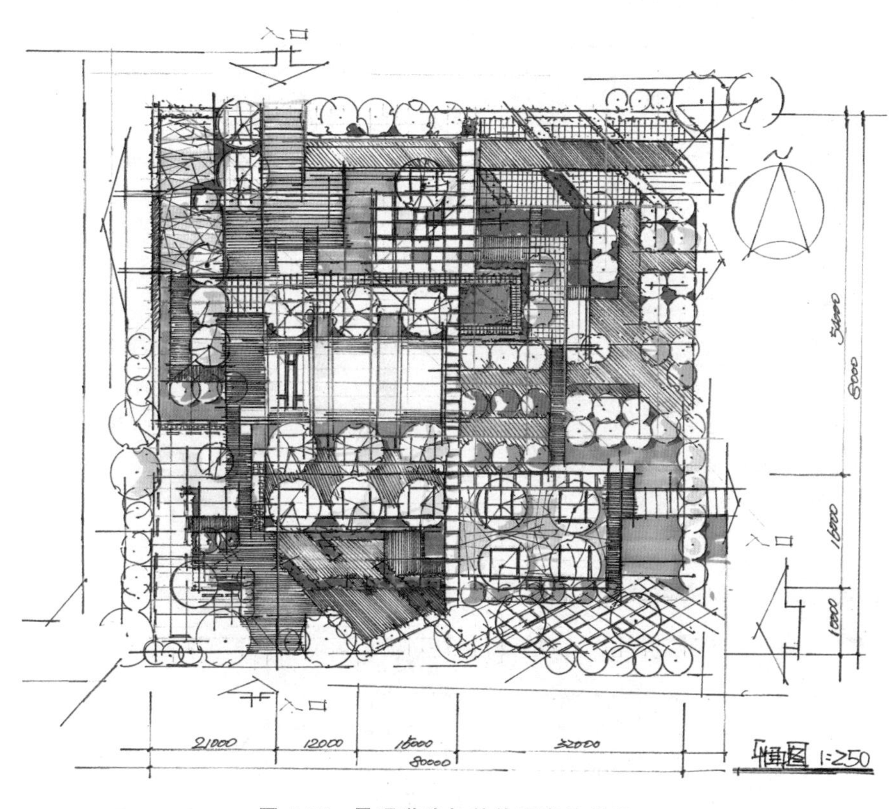

图 4-18　景观道路与其他要素的处理

在交通要求不高的情况下，道路可以与场地融为一体，以形成连贯的空间和有趣的构图，而不一定要选择等宽的道路形式。在涉及节点路段的详细设计时，对于不连续路面如汀步、步石，要控制好尺度，连续路面和块料路面要有恰当的边界处理或铺装图案(图 4-19)。

3. 绿化设计

(1) 道路两侧的植物配置宜增强导向作用。

(2) 在行车视距范围内应采用通透式配置。

(3) 被人行横道或出入口断开的分车绿带，其端部位置应采用通透式配置。

(4) 在道路交叉口视距三角形范围内，行道树绿带应采用通透式配置。

(5) 公共活动广场周围宜种植高大乔木，集中成片绿地不应小于广场总面积的 25%，并宜设计成开放式绿地。

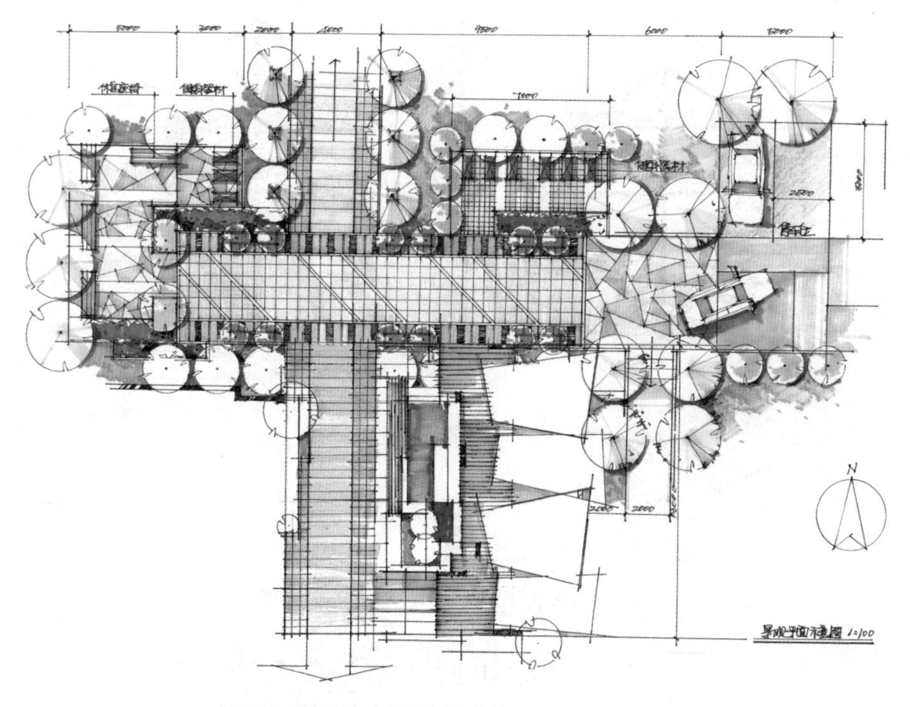

图 4-19　道路的造型、铺装及边界的处理(一)

在景观设计中，道路的形式并不拘泥于铺装的限定，而在很多情况下取决于围合元素的高度、距离和具体形式，绿化的断开位置自然地形成道路的行进方向，设计中要注意各元素对平面的影响(图 4-20、图 4-21)。

设计中要重视细节，因为正是这些细节的变化在影响着整体的平面方案，若要营造生动有趣、富有设计感的平面方案，则要认真处理细节的对应关系。

4. 停车场设计

很多设计题目会要求场地中具有停车位的设计，这往往是很多初学者在设计中容易忽视的，也往往容易对考试成绩造成致命的影响。设计停车场要注意以下几个方面的问题。

(1) 停车场入口、道路的关系，即外部环境对停车场的制约。

停车场既要与道路交通连接顺畅又要避免相互干扰，停车场的出入口应有

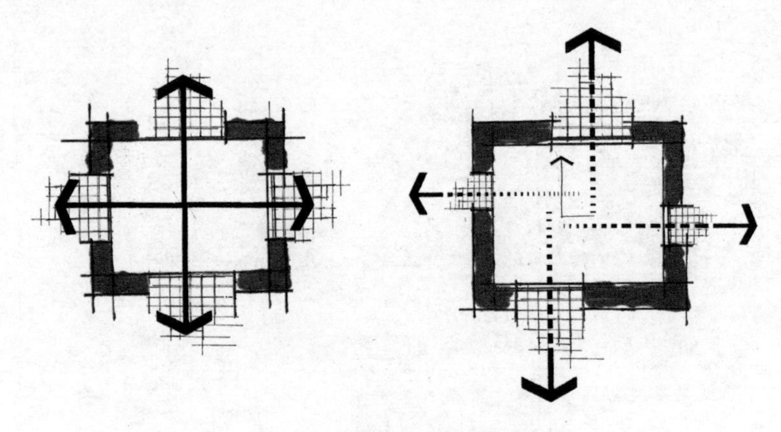

图 4-20　道路周围环境的关系

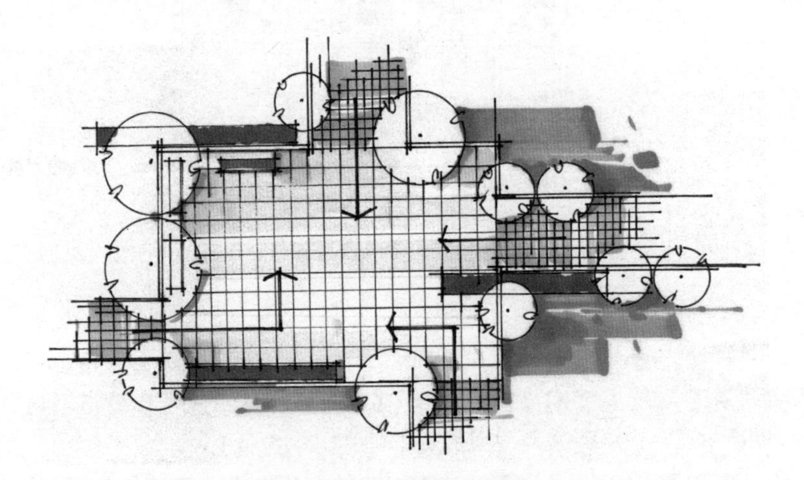

图 4-21　道路的造型、铺装及边界的处理(二)

良好的视野。停车场车位指标大于 50 个时,出入口不得小于 2 个;出入口之间的净距离必须大于 10m,出入口宽度不得小于 7m(图 4-22)。

(2) 停车场内部流线要顺畅以保证进出方便。

车道、出入口以及回车场地的尺度要足够,停车位的尺度要合乎规范。机动车停车场内的主要通道宽度不得小于 6m。小型和微型汽车通道的最小曲线半径为 7m。停车场与入口、道路等环境要保证连接顺畅又要避免相互干扰,内部流线要保证出入方便,车道、出入口以及回车场地的尺度要足够,且要充分利用空间并合理布置车位(图 4-23)。

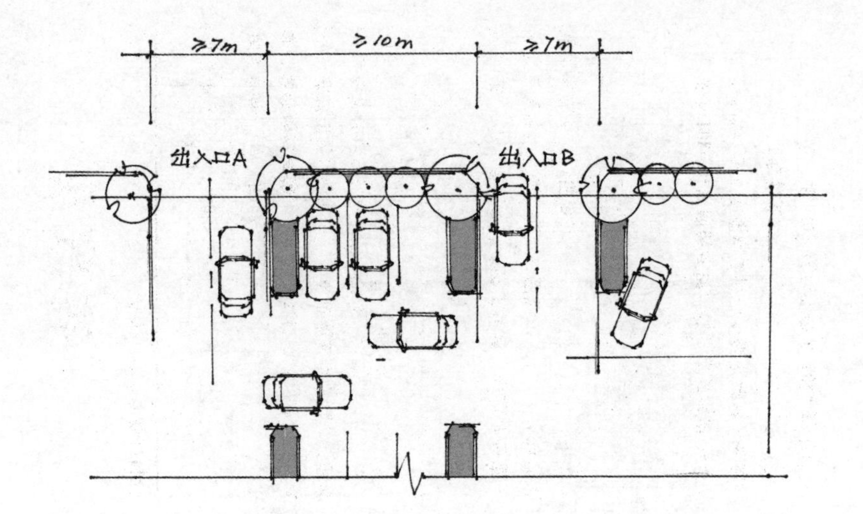

图 4-22　停车场入口设计示意图

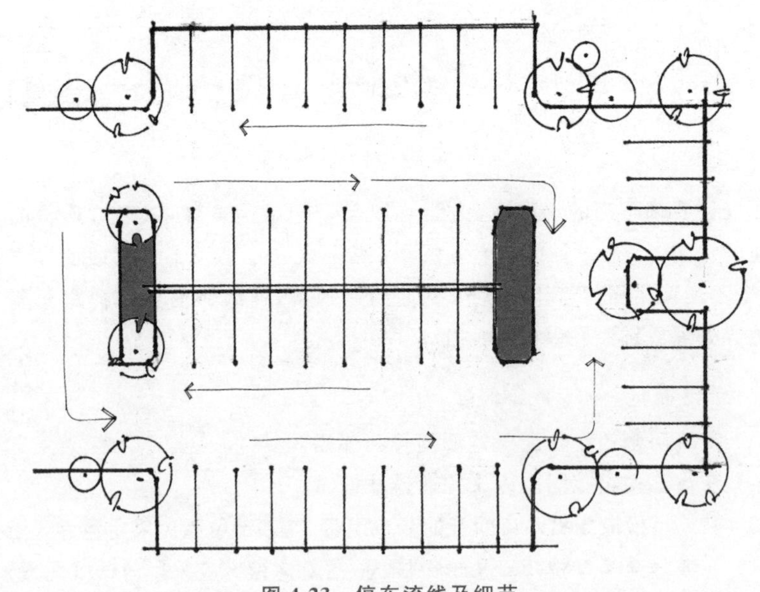

图 4-23　停车流线及细节

近年来机动车数量激增，相应地对停车场的需求也大大增加，在实际设计中，停车场的位置、车位数量还需要根据具体情况来确定。

4.1.3　空间划分手段

考试时间有限，很难在空间造型和具体的设计细节上追求设计特点，快题设计方案的变化主要以空间功能的转换与层次的划分来体现。比较容易出效果的便是注意空间划分手段的设计，尺度合理、变化恰当的空间划分手段能够在设计中取得良好的效果，设计中要运用合理的功能设计并配合巧妙的空间处理手段才能得到优秀的平面方案(图 4-24)。

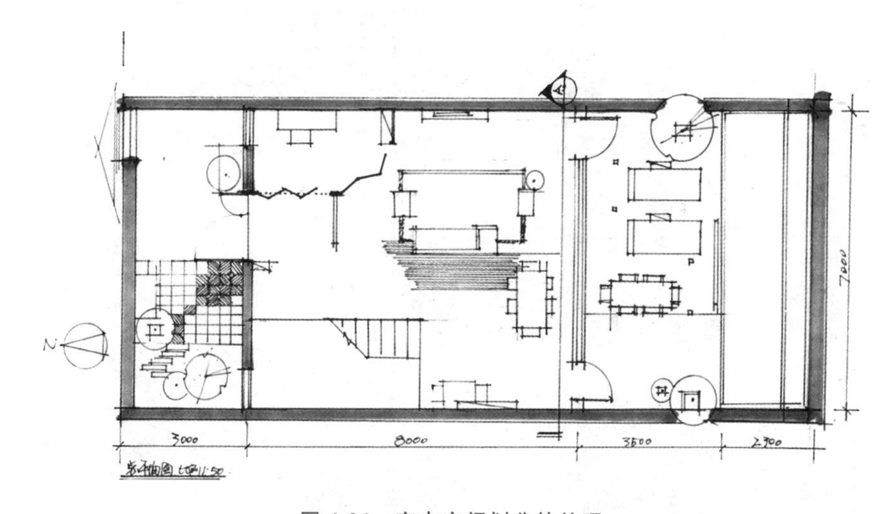

图 4-24　室内空间划分的处理

景观设计方案中构图手法很多，在相关参考书中都有详细阐述，考生也不乏了解和熟悉，因此本书简要分析考试中几个常见的问题。

1. 流线与序列

空间流线是整体空间的交通和活动路线，空间中的流线安排既要考虑功能布局、地形限制，也要顾及景观组织。

以道路为线索进行判断：在道路行进的过程中，要尽量营造道路宽度的变化、高差的变化、材质铺装的变化、围合形式的变化。在道路方向改变的位置进行植物的设计，以缓和生硬的角度改变(图 4-25)。

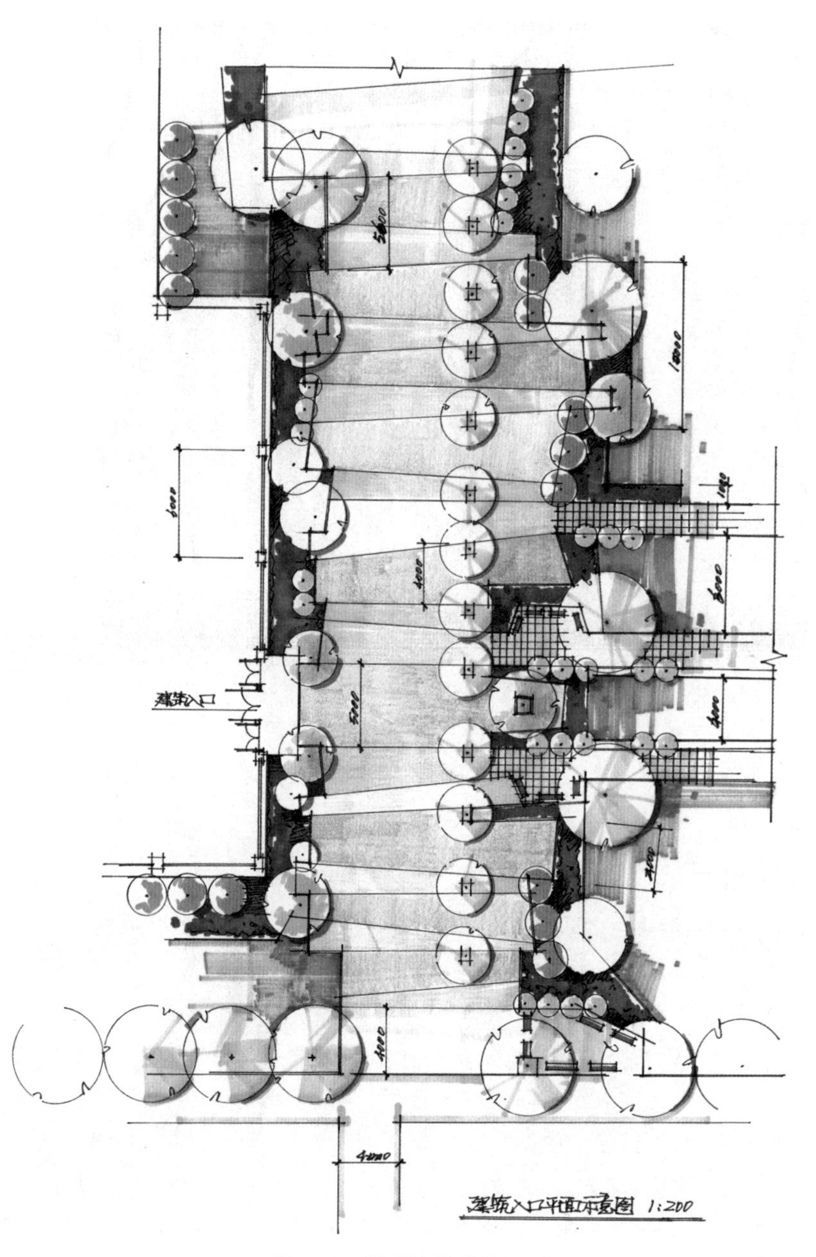

图 4-25　景观流线的处理

2. 空间的围合变化

(1) 隔断形式的变化

最直接的空间划分形式就是隔断，隔断在空间上具备独立的实体形态和具体尺度，能够在空间划分上最直接、最明确地区别各个空间，是考试中常用的空间划分形式。

(2) 适当的高差变化

设计中运用高差是一种直接的分隔空间的方法，高差的变化能够直接影响人的行为和路线，是丰富空间流线的有效手段。

(3) 造型和家具的设计

在大型公共空间中，经常需要分隔不同的空间功能，同时又不能产生隔断和地面高差，这个时候就要运用造型的变化和不同的家具组织形式来进行围合和区别，自然地分隔空间功能。

(4) 铺装的变换

根据不同的空间功能需要，对地面的铺装进行设计，注意不同功能空间所使用的铺装材料和细节的变化。大量使用方砖铺地是最简单的方法，但是要注意方砖的大小变化，尽量根据空间的功能进行有规律的大小变化。例如：交通面积使用小型砖铺地，休息空间使用中型砖铺地，活动的中心广场使用大型砖铺地。同时在这些方砖之间还要进行不同拼贴和图案的处理，这样就可以轻易地让平面图产生丰富的变化(图 4-26)。

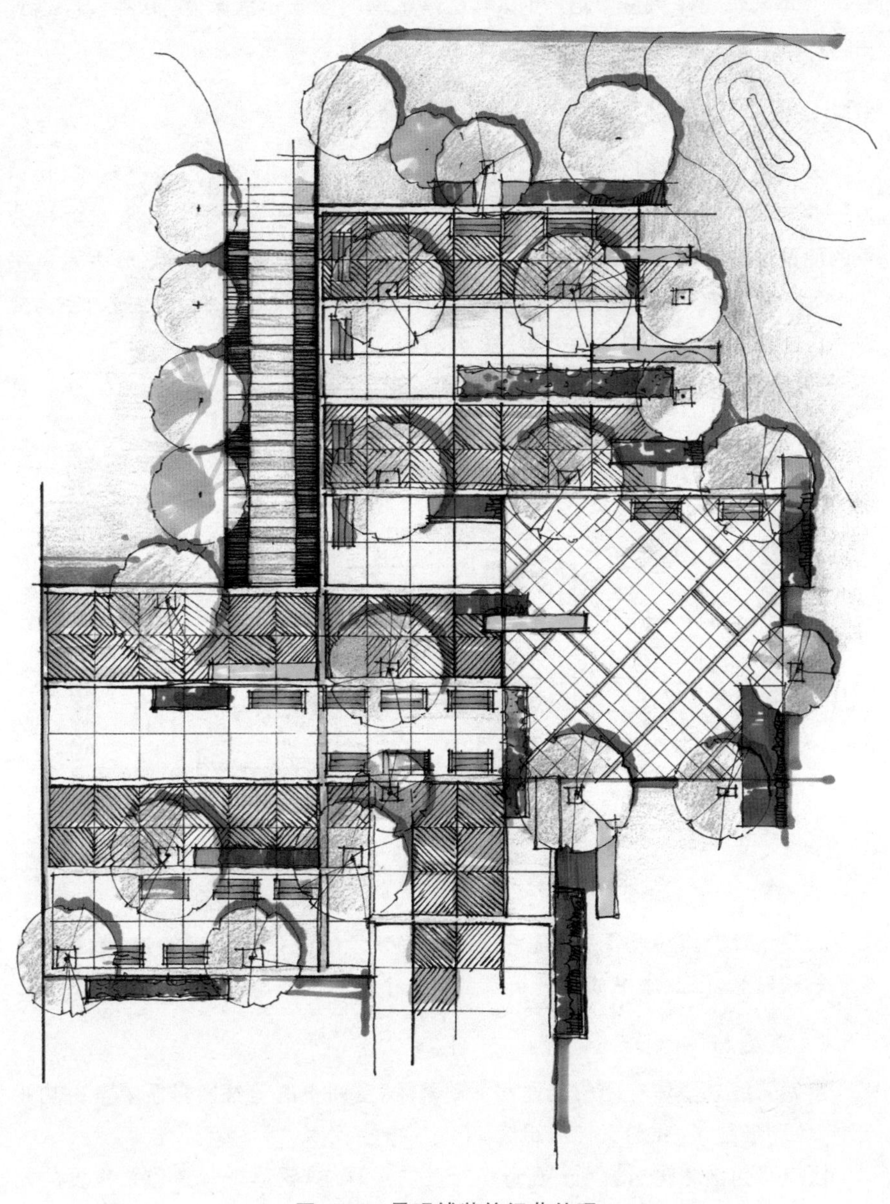

图 4-26　景观铺装的细节处理

3. 水体

在平面功能中，大尺度的水体与地面对应着整个场地的虚实划分，小尺度的水景是空间的核心。水体设计是景观不可或缺的元素，因而对平面布局和水体的具体形态、大小都要仔细推敲。

自然式水体在公园和住区景观设计中经常遇到，要注意岸线的曲折变化、虚实交错，最好形成大小不同的空间格局，以便于功能区分和景观构成。对于尺度较大的水体，其给人的第一印象是平面形态的好坏，因此水体边界轮廓的设计非常重要(图 4-27)。

规则式水体的平面形态设计与其他元素构图相似，在比例、尺度方面要注意与周围环境协调，在水体形态上要采用与周围元素相似、对位、虚实渗透等手

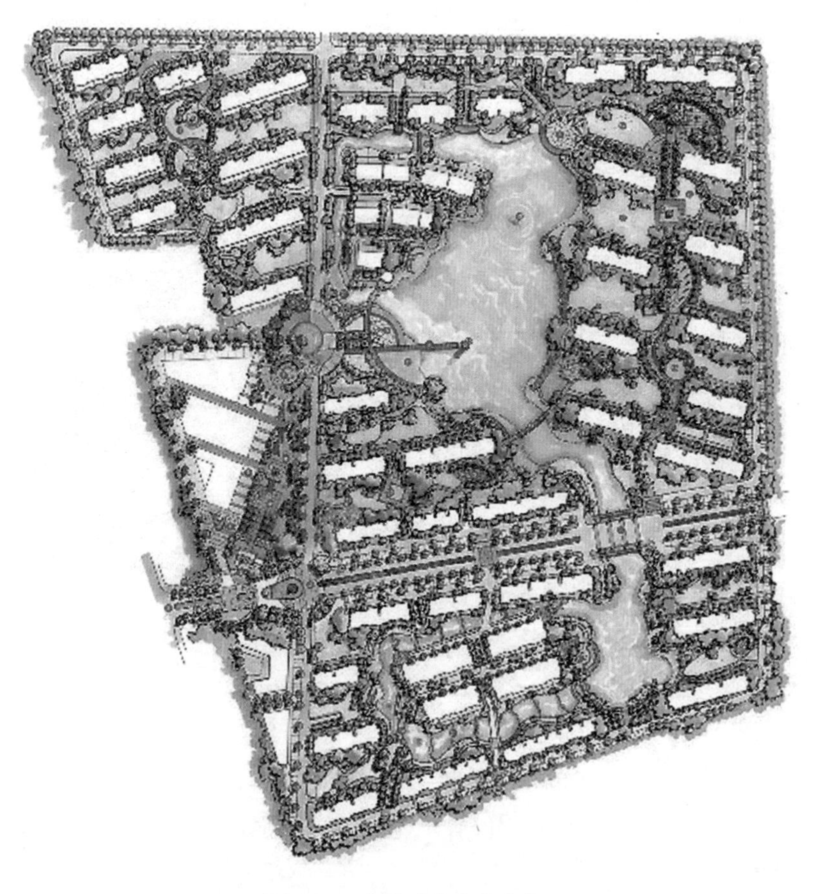

图 4-27　自然式水体的变化

法进行处理，水体元素具有虚空和流动特点，且整体平衡（图 4-28）。

水体可以形成动态、静态以及多种形状特点，在实际的设计案例中经常结合不同主题设计水景，形成新颖的设计方案。但是在考试中要考虑到表现的有效性，作为设计中的生态功能、自由的平面和多变的形态，大面积水体的设计当然可以是方案的亮点。但是千万不要忘记，我们在考试时还要接着绘制效果图，大面积的水体在效果图表达过程中往往会产生很多难以表达的问题，所以不建议在考试中采用。

水体在考试中往往有不可忽视的重要作用，不排斥快题设计中使用水体设

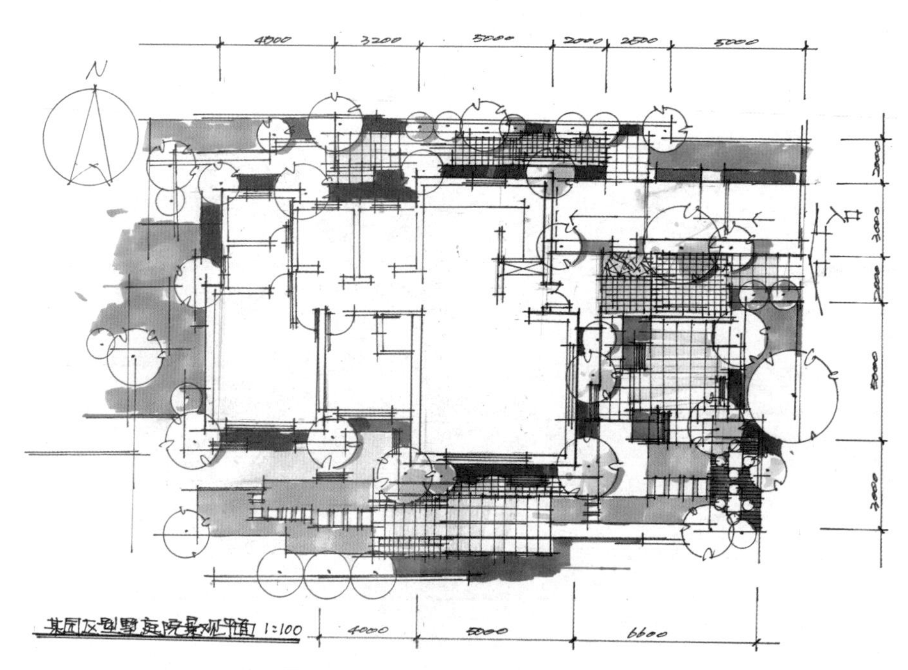

图 4-28　规则式水体与环境的协调

计来丰富设计，但是还要考虑效果图的表达难度，所以考试中适宜采用规则式、小面积的水体设计，用以点缀空间和划分场地。水与道路要有联系，其可以辅助进行导向作用并丰富道路的设计（图 4-29）。

快题考试要选择简洁、有趣、有一定视觉效果的造型来完成局部深化、小品和细节的设计，以便把更多的时间分配到总体布局和图纸表达上。

4. 植物种植

植物在景观设计中的重要作用是无可替代的，设计中按照不同的分类标准，植物可以分为乔木、灌木、草本、藤本等，也可以分为常绿和落叶等。设计时可以利用植株的高度、体量和姿态上的差异来营建不同的空间结构，塑造不同的场地景观。

在快题考试中，对植物的种植设计要求多是概念性的，既要符合场地的基础条件，不能违背最基本的植物种植规律，同时又要发挥植物在空间划分和景观营造方面的作用。

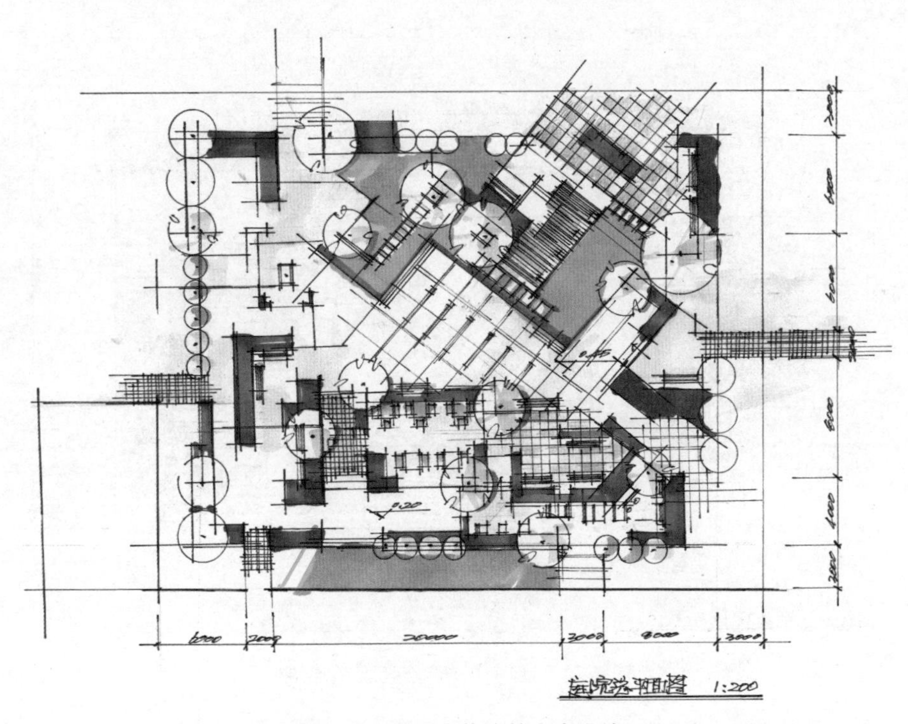

图 4-29　景观水体能够丰富设计

面积较大的场地，若仅仅以硬质铺装和几何形体划分显得生硬乏味，若能结合植物的种植和变化来划分空间，并配合功能和造型来点缀设计，则能够起到更好的效果。植物是限定户外空间的理想元素，利用植物能形成控制整体空间的架构（图 4-30）。

规则树阵的平面布局要与其他构图结合，可以作为点状元素反映景观方案的轴线、对位和格网单元等，也可以是对硬质元素的围合和延伸（图 4-31）。在快题设计时要把握植物的空间形态，尤其是特色种植、行道树和规则树阵与周边场地、元素所形成的构图关系。

快题考试中，考生不能与阅卷教师面对面地交流，只能通过图纸将设计通过形式表达出来，设计的“形式”是体现设计能力的载体。当然，形式并不是指形式主义，而是指与功能布局充分结合并包含造景意识的、明晰的形式逻辑，宜采用被阅卷教师广为接受的空间形式语言。

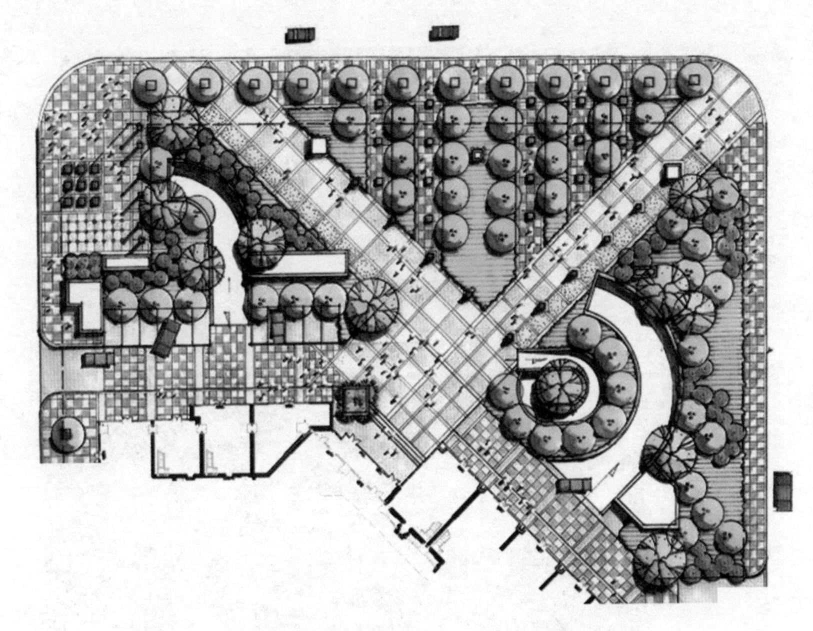

图 4-30　运用植物控制景观流线

4.1.4　设计绘图技巧

对于应试者而言，平面图的重要性不言而喻，它在试卷中所占分值很高。平面图的表达要规范，并符合通用的制图标准，注意图纸的绘图方法和设计细节，试卷要有说服力和吸引力，将设计和表达整体结合考虑才能在考试中脱颖而出。

平面图是表达设计方案具体内容和功能布置的图纸，故要有明确的图纸名称及比例、标高、尺寸标注等内容。在考试中要选择合适的比例，并要按照平面图绘制标准进行绘图。

平面图的绘制内容很多，工作量很大，同时也能够鲜明地反映考生的设计能力。考生要具备基本的设计能力和制图知识，并要熟练掌握考试常用的符号和绘图技巧。

1. 选用恰当的图例

绘制平面图的常规要求是注意使用恰当的图例，环境设计专业一般不要求考生在图纸中重新绘制图例，图中所用的设计元素要参照常规的表达形式予以

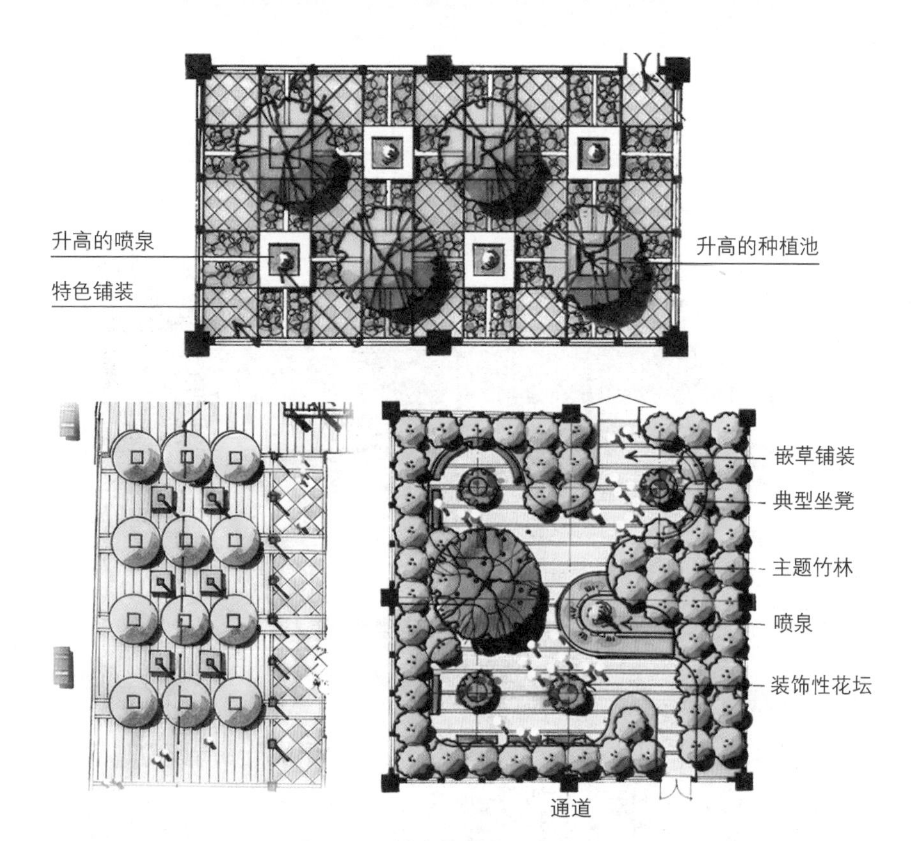

图 4-31　树阵与景观元素的关系

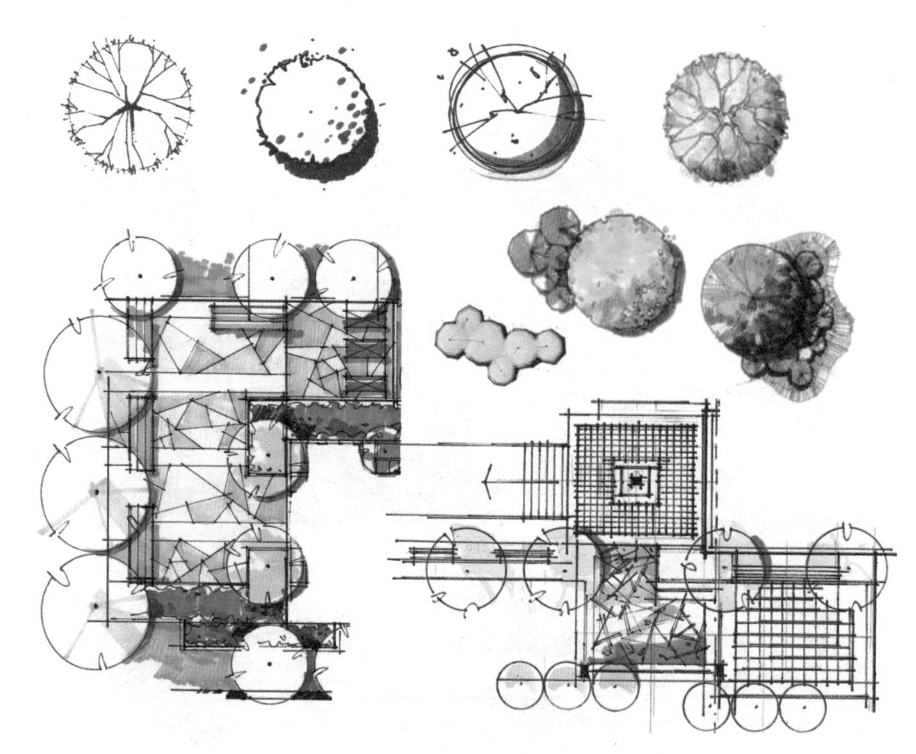

图 4-32　景观道路、植物及铺装的常用画法

表达，以达到适读的效果。考试所选图例不仅美观还要简洁，以便于在考试中节省时间，其形状、线宽、颜色以及明暗关系都应有合理的安排。本书简单列举了几组图例画法供参考，也希望考生能够举一反三，灵活使用并提高自己的平面图设计制图能力（图 4-32）。

合乎常理的表达习惯和方法更能够让图纸清晰完整，考试中尽量采用最为清晰便捷的绘图方法，不要过分地追求夸张和新意，以免影响阅卷教师对图纸的第一印象。

2. 层次分明，有立体感

平面图除了要表达空间功能安排和具体面积划分之外，还要尽量通过线宽、颜色和明暗的变化来区分主次，同时在表现中还可以通过设计元素的互相遮挡和投影关系来增加平面图的立体感和层次，让方案更加生动。一般来说，对于中小尺度空间尤其节点空间的平面，增加投影可以清楚地表达场地的高差和设计特点，几笔深色的笔触就能够轻易地突出设计。尤其是景观的节点部分，增加阴影可以清楚地表达出项目的空间层次，寥寥几笔，费时不多，但是效果却十分明显（图 4-33）。

画投影时要注意图上阴影方向的一致。阴影一般采用斜 45°角，虽然北半球投影应朝上（图纸一般上北下南）才合乎常理，但是将投影画在形体下方更有立体感，也更符合人的视觉习惯，有更好的视觉效果。

3. 主次分明，整体把握

对于快题考试而言，其重在考查平面的整体构思，对于具体树种、硬质铺装等细节，不必过于深入，图面以颜色变化为主，并辅以不同轮廓、尺度、深入程度

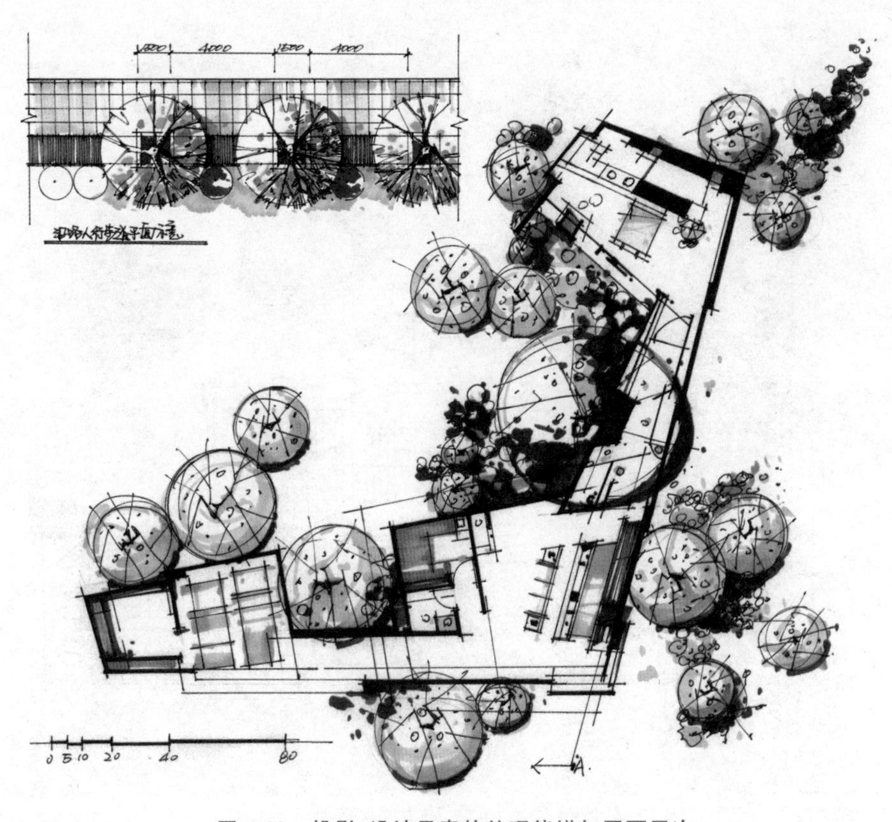

图 4-33 投影、设计元素的处理能增加画面层次

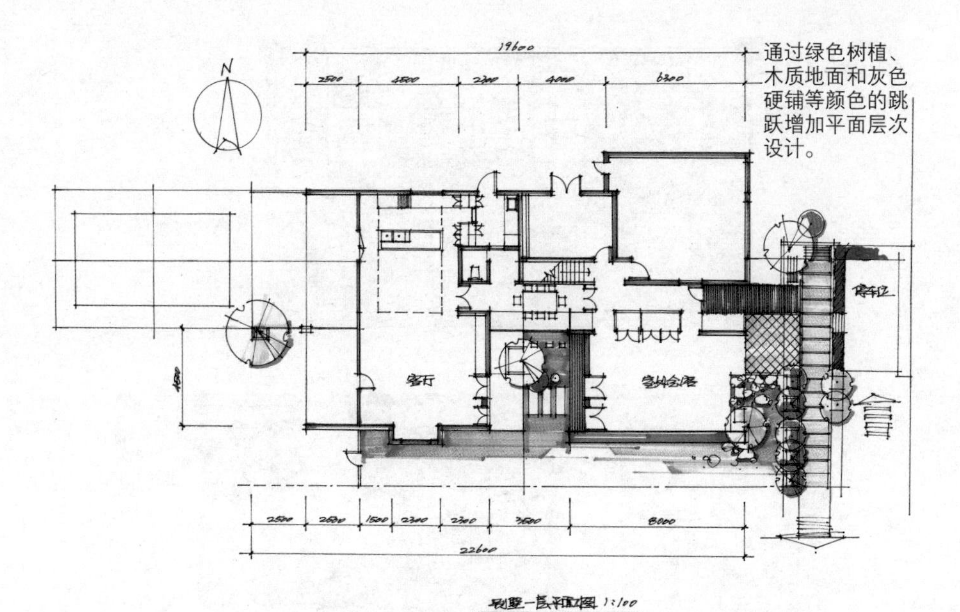

图 4-34 景观平面的主次关系

来综合表达设计方案。重要场地和元素的绘制要相对细致，而一般元素则要用简明的方式表达，以烘托重点并节约考试时间。

景观平面图重点在于表现整体方案构思，图面以不同功能分区和路网设计为主，适合以颜色变化来表现不同设计内容，从而使图面更加生动、完整，也更加有利于呈现方案的设计特点，突出设计思想(图 4-34)。

在快题考试中，彩色平面图是常见形式。通过色彩可以更好地区分平面上的不同设计元素，使图面更加生动形象，甚至可以展现竖向高差和设计细节，有些设计还能够通过特定的颜色搭配形成特别的氛围或个人风格。色彩与形状同样是最重要的造型要素，但是色彩给人的感觉更加强烈而迅速。因此，考试中总平面图的颜色选择非常重要(图 4-35)。

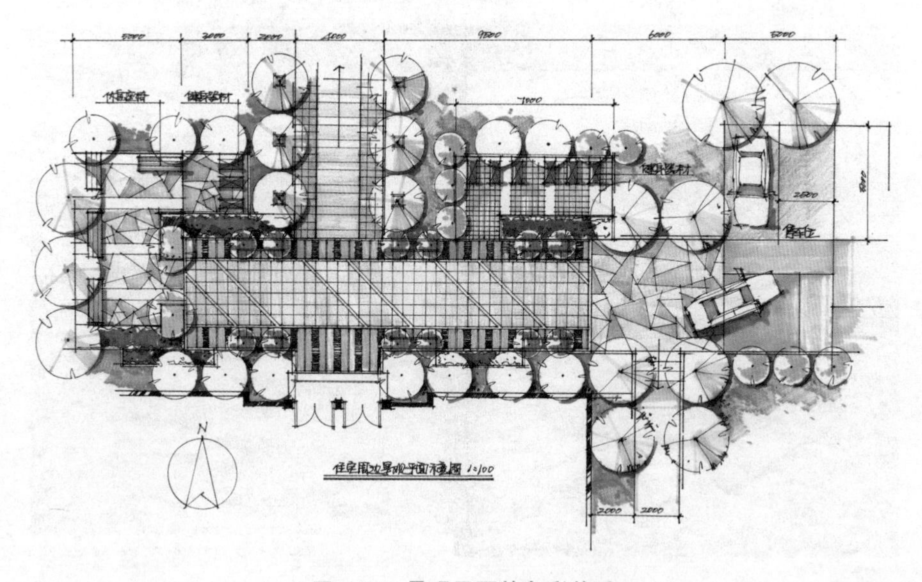

图 4-35 景观平面的色彩关系

景观设计的平面轮廓可根据项目情况做适当调整，配合平面功能和具体环境特征进行设计细节和内容的增加和删减，丰富边界和空间功能的组织形式，使方案平面生动而有层次。

经验丰富的阅卷教师通过平面图就可以评价出方案的优劣，因为在平面图上集中体现了形式构图、空间布局和考生对尺度的把握及对设计标准的理解。从这个角度来说，平面图反映了考生的基本素养与设计水平。

4. 内容全面，没有漏项

指北针、比例尺和图例说明一定不能忘记，要注意一般图纸都是以上方为北，即使倾斜也不宜超过 45°，并且要保证上北下南的看图习惯。指北针应该选择简单美观的图例画法，不用在试卷上追求花哨的图例表达（图 4-36）。在考试中，指北针画得再引人入胜也仅仅是一个图例的作用，不会为考试加分，所以不要在没有收效的地方浪费考试时间。

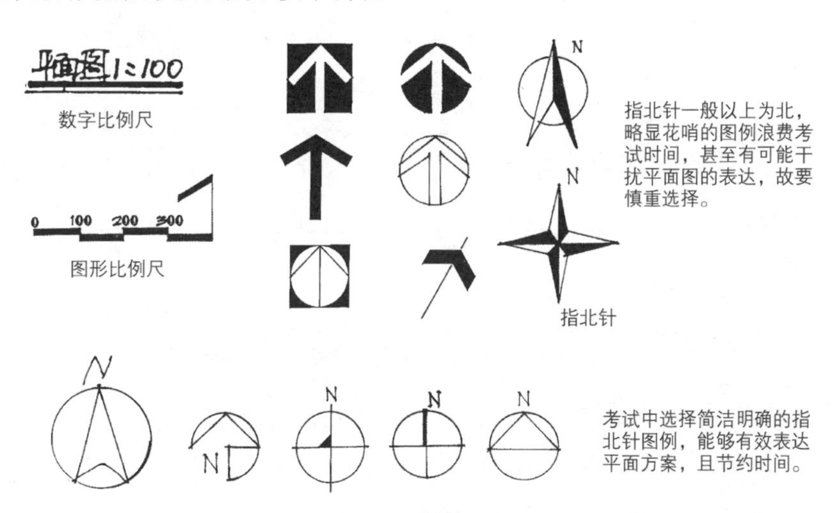

图 4-36　常见的指北针和图形比例尺画法

常用比例尺有 1∶50、1∶100、1∶200、1∶300、1∶500 等，很多考生在考试中因紧张或马虎，选择了错误的比例，从而严重影响了画面效果。比例尺有数字比例尺和图形比例尺两种，数字比例尺一般标在图名后面；图形比例尺的优点在于图纸扩印或缩印时，与原图一起缩放，便于量算，考试往往仅限于一次图纸的表达，故很少使用图形比例尺。

上述问题都是平面表达中的基本问题，但正是这些基本的要求和规范才会影响设计成果的准确性，也影响阅卷教师对试卷的判断。

4.1.5　设计方案思路

室内设计首先要做到明确审题，万万不能少图和偏题。在设计中可适当增加内容，丰富设计语言，例如：增加一定的室外景观设计，丰富室内空间的入口设计，提高平面的设计层次（图 4-37）。

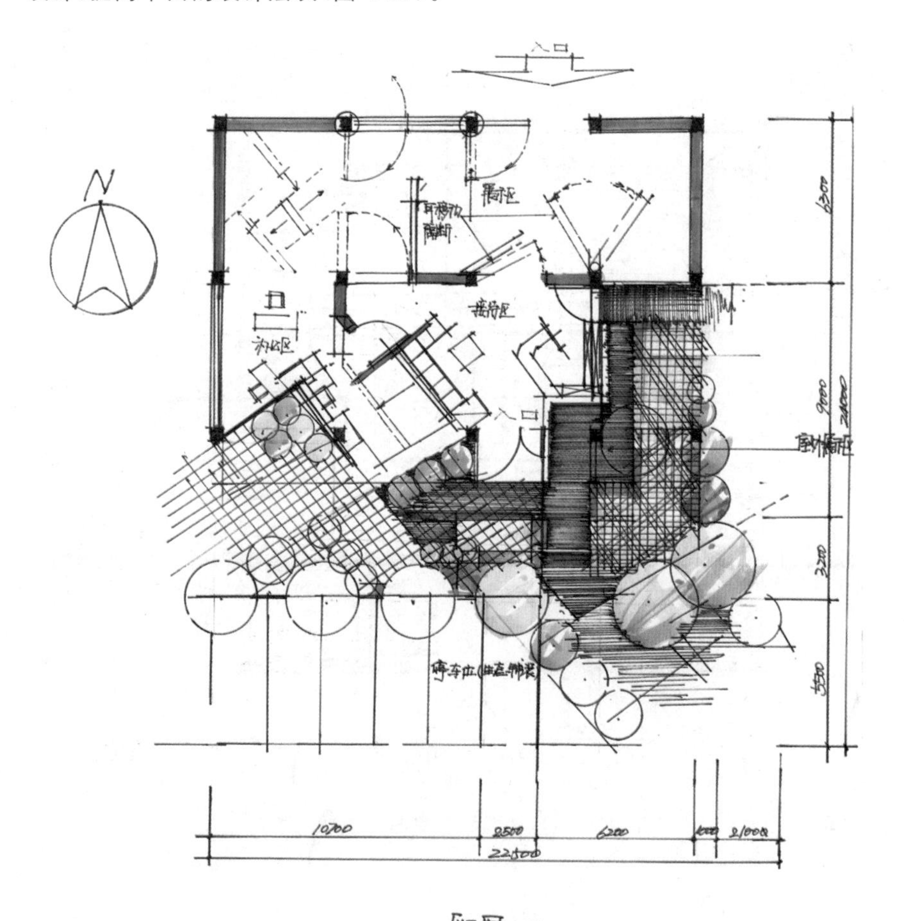

图 4-37　对平面的灵活调整

1. 面积有限而功能较多

功能繁多的小空间设计要通过改变人在空间中的活动方向来改变空间之间的关系，而不是通过缩减空间功能和大小来满足要求。

小空间设计的原则：人在空间的中心活动，而家具布置在空间周围呈围合状态，并且能够适当地移动和变化，这样才能更好地利用空间面积，使有限的面积得到最高效的利用(图 4-38)。

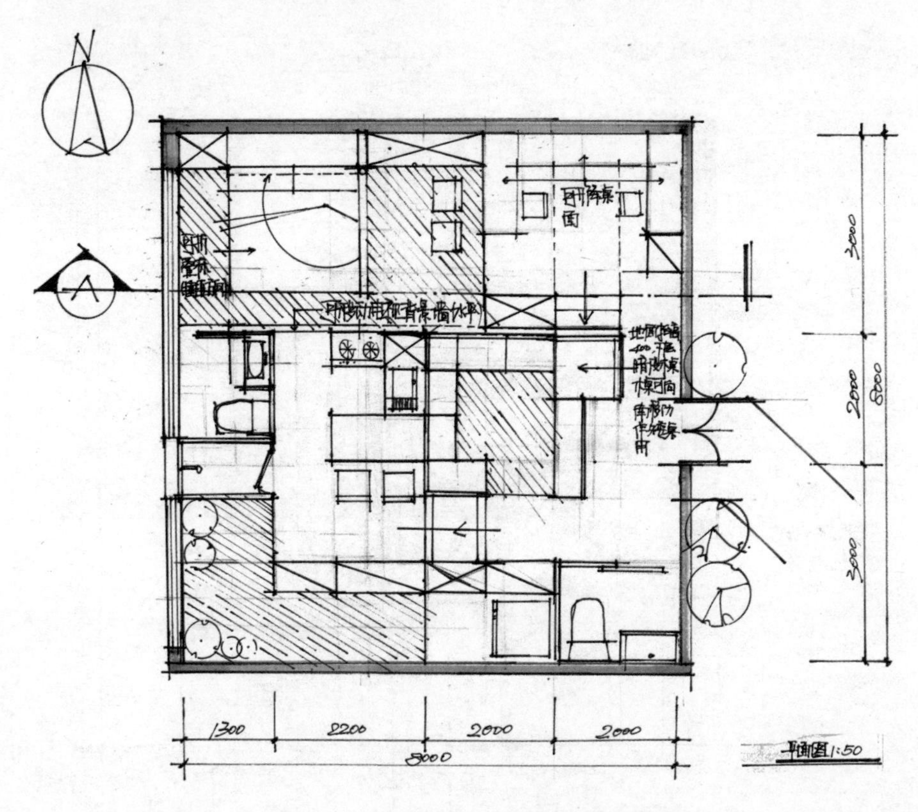

图 4-38 通过家具的布局高效地利用空间

2. 活动家具及墙体设计

很多考试要求考生将空间设计成多功能、多空间特征的方案，这就使设计方案要应对很多家具的移动和组合：通过家具的组合变化解决空间功能互相转化的问题(图 4-39)。

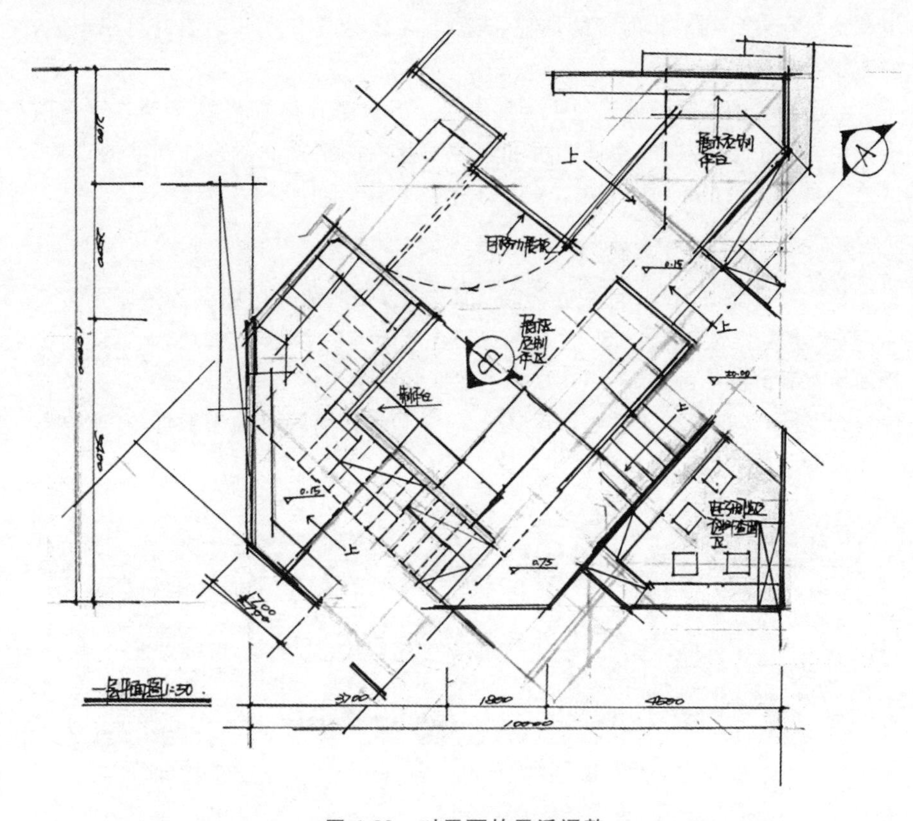

图 4-39 对平面的灵活调整

一个平面——表现局部如何移动与升降，并配合文字说明。

两个平面——表现移动之前和之后的位置及平面的变化状态。

3. 各不同元素组织的平面方案特点

(1) 放射线的方案：常见的是使用不同大小的圆形的组织方案，这些圆的造型由一个中心扩展出来，再配合多个方向和角度的直线形成了整体的平面。方案的形式感强烈，有一种神秘夸张、集中整体的效果。但是容易让画面形成过于强烈的形式感，使设计的主体内容不突出，落入常规。完整的圆形会让其他的设计造型很难展现在方案中。就算是使用不完整的圆形，中心性也依然存在，这种完整性很难被破坏(图 4-40)。

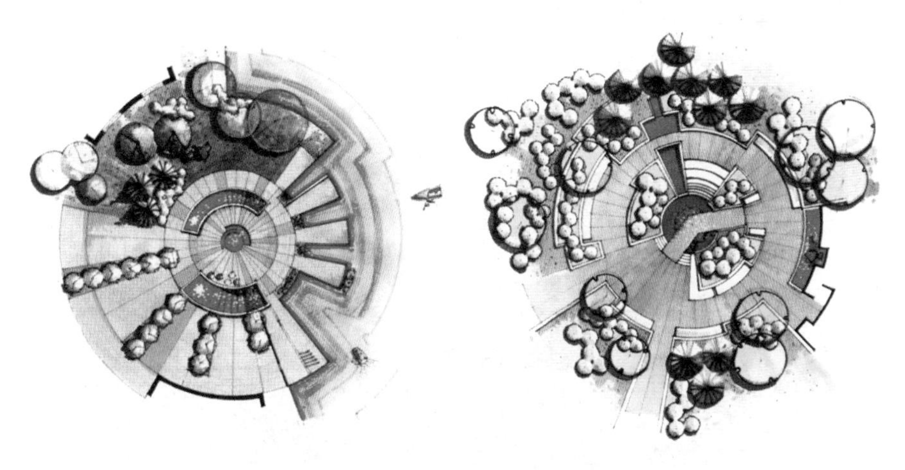

图 4-40　放射线构成的平面方案

（2）曲线和弧线的方案：采用不同的弧线造型的方案能够营造柔软、流动和愉悦的方案特点。但是使用过多将会使画面显得过于混乱。因为景观平面方案中一定会出现很多树木的表达，树木表达多是圆形，在大量的曲线和圆形中，视线很容易变得疲劳，设计的核心也很难突出。另外，在效果图中寻找圆形的角度和位置也会浪费更多的时间（图 4-41）。

图 4-41　运用曲线、弧线的平面方案

（3）不规则造型：形成不对称效果，能够使方案有动感，并在平面方案中形成活跃的、不确定的、非传统的、新奇的独特效果。但是这种形式元素对设计者的要求较高，若运用不当反而会破坏画面。而且在方案深入的过程中要不断地调整各个线条的角度和具体形式，以免过于混乱，从而在考试中浪费很多时间（图 4-42）。

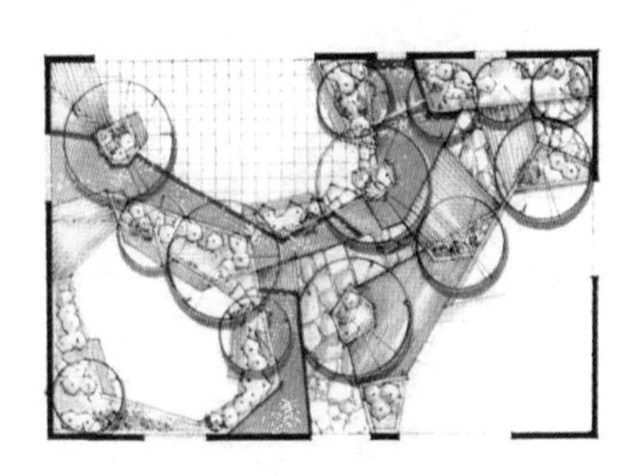

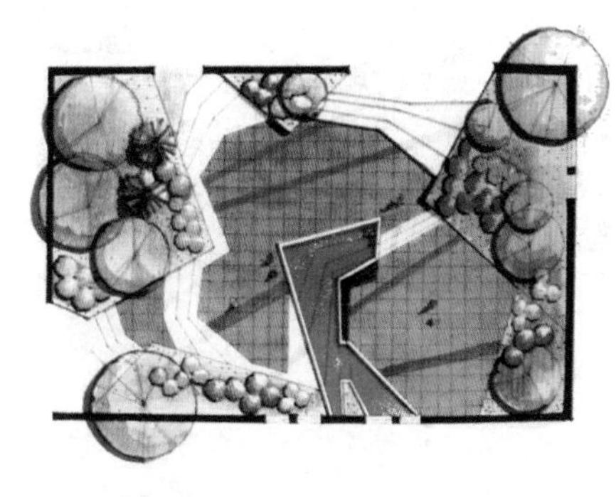

图 4-42　不规则的平面方案

（4）直线方案：主题突出，容易组织画面，平面思路清晰，但其缺点是静态成分更多，且画面容易显得枯燥和呆板，故绘图时要注意直线形成的各造型之间的变化和穿插关系，以尽量形成一些细节和美感（图 4-43）。

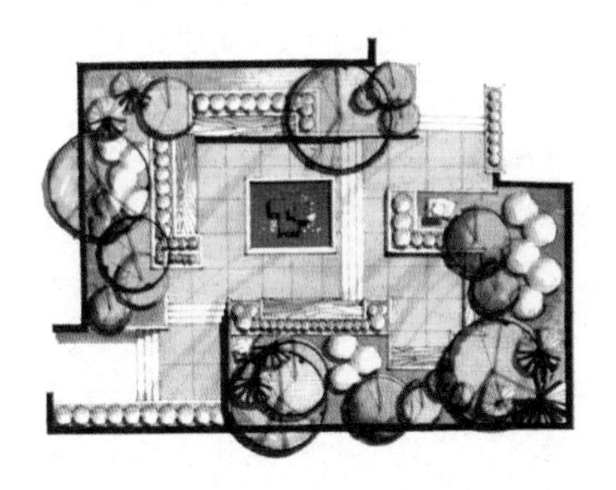

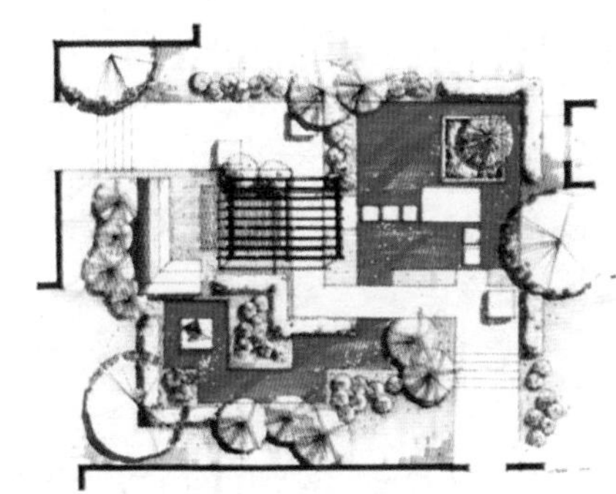

图 4-43　以直线为主的平面方案

（5）倾斜 45°的设计：直线在水平和垂直方向上尝试倾斜 45°，线条间依然是垂直关系，但是更能够形成一种动态，方案也比较活跃、大胆，能够形成更具活力、有变化的夸张效果，且画面中还能够产生一种紧张感，从而使方案设计具

有变化，更引人注目（图 4-44）。

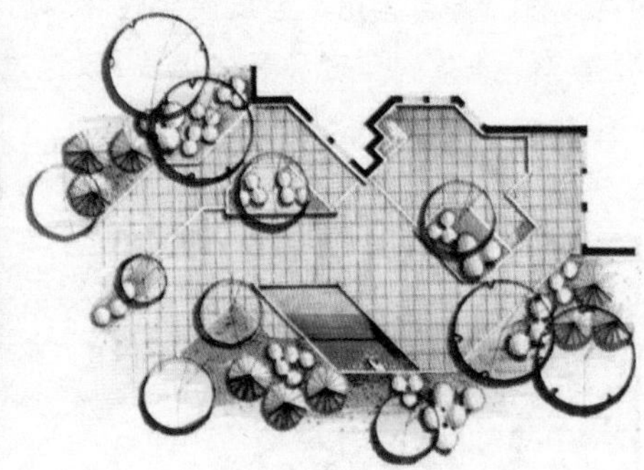

图 4-44　倾斜 45°的平面设计

建议考生在设计平面的时候将直线和倾斜 45°的线结合使用，并尝试形成不规则的造型，在考试中如果能够灵活运用，则比较容易得到理想的平面方案。

景观规划建议平面采用具有一定的规律、有利于统一、形体不要过于复杂的组织方案，尤其避免大面积使用曲线和弧线，若要用，也要安排在无关紧要的空间和功能布置，以便于结构的布置。景观设计的构图手法很多，要特别重视强调轴线，交通的安排必须符合功能要求，同时还要注意空间功能的合理和形体的完整统一，以形成简洁有序的布局效果（图 4-45）。

室内设计平面方案的设计更适合大量使用水平和竖直的直线组织方案，也可以在局部进行 45°倾斜的变化，这样稳重中带有变化的方案，在考试中也更易于把握（图 4-46）。

快题设计考试需要考生迅速地展现对题目的理解和判断，对题目所限条件能够完整理解并能运用合理的处理手法来解决问题，最终形成新颖的设计方案。除了是对设计思路和灵感概念的把握和表现，平面图的设计在很大程度上还是对空间功能和流线的处理和深化。

成熟的方法就是对空间类型完整理解，并以具备一定特色的空间深化手段来表达设计。例如：景观设计中对道路及边界的处理、场地铺装的形式与组合、休闲场地和水体的设计方式；室内设计中要熟记各功能空间常见的内容和组合模式、了解空间需求和流线特点、合理的空间尺度和布局形式等，熟练地运用这

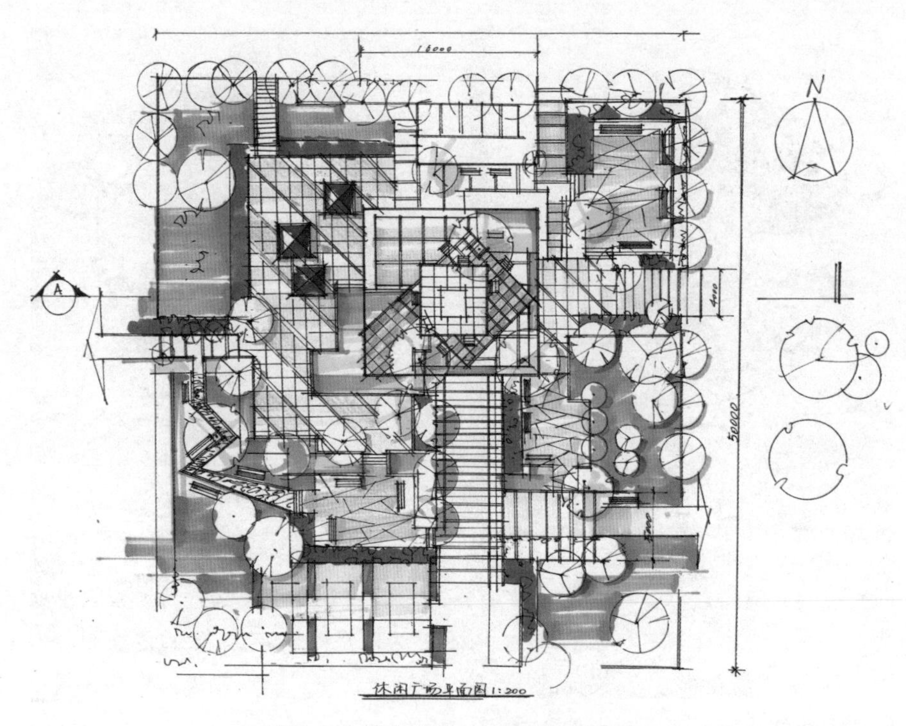

图 4-45　景观轴线与平面布局的协调

些要点才能最有效地表达设计。

因此，如果考生能在备考中认真推敲和整理，形成自己的设计经验，并在应试时采用这些熟悉的设计组合方法，那么不仅能节约逐项推敲的时间，而且能够更好地突出方案。

关于方案的训练和准备如下。

很多考生太强调“idea”，总是担心创意不够新颖，这种心态在平时的设计训练中无可厚非并且十分珍贵，但是在快题考试中却要注意平衡设计精力，不能“钻牛角尖”。

我们提倡在考试中采用迅速、有效的方法，反对扭来扭去、无厘头的设计，要避免出现反常规的设计。考试中的设计尽量简洁、规整、几何化，避免方案出现不必要的错误，追求用最简单的方式做出最精彩的设计。

按照考试题型可以将设计方案分为几种类型，不同类型可以归结为 2~

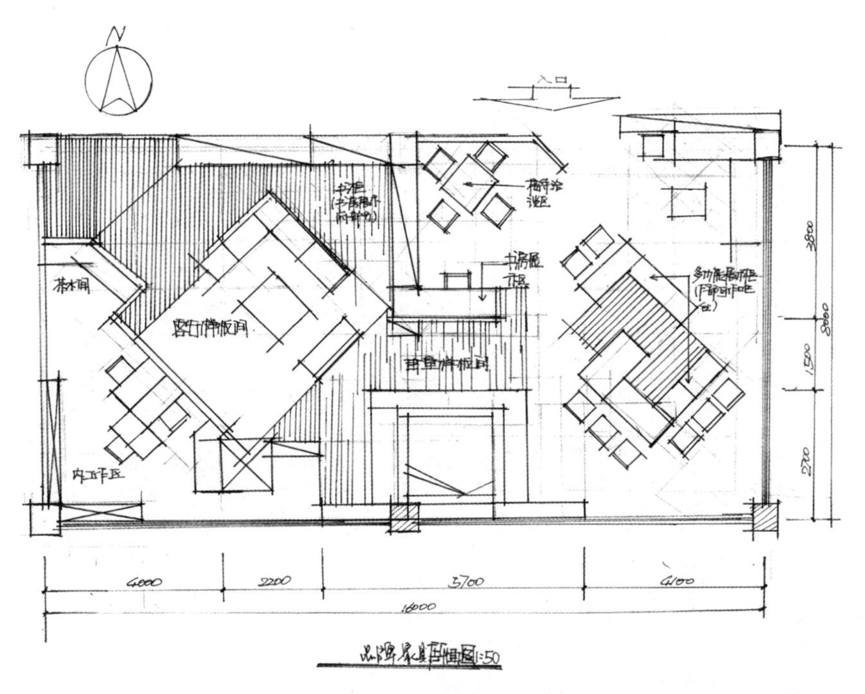

图 4-46　平面设计方案可以局部倾斜

3 种平面和立面处理方法。也就是说，准备的方案要灵活，可适应性和可调整性要强。在考试这个问题上，方案的准备应该追求多题一解，不管题目怎么变化，对平面和立面稍作调整即可符合设计要求。

学习中，一定要注意设计元素的积累和设计理念的不断深化及提高。只有头脑中充满无限的设计激情，才能创造出优秀的设计方案；只有设计师具备较高的设计能力，才能从根本上提高效果图方案的设计水平。

4.2　立面—剖面“空间层次的表达”

剖、立面图是指将设计方案的指定位置做正投影图，以此反映空间垂直方向的设计形式、尺寸、做法、材料与色彩的选用等内容。剖、立面图是设计施工图中的主要图纸之一，是确定设计方案具体做法的主要依据。

室内立面图应包括投影方向可见的室内立面轮廓线和装饰构造（粗实线表示）、门窗造型及墙面做法，以及附墙的固定家具、吊顶、灯具等内容及必要的尺寸和标高，此外还需表达非固定家具、墙面装饰造型及陈设等。立面图的顶棚轮廓线可根据情况只表达吊顶及结构棚顶。

景观设计剖、立面图是表现空间竖向垂直面的正投影图，主要反映空间造型的轮廓线、设计区域各方向的宽度、建筑物或者构筑物的尺寸、地形的起伏变化、植物的立面造型和公共设施的造型、位置等内容。

剖、立面图都要表达空间的竖向变化，且需要注明主要的材料和结构名称。剖面图在表达立面图所包括的设计内容之外，还要体现设计方案内部的空间关系和结构造型的具体做法。

4.2.1　与平面图的关系

快题考试中的剖、立面图是基于平面设计方案而产生的，绘图的目的是全面地表达设计方案的细节。在绘制时不能盲目追求单个图纸的设计效果，而要考虑和平面图之间的呼应关系及具体的用材、造型和尺寸的准确，这样才能完整地表达方案。

在具体的设计和绘图中，一般选择平面方案中比较精彩的部分和能够反映设计方案特色的位置进行剖、立面图的绘制。不仅要与平面图的设计细节保持一致，同时还需要注意：考试中的剖、立面图与总平面图往往绘制在一张纸上，具体绘图中要考虑选取合适的比例并考虑整体统一的设计效果（图 4-47、图 4-48）。

考试时间非常紧张，不可能得到精准的制图效果，部分细节和用线的粗细也许没办法做到十分清晰，但一定要保证剖、立面图的外轮廓用粗实线表示，墙面上的门窗及墙面的凸凹造型用中实线表示，其他图示内容、尺寸标注、引出线等用细实线表示。

在快速设计中，立面图和剖面图所采用的造型和细节不必太多，以免杂乱，但要有主次清晰的空间层次。标注应该清晰有条理，重要的元素宜加上标高，这样可以反映出考生对竖向有细致的考虑。

4.2.2　“准确”最重要

剖、立面图在快题考试中所占比重不是很大，最根本的要求是要做到比例正确，准确表达空间中的高差变化和各造型的尺度关系。在准确表达空间造型

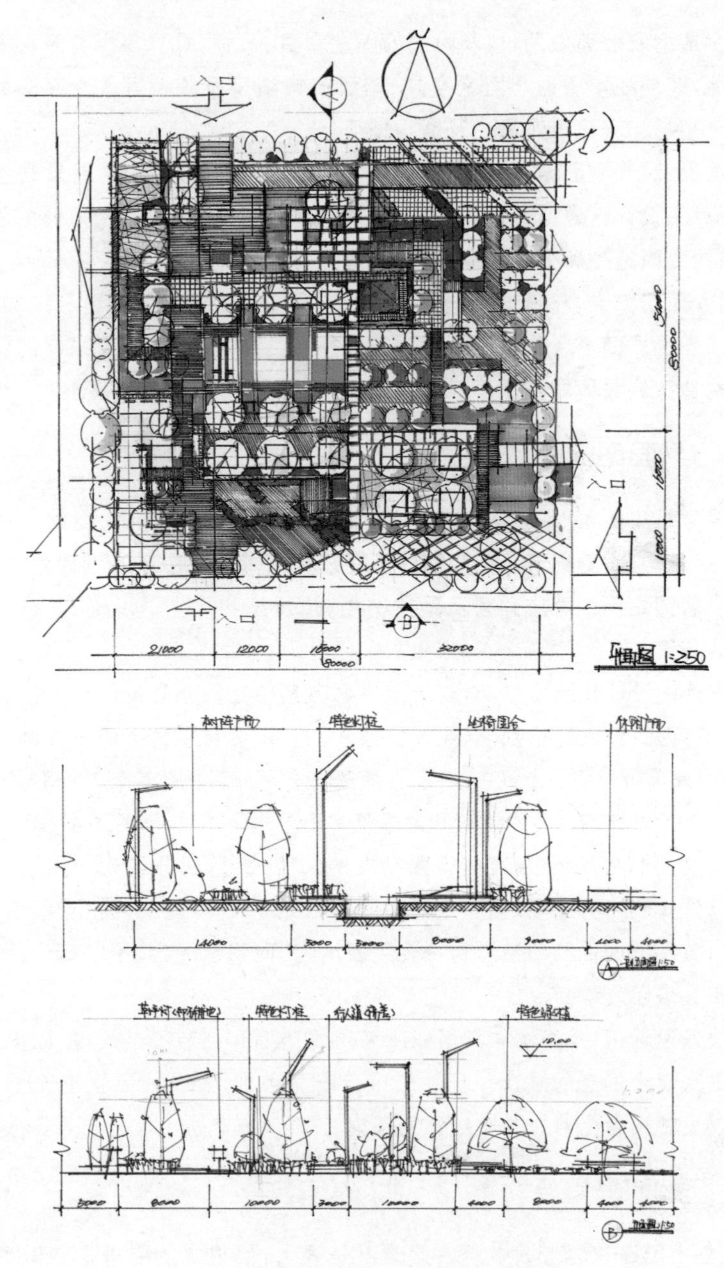

图 4-47　景观方案的平面及剖、立面图

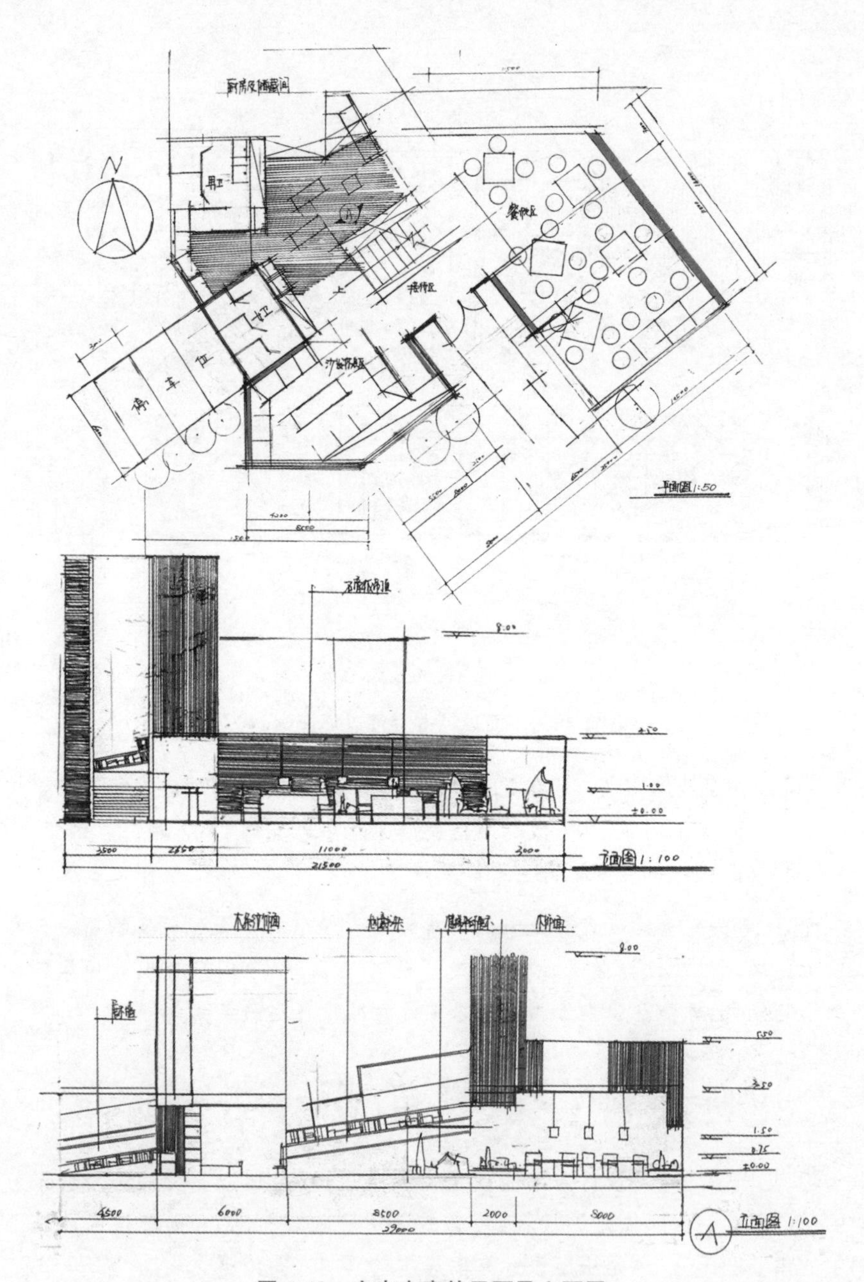

图 4-48　室内方案的平面及立面图

的前提下，仔细推敲细部设计，标注规范，标高、比例正确并与平面对应。一般采用细实线引出，并标注出主要装饰造型的选材、尺寸标高及做法说明（图 4-49）。

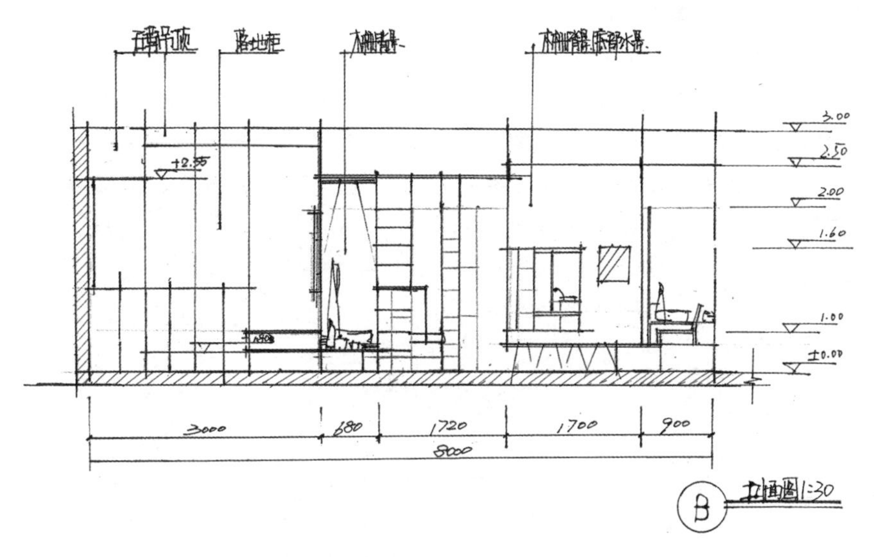

图 4-49　立面图中的做法及标注

室内设计常用材料：纸面石膏板、亚克力板、镜面玻璃、黑色大理石、镂空木饰面等；景观设计常用材料：花岗岩、透水砖、生态砖、炭化木等。熟悉几种常用材料并能够熟练表达，考试中才能灵活运用。

4.2.3　体现设计经验

设计概念要完整，设计意图要清晰，同时还要注意体现设计经验，让教师认为自己了解设计，且入学后能迅速地参与设计实践，以给教师留下深刻的印象，这很重要。

考生习惯于重视夸张的设计概念，却不知道混乱的设计和不符合实际的设计细节，在考试中会漏洞百出。设计经验是竞争的一项优势，具备设计经验的考生往往在将来的研究和学习中更有优势。设计经验在快题考试中往往体现在细节上，提醒考生在设计中要注意吊顶（含有空调管道、送风口、回风口等）设计、地砖铺设方法，以及景观设计中的材质处理手法、绿化护栏、照明设计等细节和设计中各元素的关系，这些都能从侧面反映考生的设计能力（图 4-50、图 4-51）。

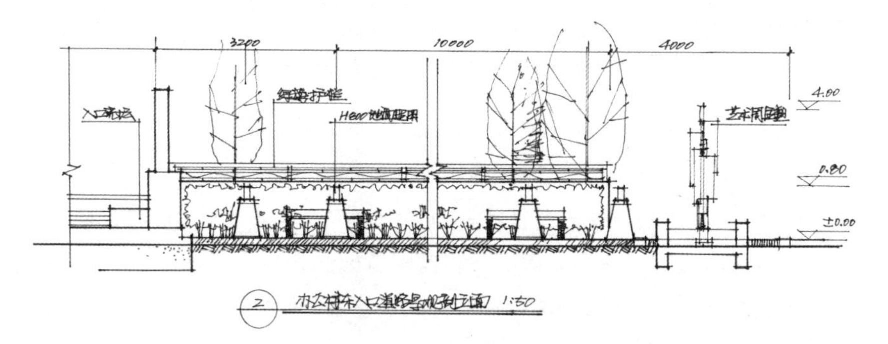

图 4-50　景观绿化、护栏与各元素的关系

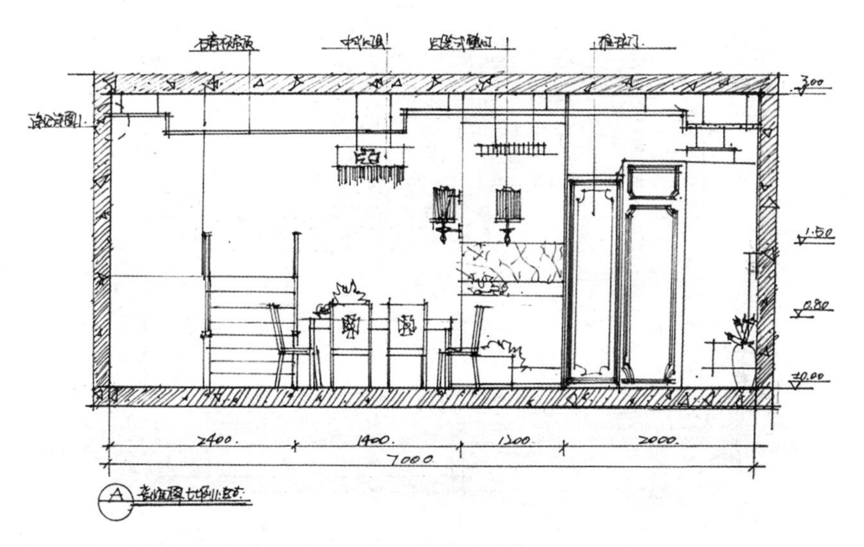

图 4-51　室内吊顶与空间造型的关系

4.2.4　最“有效”的图

快题设计中的理想状态是平面图和剖、立面图能够同步进行、相互参照。但考试中很难在短时间内把平面和竖向空间关系处理得面面俱到，在绘制剖、立面图时常常会受到平面图的制约。因此绘制剖、立面图时要注意调整和优化，以尽可能多地展示方案设计的特点。

一些考生为了节省考试时间会选择最简单的立面和剖面，避重就轻的同时

也让方案显得简陋。如果能够在构思平面方案的同时考虑到竖向上的划分，那么平面图定稿之后，绘制立面图、剖面图也不会花费很多时间。

要选择最“有效”的剖面位置！

最能够凸显方案特点的立面才是合格的立面！

剖、立面图可以弥补平面图设计考虑不周或不易表现之处（如有高差、具体变化的地形等），可以把绘制立面图和剖面图看做深入表达设计的机会，对方案中各造型的具体高度、绿化层次和水池的处理等，即使刻画得并不深入，也能让阅卷教师了解自己的设计水平（图 4-52）。

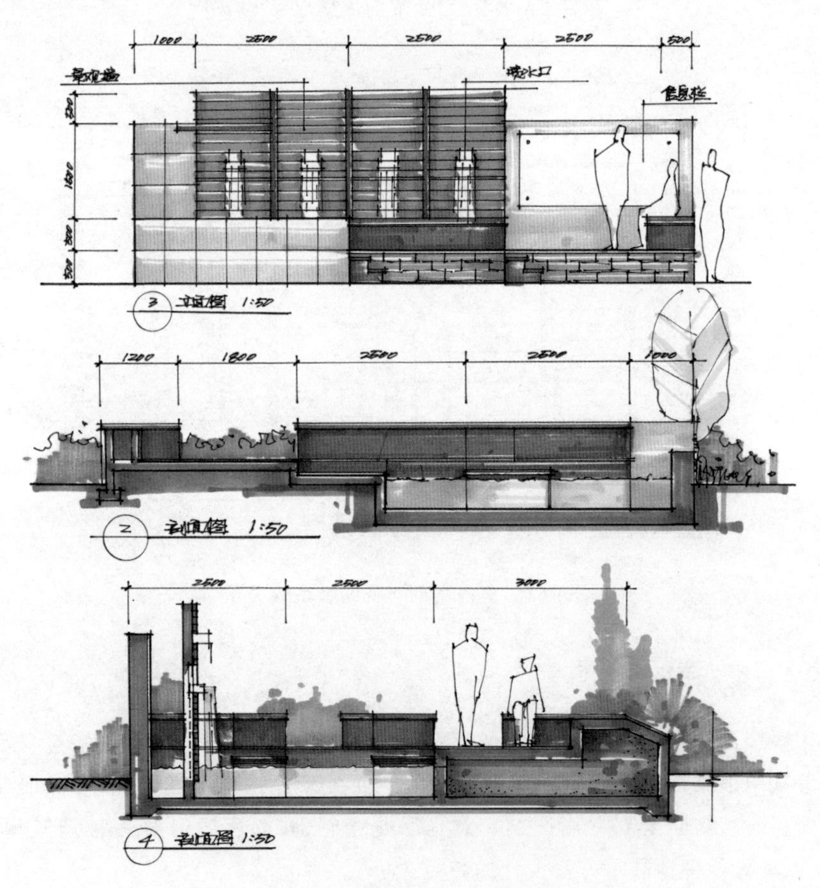

图 4-52　景观剖、立面的绘图

景观设计的剖、立面图要重点表现竖向空间的高差变化，剖面尽量选择有水池、台阶等高差变化鲜明的位置。要善于利用路灯、树池、花池等有强烈的高差变化的空间内容来突出画面。

植物的绘制不仅要表达出对远景轮廓的控制，还要将植物枝干形成的空间围合感和视觉趣味性表达出来。在剖面图中最好能够较为详细地表达出乔、灌、草结合的立体种植方式，以弥补总平面图中对植物分层设计表达的不足；同时还要表现立面空间的前后虚实关系，学会对远处的树和近处的树如何表达，重点突出空间的尺度和重点的造型设计（图 4-53）。

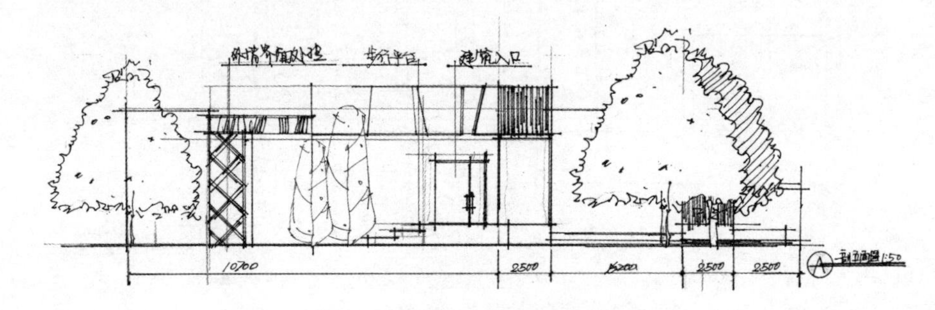

图 4-53　景观剖、立面中植物的绘制

室内设计的剖、立面图更容易理解，尽量选择高差变化较大的位置和造型丰富的空间，这样才能让剖面更加丰富。剖面一定要剖到柱体、实墙和主体造型，这样才能保证图中出现墙体内部的结构和材料，从而能够更清晰地反映空间中各设计元素的联系，更好地表达方案。

剖、立面图对于空间安排和功能布局的表达有重要作用，考生平时要注意收集常见的剖面类型，活学活用，考试的时候自然能驾轻就熟。在时间充裕的情况下，即使考试没做明确要求，也可以绘制剖面图作为平衡图面的要素，这样更会让阅卷教师觉得试卷的工作量充足。

4.3　节点详图“局部设计的提炼”

节点详图虽然在快题试卷中的分值不高，但节点详图是最能够体现设计细节的图纸。能够准确绘制节点详图才能说是真正了解施工做法，若节点详图能在考试中得到重视，则一定能够使试卷加分不少。

对于设计经验有限的考生来说，全面掌握所有材料和造型的施工做法是很难实现的，在考试中也不可能做到。在快题设计考试中要有清晰的思路，要绘制自己擅长的细部节点，才能突出优势。

首先注意节点详图与平面图、剖面图、立面图的整体统一，造型特点、尺寸位置的一致，要准确表达所使用的材质和各造型细节的具体做法，并使用合理的图名、标注方法和文字说明(图 4-54、图 4-55)。

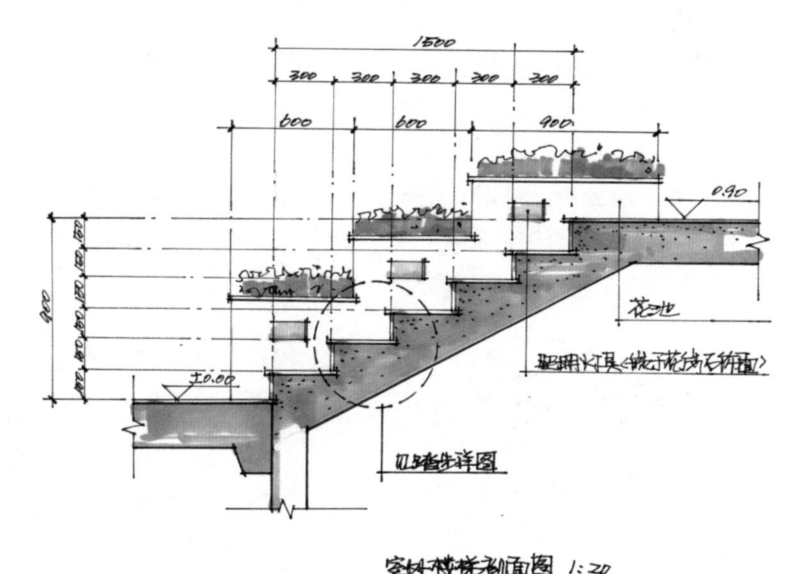

图 4-54　室外楼梯剖面图

在备考阶段，要对设计中常用的具体施工做法有大概的了解，熟悉材料规格和设计方法，能够准确表达设计方案中所使用的具体材料、做法和尺寸。在练习中要能够掌握两种以上常用材料的施工做法，这样才能够在考试中灵活使用，不出现设计上的错误。

快题考试中经常用到的节点详图是台阶、石材干挂、地面铺装、吊顶设计和某种造型的具体做法(图 4-56)。这些都是设计中“出镜率”很高的节点详图，考前认真准备一定会有备无患。

某些设计题目会对家具三视图做绘图要求，在室内外方案设计中，想要详细表示设计细节也需要绘制三视图。此时要注意设计细节的准确和各立面的

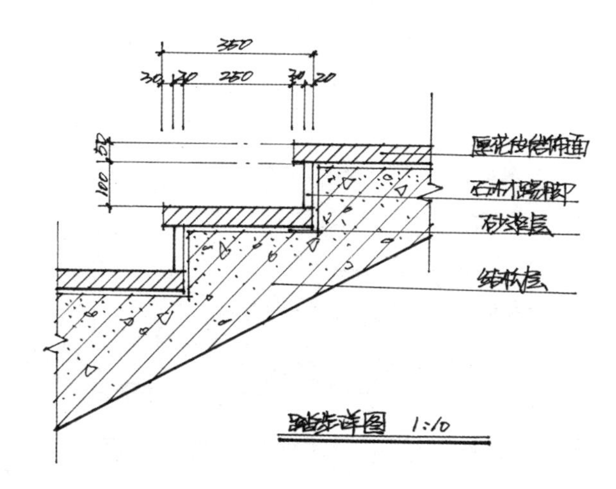

图 4-55　踏步节点详图

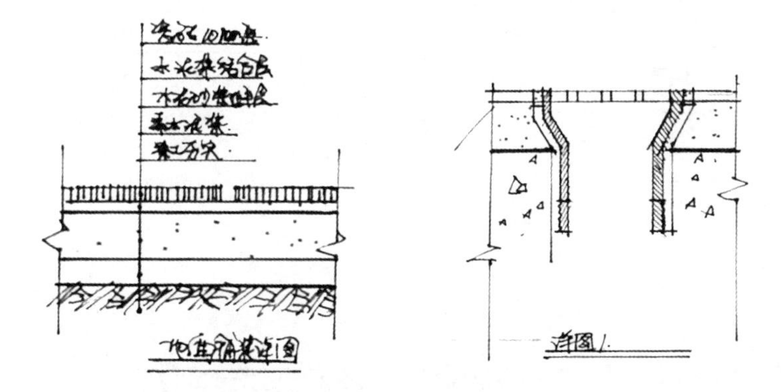

图 4-56　地面铺装及地漏节点详图

合理统一，并能够运用文字说明整体地表达设计理念，充分表达设计方案的特点(图 4-57)。

效果图主要靠色彩和笔触来营造空间氛围，很多设计细节可以忽略并可以增加陈设小品和笔触来渲染气氛。施工制图不仅要表达细部还要考虑功能和具体做法，要求能准确反映设计细节和造型的内部结构，这更考验设计者的设计能力，但是考生在备考期间往往将大量的精力都用来努力地练习效果图表达，而忽视了施工图的重要性。

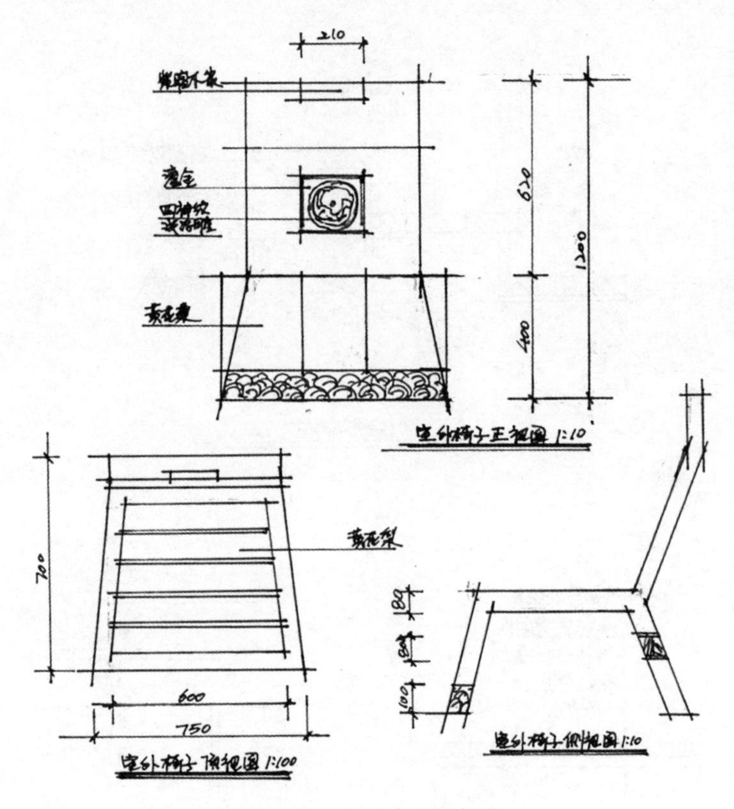

图 4-57　室外家具三视图

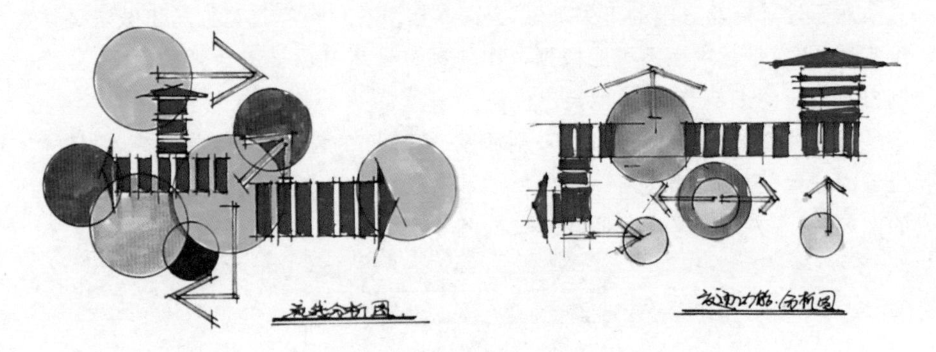

图 4-58　分析图示意

4.4　分析图—设计说明"整体设计的阐述"

4.4.1　分析图

快题设计中分析图的目的不是推进设计的深化和扩初，考试中的分析图是在设计完成后，通过概括、精练的图示向阅卷者展示场地的功能结构、交通流线等内容。为使看图者能够迅速领会方案构思，分析图要非常清晰、概括地展示方案的优点和特征。分析图重在表现方案的概念、功能、流线的关系，要重点展现出方案特色；同时还要考虑所使用的颜色，既要清晰地运用色块表现空间的安排，也要参考卷面整体的需要，不能抢过其他重要图纸的分量(图 4-58)。

快题考试中分析图的绘制要以最简练的图示语言表达出方案的框架结构，以彰显方案的合理性；分析图的要素要简单明确，注意色彩鲜明，能明显区分不同的元素，有视觉吸引力，不能耗时太多，并能取得明显的收效(图 4-59)。

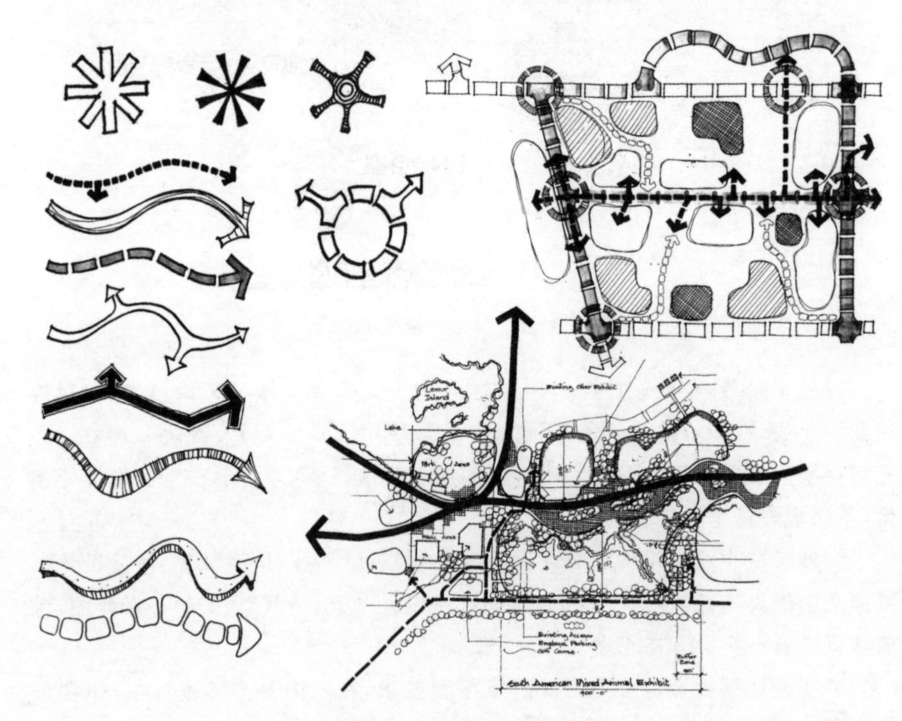

图 4-59　常用图示分析符号

常见的分析图有功能分区图和交通流线分析图。功能分区图要表现出主要的功能分区，以及每一模块在场地上的位置以及相互间的空间关系；交通流线分析图包括主要交通流线的行进方向、主次轴线的交通关系，要交代清楚交通流线与各功能区的关系。考试中还可以自己根据题目要求和卷面效果发挥，绘制其他类型的分析图。

分析图的幅面不宜过大，以免显得太空，其可以作为平衡版面的要素，在布局好平面图、立面图、剖面图后，兼顾文字说明的位置以及整体效果进行灵活安排。分析图不仅可以用来表达方案构思，而且还是设计师阐述问题、展示方案的重要手段，好的分析图可以增加视觉吸引力(图 4-60)。

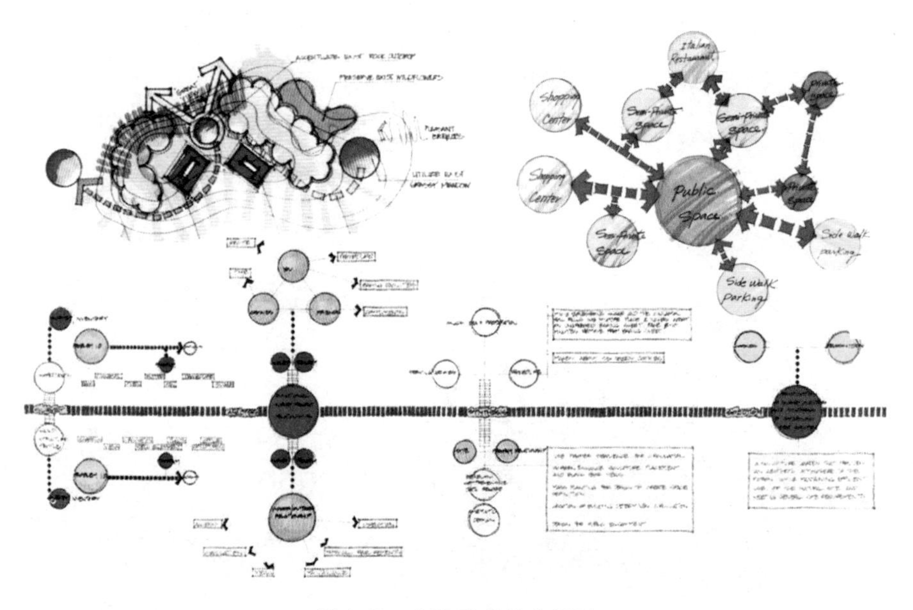

图 4-60　多种形式的分析图

总之，分析图比起严谨的总平面图、立面图，更容易做到生动灵活、形式多样、特点鲜明，让人眼前一亮。当然，在快题考试中要考虑时间限制，还是以简洁和有效地表达设计为重。

4.4.2　设计说明

设计说明和适当的文字标注有助于阐述设计理念，文字简明扼要，内容涉及场地分析、立意布局、功能结构、交通流线等能够表达设计内容的各个方面。

文字说明要简明扼要，要明确说明设计方案的概念灵感、设计中使用了什么造型、主要考虑了空间中何种功能的安排、运用了哪种材质、方案主要有什么优势，等等。万万不可随意抒情和表达，设计说明的字数有限，要突出重点，以有限的文字简洁传达设计的核心概念。

形式上要排列整齐、字迹工整，内容较多的时候还可以利用序号或符号简单地排序，形成思维清晰、条理分明的感觉，要有条理地阐述设计方案的思路和特点。

其实阅卷教师很少会仔细斟酌每一句话，冗长的段落不会给设计加分，故一定要文字精练。设计说明可以写得快一点，千万不要写自己的狂草，就算不能写出一手好字，也至少要做到字迹工整。

室内方案设计说明：

设计灵感来源于________，空间设计中主要以________为主要造型元素，重点使用了________材料。通过隔断、家具和________设计划分了空间的功能，营造了________的设计特色，创造了一个舒适的、人性化的空间环境。

景观方案设计说明：

运用简洁的设计构图手法，通过多变的人行流线设计划分了空间的功能(展开阐述空间功能内容和方案创新点)。植物布置注意景观群落构成，营造自然趣味，创造出适合大众活动、交流的景观空间(根据方案的具体内容展开说明)。

4.5　整体构图“各要素的有机整合”

快题设计重在完整，卷面版式整洁，具有自己的特点，清晰地表达设计思路。构图目的是使设计方案主题突出，在组织和安排中要注意各图面的大小和比例，将最重要的图安排在最重要的位置。

如何判断哪个图是最重要的呢？最简单的方法是看题目中对各项图纸的给分标准，对于分值最大的图尽力多投入精力去表现。根据构图和空白决定具体的大小，分析图可以调整图面效果，时间允许时可以自行增加内容。

试卷的版面效果直接影响阅卷教师对考生设计能力判断的第一印象。在考试中，排版的合理与否除了影响整体图面效果外，还会影响设计者画图的时间，具体的版面安排应该注意以下几个方面的内容。

1. 图面排版匀称

快题考试中各项图纸的工作量和精彩程度各不相同，在排版时要整体考虑。例如：总平面图要素最多，幅面最大；鸟瞰图、透视图直观形象，最引人注意，要放在醒目的位置上；剖、立面图内容较少；分析图抽象概括，图幅较小；文字部分条理清晰，简洁明快，不能喧宾夺主，宜放在分析图或立面图旁边。

各图的内容不同，繁简不同，在版面上自然会产生轻重差别。如果全部安排在一张图纸上，总平面图和效果图宜放在中间的位置，下面布置立面图和剖面图，小透视图、分析图和文字说明的位置最后确定。

如果考试要求两张图纸，总平面图和效果图则不宜布置在同一张纸上，以避免两张图纸分量相差悬殊。对于要求绘制节点小透视图的题目，可以尝试将节点的平面详图与内容一致的小透视图安排在一张纸上，因为内容相关、尺度相近，便于对照。

如果图面排版不当，就会产生失衡混乱之感，图面效果将大打折扣。版面要匀称、突出重点，宁可排版紧凑，也不要拖泥带水；宁可简单整洁，也不要盲目追求怪异的排版。同时，各张图的深入程度要一致，不能平面图画得很细，剖面图只有几条线；透视图画得很丰富，而立面图却处理得十分草率。

整体图面的构图原则是：宁愿挤些，也不要拉得太松，不要搞无谓的构图游戏。自己也许觉得创意的排版好像比其他人想得都到位，内容也丰富，但在很多情况下其实是浪费时间又不讨好，所以一定要注意各图纸之间的关系，重要的是整体感（图 4-61）。

2. 版面填空补白

在排版时各图纸间难免会出现较大的空白，尤其当题目中的地形不规则或设计要求比较特殊时，这时就要适当处理，避免混乱。例如总平面图周围可以结合比例尺、指北针以及文字说明进行版面的布置，透视图或鸟瞰图周围可以加上缩小简化的总平面图或者分析图（图 4-62）。不同的图纸排版时如果有大

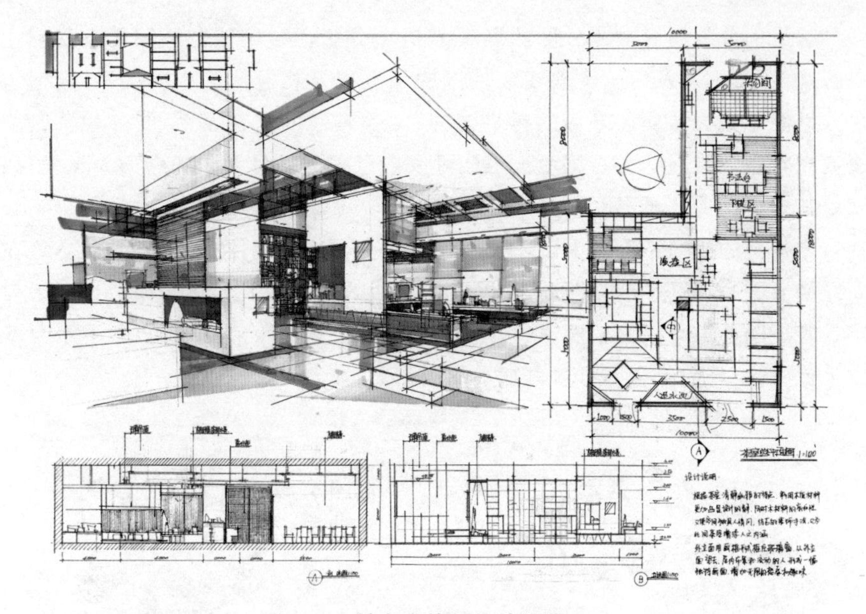

图 4-61　某考生快题设计作品（一）

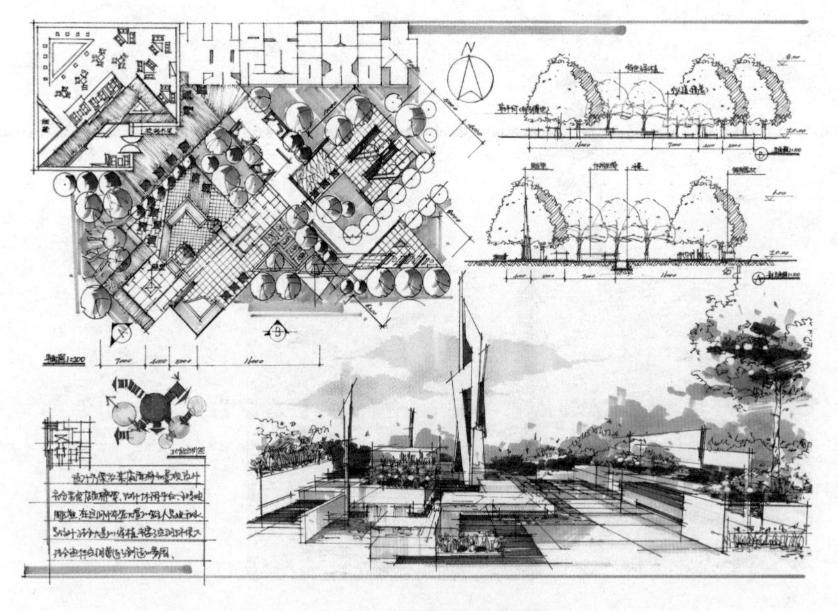

图 4-62　某考生快题设计作品（二）

小的差别，则可以通过对齐图纸的位置和标注的形式等手段将图面做到统一（图 4-63）。

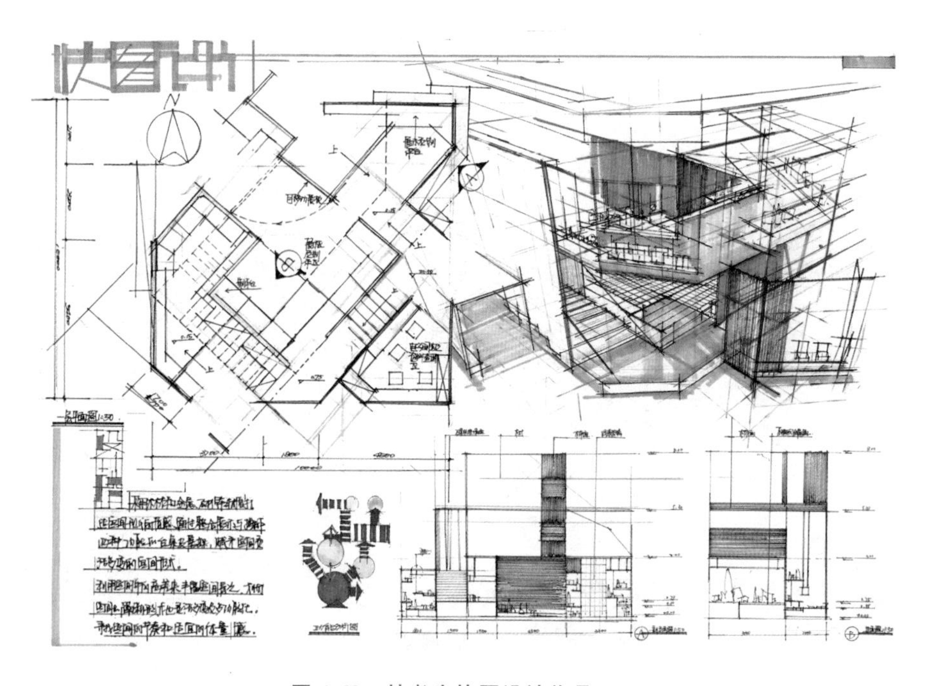

图 4-63　某考生快题设计作品（三）

首先绘制主要部分，再根据已经完成的图面效果安排标题和图例，但切记不要遗漏。常用的标题有“快题设计”、“快图设计”、“XX 快题设计”等。标题的关键是字体是否美观、整体效果如何，字体以方块字为宜，简洁工整，不必标新立异。还可以根据版面的布局和空白的具体大小，适当地增加装饰性的符号和线条来完善构图。

文字的工整、绘图的规范、版面的均衡等方面，虽然不是方案创意的灵魂和核心，但是影响着试卷的整体效果。

3. 考虑绘图方便

布局不当会影响画图速度，而且还会影响阅卷教师对方案的评定。排版不仅要美观，整体突出表达设计特点，同时还要保证方便绘图，这样才能节约考试时间。

在绘图过程中，不仅要选择合适比例，还应该能够好好利用比例关系来控制画面效果。总平面图下面最好布置剖、立面图，从而在绘图过程中方便各细节尺寸的量取和对照，能够节约画图时间，同时也便于识图（图 4-64、图 4-65）。

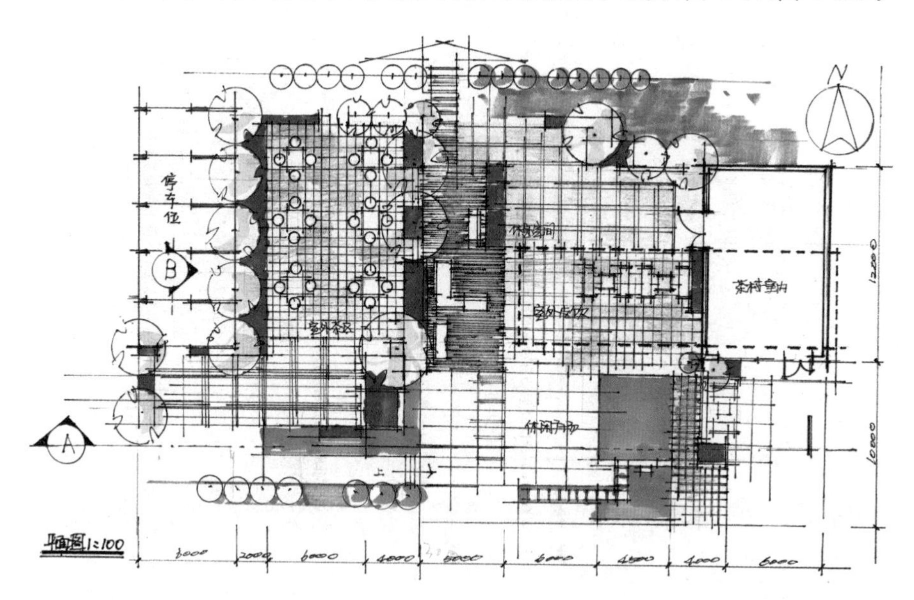

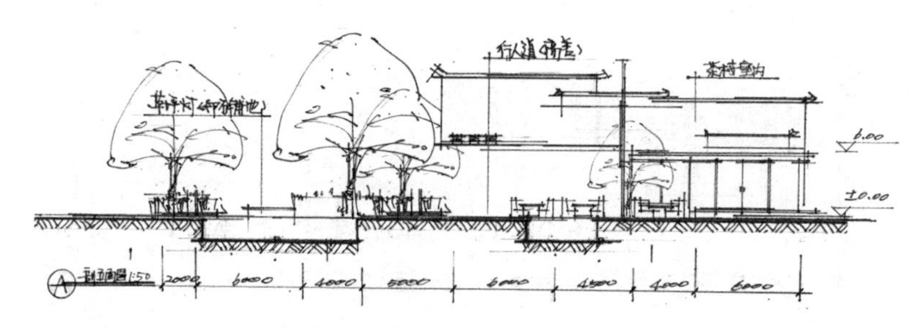

图 4-64　景观平面图与剖立面图的关系

总之，考试中只有根据设计特点与内容充分考虑各个图纸的位置、大小，合理安排各个图纸的关系，既能够灵活安排版面，又能够节省考试时间，才能得到理想的试卷效果。

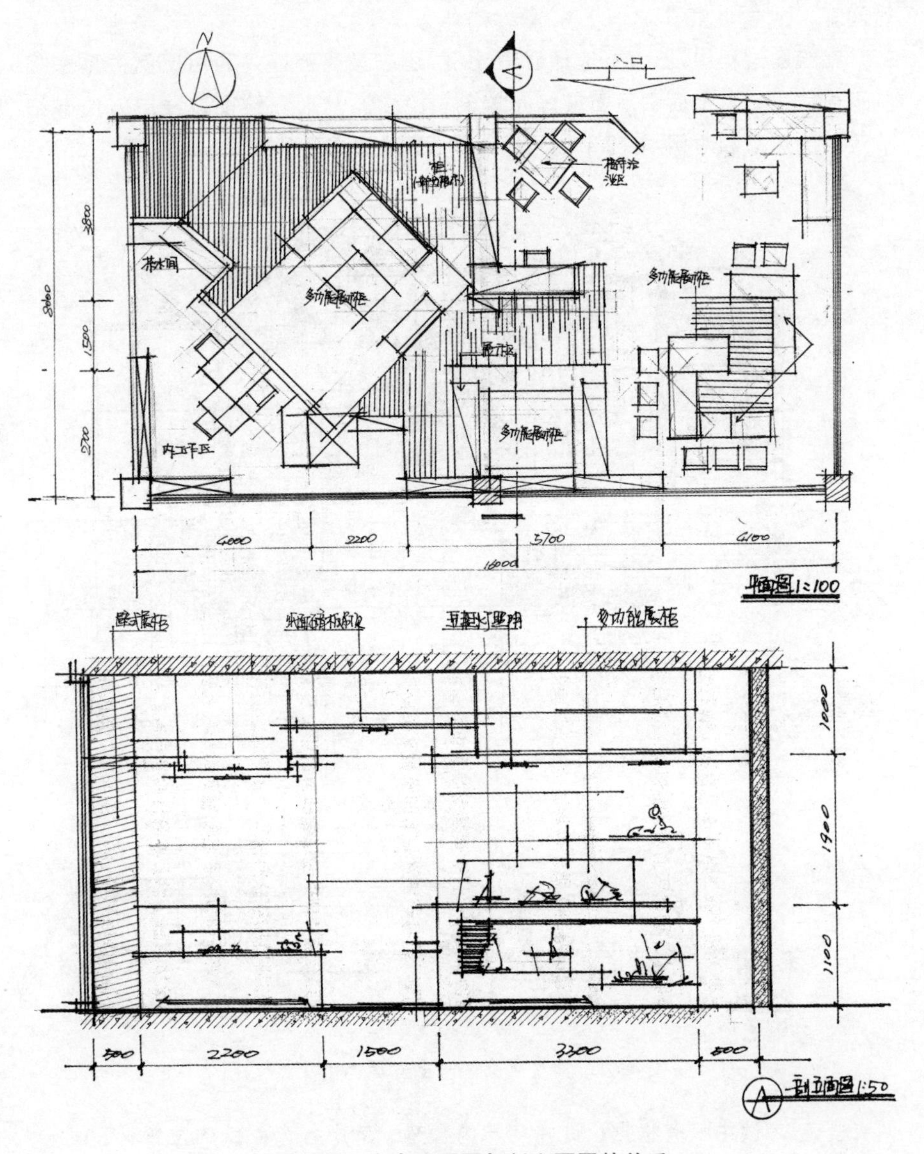

图 4-65　室内平面图与剖立面图的关系

第5章　应试技巧与设计原则

快题设计考试应该怎样划分时间？

有限的时间应该注意什么？

如何迅速表达？重点在哪里？

5.1　时间安排合理"准备充分则胜券在握"

快题设计考试时间很短，设计步骤一定要清晰明确，首先要了解考试的工作量，根据考试的设计要求来规范绘图步骤。同时在设计练习中还要注意分析自己的设计水平和设计经验，认识自己的能力，合理分配时间。例如：设计方案用多少时间，表现用多少时间，对这些做到心中有数。要了解自己的优缺点和绘制各类图纸所需的时间，然后按照各图的分值来安排考试时间，这样才能在考试中做到有备无患。

5.1.1　固定的表达方式

在平时练习时要多注意总结绘图习惯，掌握自己使用起来最熟悉和得心应手的表现方法，平时练习怎么画，考试时就怎么画。常用的绘图工具种类不宜过多，固定使用1～2种画笔，并且做到熟悉、了解每支笔的特点和其互相配合能达到的效果。考试时用马克笔上色？还是彩铅上色？或者二者结合？这些都要事前想好，并运用自己擅长的表现方式进行练习。这样在考试时才能得心应手，快速地把握考试节奏。

考试中不能在绘图方法、细节如何刻画和构图方式上浪费时间，也没有时间和精力揣摩设计中应该使用哪种配景，所以在平时的练习中就要注意对常用的造型、立面、配景的设计和整理，形成固定的模式和画法并灵活掌握，以节约考试时间。

最重要的是表达出方案设计的概念，展示出设计中与众不同的内容，让阅卷教师对设计感兴趣。在有限的考试时间内，我们不可能兼顾所有的设计细节，故要运用自己最擅长的技能表达设计。

5.1.2　绘图步骤及时间

快题设计考试的时间安排、绘图速度和质量直接影响着考试成绩，合理地安排考试时间才能保证顺利地完成考试要求的各项图纸。考试时间紧张，要注意在各个图上的分配，避免在一个地方浪费时间。本书以3小时的考试时间为例提供时间参考。

1. 仔细看任务书(5分钟)

阅读分析考试重点，审视基地图纸，仔细分析设计条件和设计要求，对于设计要求比较复杂的题目，要更加用心审题以免忽视细节要求。

2. 草图(5分钟)

用草图理清思路并控制整体，便于方案的修改和深入，可以先想好分析图应该怎么画。

3. 总平面图(40分钟)

在草图的基础上，进一步深入设计，布置空间功能和交通流线，并处理空间细节和具体内容。在满足题目要求和平面功能合理的前提下，要注意色彩、线条的生动表达。

4. 立面图、剖面图(40分钟)

严格按照施工制图要求进行绘制，并与平面设计相呼应。剖、立面图能够反映考生对设计方案的设计深度和个人设计能力，故一定要多花时间认真

绘图。

5. 分析图(10分钟)

分析图的颜色要区别明确,让人一目了然。在考试中不做深入刻画,能够表达出设计想法即可,不用太多时间,如果有必要,可以多画几张。

6. 透视图/轴测图(50~70分钟)

没有疑问,这是卷面上最重要的图纸,要多安排时间,认真对待。

7. 设计说明、图名等(10分钟)

要写得清楚整齐,文字要精练,虽然分数不高却很关键。

8. 机动时间(时间自拟)

一定要在考试的最后留出时间检查一下试卷,例如尺寸、比例是否画错了,是否有错别字等,不要忽视考试中出现的小毛病,加加减减也可以扣不少分。

节约时间很重要,图面效果也很重要!快题设计考试一般都至少有几十份,甚至上百份试卷在一起进行评分,面对夸张的工作量和满眼的设计图纸,阅卷教师很快就晕了。图面效果的好坏直接关系到教师是否会多看几眼。无论怎样想方设法地节约时间,前提都是要保证快题试卷的设计效果!

5.1.3 宁可画不好,不能画不完

快题考试题目所要求的所有图纸都有指定的分数,根据各个图纸的完成情况进行评定成绩。很多考生却往往因为在某个图上浪费了太多时间,最终没能完成所有图纸而丢分。

一张缺项少图的试卷成绩可想而知。所以,一定要画完!

表现效果只要过得去,方案没有特别大的硬伤,成绩一般都会及格。凡是不及格的试卷,要么是画得实在太差,要么就是方案设计中有极其严重的硬伤。如果能够有较好的想法,同时卷面上没有硬伤,表现效果也不错,基本就是高分了。

以满分150分为例:考生基本上画完题目要求的图纸量,没什么大错误都能拿到90分;再加上充足的设计准备和准确的表达,110分是没问题的;120分以上就要看个人的设计能力和考试的准备程度了;想考到130~140分,则需要更加成熟的设计和完整的表达能力。

针对快题设计考试来说,大部分考生在手绘技法和设计上都会有一些不足,也不可能掌握所有的设计并且灵活地表达。徒手的线条和自由的用色也许会节省一些时间,但是也伴随着控制的难度和画面琐碎混乱的风险,控制不好反而会让试卷效果变得更糟。考试中可以选择尺规画图,运用直尺的限定和线条的统一,至少能让画面显得规范和干净,往往在速度和效果上也要好于徒手表达。

考场上经常看到这样的考生:基本画完平面就快要交卷了,然后用5分钟画了3个分析图,再匆忙地胡乱写个设计说明,还没来得及看看自己作品的全貌……试卷就这样被抢走了……

考试中最重要的是要首先保证思路清晰、目标明确,在各个部分的绘图中做到见好就收,先完成题目的要求之后再逐个进行深入和完善,这样才能控制全局。

5.2 了解快题评分"巧思点题的设计目标"

毫无疑问,综合能力是得高分的主要原因。

但考生总是要问:教师喜欢什么样的方案?

5.2.1 快题设计的评分

首先要知道的是:所有的图纸都是在众多的试卷中被对比着评价给分的,对比之下才有好坏之分。考试中表达出设计水平和能力很重要,卷面的对比效果也很重要,所以先想想怎样才能与众不同吧!

1. 第一轮淘汰

苍白、杂乱、构图失调、严重缺图、违规的试卷在第一轮中会被淘汰。所以图面要干净丰富、有层次、重点突出。最重要的是,要高于出题者和评图者的期望值,能够让阅卷教师眼前一亮。

2. 第二轮分档排序

找出能够满足题目设计要求,不缺图漏项,图纸准确合理,有一定设计能

力的试卷。整体归纳试卷，做到分档，理性梳理给分。所以考试中不要仅仅停留在完成题目要求即可的标准，方案要思路清晰，尽可能地突出自己的设计优势。

3. 第三轮重点对比

试卷整体完成分档，分数基本敲定，再针对表现最为突出的几张试卷做最后的对比评价，做出最终的成绩评定，选出最高分。所以在完成设计的同时，还要考虑自己的优势是什么，设计方案和设计细节能否在苛刻的对比评价中站得住脚，是否具备让教师印象深刻的内容，能否吸引教师的目光，从而得到高分。

试卷给人的第一印象会影响其分档情况，因此没有硬伤、亮点突出的试卷无疑能进入最后的高分选拔阶段进行比拼。在最终的角逐中就是针对设计细节的较量，细节完整、整体效果突出、设计创意新颖合理的试卷往往能拔得头筹，在考试中取得好成绩。

5.2.2 考生现有问题

考试中优秀的试卷很少，大部分的试卷都没有特色，仅仅是完成了题目所要求的图纸，在设计上很难达到快题的要求。考生在考试中失利主要有以下几方面的因素。

1. 设计习惯

平时缺少正规的设计训练，设计素材积累太少，设计习惯于模仿，任何设计都离不开临摹和抄袭，并且往往需要翻阅大量的素材作为参考，离开参考资料就不会做设计。

2. 手绘能力

有限的手绘能力制约了方案的充分表达，不能灵活掌握透视方法和用线，产生了新颖的设计创意却很难表达出来，拙劣的手绘效果让本应该出彩的方案淹没在难看的颜色和线条里。

3. 不理解快题

快题设计考试要完成很多设计任务，并且有苛刻的时间限制。试卷成绩和设计方案的优劣取决于考生的设计能力和手绘能力，快速的设计不代表方案草率肤浅，这是一种需要认真思考和设计分析的工作方式。

4. 无法克服时间

习惯大量查阅资料，没有明确的设计目的，设计效率很低并且往往习惯于从细节入手进行设计，在众多的参考资料中反复比较并修改才能满足设计要求，更需要临摹和抄袭才能表达方案。毫无疑问，这样的工作方式在快题设计考试面前根本不具备任何竞争力。

5.2.3 全面准备考试

快题设计考试最重要的两个字：“准备”。

如果准备得好，将分数提高 15～20 分是绝对有可能的！

在研究生入学考试的几门科目中，专业设计是最容易拿分的科目。快题设计并不像其他考试那样严苛，而给考生充分的表现空间。可以说，设计是没有标准答案的，试卷中的设计方案要能够解决题目的要求并具备一定的设计与表达能力。

1. 科学准备，整体提高

在应试的准备过程中，应该整体把握训练步骤，尝试用不同的手段拓展自己的设计思路，针对具体的考试内容和方向进行设计能力的训练，重点练习设计思路和灵活应对设计题目的能力。刚开始练习时，做方案时间要长一些，想得尽量完整深入，整体地理解和提高方案设计能力。前期重在方案和表现，后期重在提高速度，考前再按考试时间进行练习，努力提高画图速度。

2. 重视设计图纸

在快题设计的过程中，会产生很多关于设计题目的思路和想法，但基于快题设计的表现方式和有限的表达技巧，很多设计的概念和具体内容是无法展现的。考生要注意对设计概念和内容的选择和判断，运用合适的方法和绘图内容来表达方案。还有很多考生在草草地完成效果图设计之后便认为完成了快题设计的训练，平、立、剖面和施工节点的制图在考试中根本得不到重视，也当然得不到理想的成绩。

3. 锤炼设计习惯

总体思路：考什么就复习什么，针对性要强！

题目要求就是练习内容，考试分数就是奋斗目标！

要努力调整不好的设计习惯，放弃依赖大量资料，尝试在短时间内进行快速设计，整理设计思路并对设计方案独立进行表达和修改。不断收集资料，总结设计方法，锻炼设计思路的创新、深入和表达能力，摆脱抄袭和借鉴的模式。

只有具备良好的设计习惯和快速设计方法，才能够真正达到快题设计考试的要求。考前练习阶段一定要重视设计的基础知识，在绘图准确的基础上多总结自己的画图经验，分析设计方法和表达技巧，这样在考试中才能够做到有的放矢。

当然，只要是考试便有相对来说更合适的方法，总结经验和考试的规律也是备考的重要部分，但是方法固然重要，能够在考试中灵活地掌握和使用更加重要。

对于考试中遇到的问题和自己的弱项，要学会用一些设计技巧和适当的表达方式去解决和回避，这是取得好成绩的捷径。只有真正具备设计能力的考生，才能将这些考试的技巧运用得更加灵活，并在考试和快速设计中真正发挥作用。

4. 全面分析自己

快题设计的目的是锻炼学生的设计能力，学生在练习中要全面地分析自己，了解自己设计上的欠缺，并在学习中要找到适当的方式去努力。在练习的过程中一定要认真总结自己的经验，分析自己的优势和劣势，寻找适当的方法提高自己的能力，挖掘潜在的设计能力，才能在快题设计考试中取得优异的成绩。

一张结构清晰、图面效果表达良好的试卷才能取得理想的考试成绩；一个功能布局合理、方案新颖、卷面自信的设计才能得到阅卷教师的青睐。但是，很多考卷却总是很难做到自信。

学习上的自信是需要通过在练习过程中用心思考设计慢慢培养的；在卷面上所展现的自信是需要通过自己逐渐对设计的领悟和慢慢寻找自己方案的合理表达方式来体会的，自信的表达需要一个用心的过程来历练。

5.3 方案综合调整“设计手段的创新应用”

5.3.1 思路清晰，重视细节

快题设计考试需要考生能够整体表达设计思路并完成题目要求，试卷中各项图纸的绘制都以设计思路和概念为前提。考试中首先要做到的是思路清晰，能够用明确的思路和设计理念来控制方案设计的各个步骤，这样才能完整地表达设计理念和想法。

在明确设计思路的前提下，一定要重视方案细节的设计，具有创意并呼应主题的细节能够提升整体方案的设计效果。丰富并且统一的细节设计能够让设计方案更加完整，空间内的主要元素应采取一致的造型特点，以保证互相呼应，并且在色彩、大小、形式、整体设计和构图关系等各个方面充分考虑，同时还要根据构图的需要调整设计细节和具体的形式，例如造型的具体大小、高低和材质等，各因素都要根据图面进行更灵活的变化和调整，这样才能保证最终的设计效果。

5.3.2 适当放弃，突出重点

在考试中，往往没有充足的时间深化设计，但是考试的试卷却总能出现这样的问题：试卷中将题目所要求的各个图纸都进行全面的表达、整体详细的设计却让试卷的主体并不突出，而且必然会造成在考试中没有时间推敲设计，不能很好地理解题目，使整体的设计落入俗套。

在考试中一定要学会适当放弃，有选择地表现设计，在完成题目要求的图纸内容的前提下，有选择、有目的地表现设计方案的最核心，适当地放弃对整体方案没有帮助的内容，以节约时间，主攻能够明显突出设计思想、提高整体试卷效果的造型和设计内容。

在时间允许的前提下，要适当表现一些与方案设计理念有关的设计分析、设计节点以及能够突出展现设计思路和与众不同的内容，这样才能在考试中吸引判卷教师的眼球，在考试中脱颖而出。

5.3.3　版式完整、主题突出

考生总是认为自己每张图都画得精彩，都满足题目的要求，并且设计也很新颖。应该说，各项内容都满足题目要求并且表达得比较精彩，这确实能够说明考生的能力，这样的试卷在考试中的成绩是绝对有保障的。

但试卷一般为 A1 或 A2 绘图纸，纸张篇幅较大，试卷中的图纸内容较多，教师在阅卷过程中往往先看到的是试卷的整体效果，是所有图纸组织在一起的整体效果，对整体有个大概印象之后再深入地审阅各个细部图纸的内容。这样来看，如果第一印象并不能吸引教师，那么继续看图且最后被设计吸引则会变得不再那么容易。

当然，教师不会仅凭第一印象给出成绩，但是这第一印象绝对会影响试卷的最终分数。所以在考试中，不要这样冒险，还是自始至终都严谨有序，重视考试中的每个步骤才能通过考试。

5.3.4　扬长避短，表现优势

优势是什么？

如何在众多考生中脱颖而出？

快题设计考试的目的是选择具备优秀的设计能力和设计思路的学生，试卷的绘图要清晰地认识到这个目标，想尽办法让自己的优秀毫无保留地展现在试卷上。

考试时不能只是简单地按照题目要求来照本宣科，“落入俗套”的设计是不可能打动阅卷教师的。在满足功能和题目要求的前提下要敢于创新并善于运用概念设计手法让方案有一定的原创性。同时还要了解自己的优势和劣势，清楚自己擅长的设计方法和绘图特点，在考试中注意扬长避短，将最擅长的部分发挥得淋漓尽致才能得到好成绩。

5.4　考试误区思考“理解考试并避免失误”

快题设计考试的表达和绘图是主观的设计过程，试卷的绘图方式和具体内容形式都由考生自己决定，这是对考生绝对有利的一种考试形式。其实是仅仅限定一个大的设计方向，剩下的都交给考生自己表述，目的是能够展现出个人的设计能力和水平。

在考卷上画什么？用什么画？

怎么处理画面效果、各图纸的大小及位置？

这些统统都是你说了算！

不得不说，这是一场幸福的考试！

作为一名幸福的考生，很多人却被这“幸福”冲昏了头脑。正是这宽松的要求和“自己说了算”，让我们真的不知道怎么“说”，也不知道如何画。考试中经常出现对快题设计的理解误区，总结来看有以下几点。

1. 使用提前准备的模板和方案

很多考生认为抄袭一个比较优秀的“模板”就能比较稳妥地解决问题。在设计中只考虑自己准备好的设计元素和提前记牢的方案，却不能兼顾各元素造型在方案中的协调。生硬的设计最终使方案不可能呼应考试题目，更谈不上表达自己的设计实力。

设计的确需要借鉴和参考，我们看到优秀的设计方案之后要学会提炼和应用，准备几个熟练的平面和设计方案也是学习的手段，但是要掌握将其在具体的设计中灵活运用的方法，这样才能在考试中发挥作用。

2. 不知如何表达设计思路和灵感

有的考生有很多设计灵感和想法，在设计表达中却不能通过合适的途径表现出来，以至于好的思路和设计在考试中不能充分表达，阅卷教师也难以在众多试卷中发现，使得考生在考试中很难发挥出自己的最高水平，成绩当然不理想。

3. 对题目理解僵硬，不能打开思路

快题考试的目的是考察学生的设计应变能力和对设计项目的把握及控制，题目中对设计的要求和项目的具体条件并不会特别的苛刻，对于设计的深度和方案的可实施性也不会做硬性的要求，留给学生的发挥余地和空间是很大的。

110 分和 140 分究竟有什么区别？

这个问题是大部分考生始终弄不清楚的揪心之痛！

满分 150 分的考试，对一个大学期间能够认真学习的学生来说，具备最基本的设计常识和手绘能力，考 110～120 分是不成问题的，但是若想要超过 130 分，貌似就是妄想了。

对于大多数考生来说，始终搞不清楚自己的差距在哪儿。

快题考试的学习方法不像英语、政治那样明确，很多学生的状态是空有一身蛮力却不知道如何运用，不知道应该在哪些方面努力提高，最终当然很难在考试中取得有竞争力的分数。

很多学生不禁要问：140 分的试卷和我画的差不多啊，怎么分数比我高那么多？

这 30 分都包含着什么？

很简单：这 30 分是设计的细节，是方案的完整性，是试卷的个人风格，是教师的判断！具体来说：同样是平面图，110～120 分的试卷能够做到按照题目要求将空间功能准确划分，绘图比例正确，制图方法准确(图 5-1)；但是 140 分的试卷能够做到充分利用空间，策划合理的空间流线，营造具有创意并能够解决试题中设置的问题的平面方案，并且表达的图纸技法熟练、效果精致(图 5-2)。

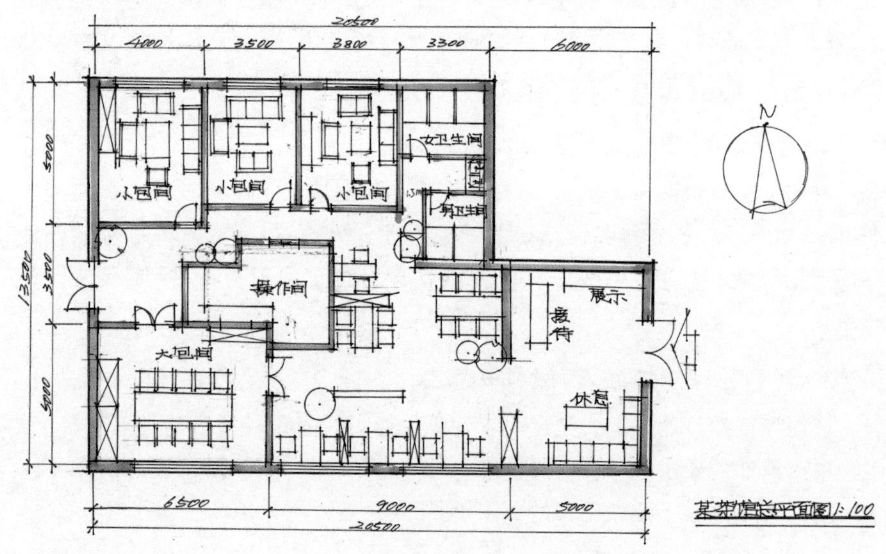

图 5-1　某考生茶室设计平面方案(一)

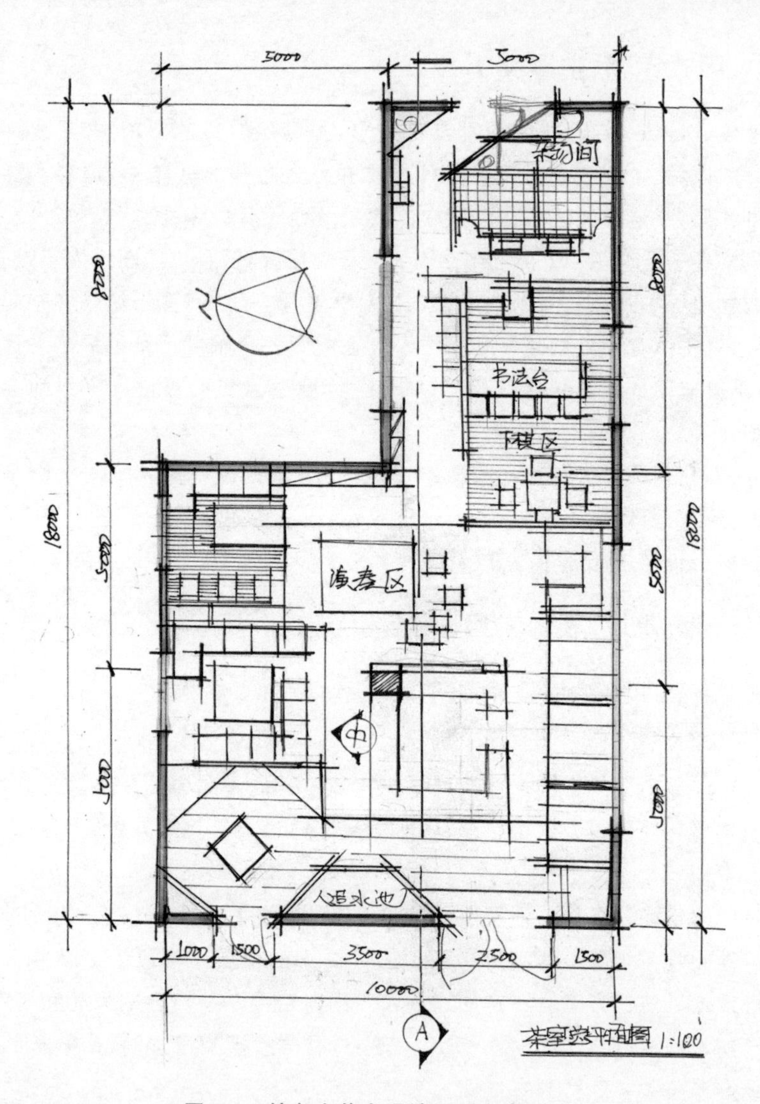

图 5-2　某考生茶室设计平面方案(二)

110～120 分的试卷中的效果图表达仅能做到透视准确，将主要的设计内容绘制出来(图 5-3)。140 分的试卷在准确表达透视的同时，还会注意协调所表达的内容统一和设计细节的完整，效果图不仅做到透视关系准确，还会统一协调各个元素为设计效果服务，最终得到更好的效果(图 5-4)。

试题：休闲广场景观设计

设计条件：某休闲广场南北长 50m，东西长 30m，请为该广场做景观设计。要求能够提供休闲、游玩、健身及人际交流的功能，并且具备一个主题景观，突出空间特点。

答题要求及评分标准：

（1）平面图，标注主要尺寸，比例自定。（40 分）

（2）剖、立面图。（20 分）

（3）分析图设计构思创意。（50 分）

（4）透视效果图，表现技巧、效果。（40 分）

点评：

这是一张成绩在 120 分左右的试卷（满分 150 分），能够准确地刻画透视，效果图效果良好，将主要的设计内容都绘制了出来。

设计方案的内容比较完整，绘图比例正确，制图方法准确，但是空间功能划分和对各内容的处理比较薄弱，平面显得松散、单调，无法满足题目要求。

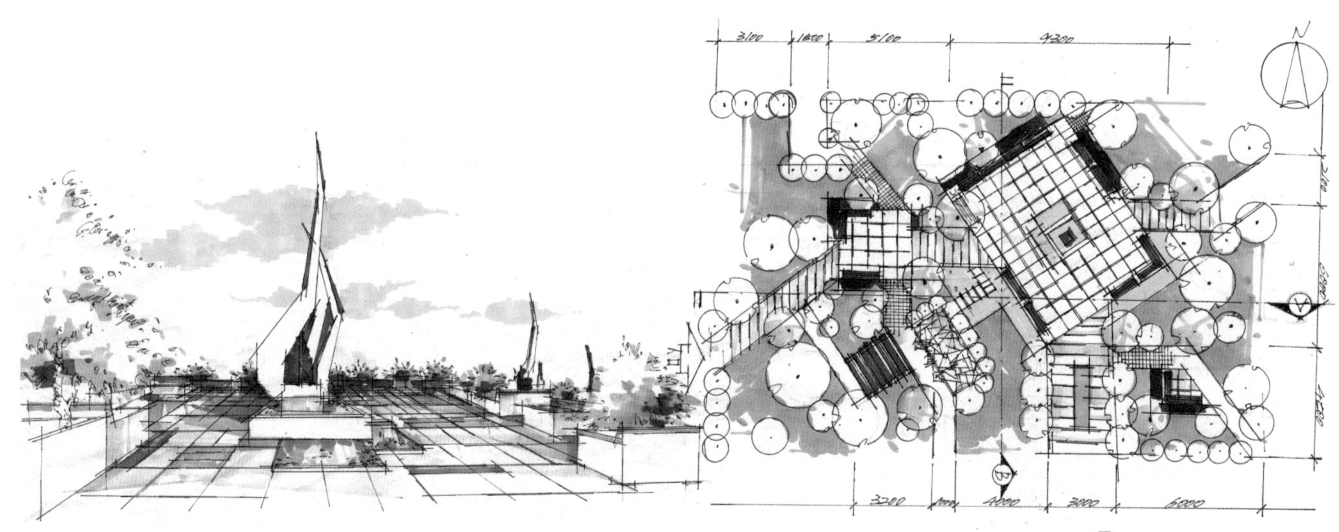

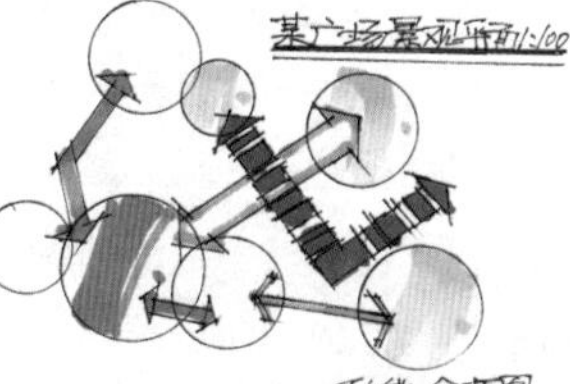

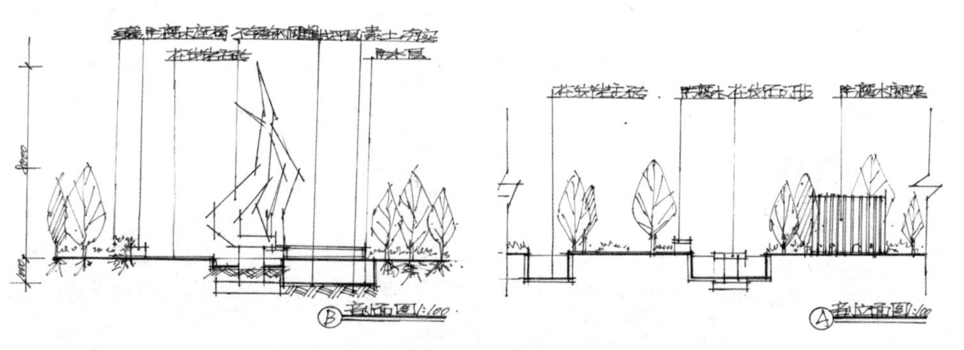

图 5-3　某考生景观设计快题试卷（一）

试题：同上。

同样的设计题目和要求，运用不同的处理和表达方式则效果完全不同（图 5-4）。

点评：

设计方案的平面功能布局能够充分利用空间，策划合理的空间流线，平面方案紧凑、协调，各空间内容之间安排合理，不仅满足使用要求，而且形成了丰富有趣的流线和功能布局，整体主题突出。

在准确表达透视的同时，还会注意协调所表达的元素间的统一和设计细节的完整，效果图不仅做到了透视关系准确，并且能够很好地烘托场景氛围和设计细节。

图纸表达的技法熟练、效果精致，标注准确完整。统一协调各个元素为设计方案服务，最终得到很好的效果。

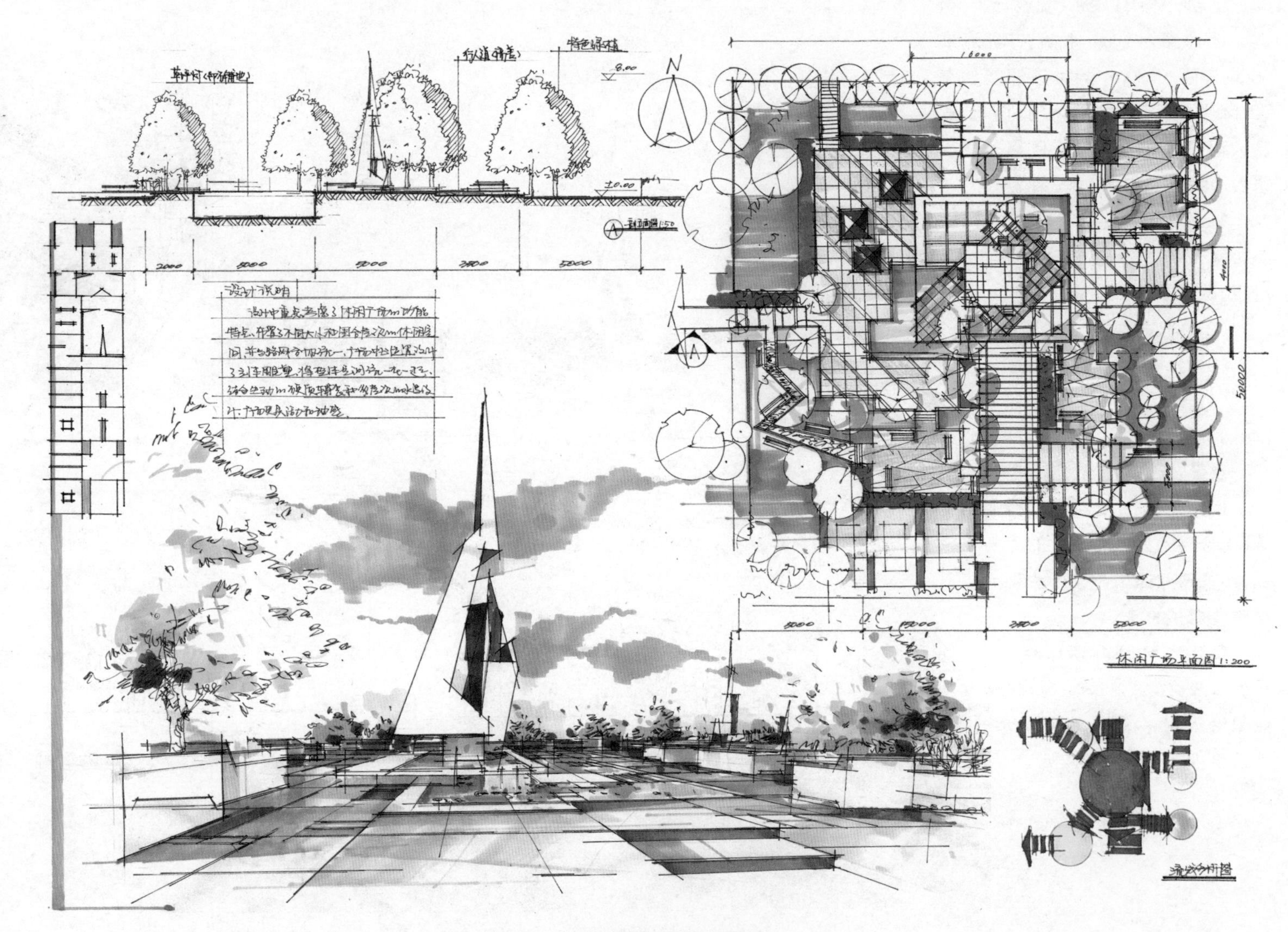

图 5-4　某考生景观设计快题试卷（二）

通过上文的比较和具体的分析，快题设计在表达和组织设计上的具体差异已经非常明显，在考试中要认真梳理思路。

相信大部分考生都能够完整地表达出来透视准确的效果图，并能按照要求绘制平面图和剖、立面图，完成设计说明等，但是如果仅仅满足题目的基本要求，分数也会与大家差不多。考试成绩能够达到 140 分左右的试卷很少，重要的不是寻找捷径，而是总结自己的经验以提高方案设计能力和绘图技巧，熟练地处理快题设计中的各项内容才能最终征服考试。

考试没有“绝招”和“捷径”，没有任何方法能够保证高分！

快题考试的宗旨永远都是设法展现出自己最有优势的那部分！

掩盖自己最不擅长的部分！

让阅卷教师认为自己有继续培养的潜力！

第6章　实例分析与提高方法

考试的技巧，掌握并灵活应用。

有效的方法，要创造性地使用。

任何方法都需要勤奋的练习和重复的沉淀，应试技巧是考试规律的总结和经验的积累，要灵活地调整和应用。

在绘图中要多动脑思考，多分析影响画面效果的因素，多尝试不同的绘图方法和设计思路绝对是为考试护航的有力武器！

要在理性的方法指导下，以全新的理念重新认识快题！

经过前文对快题设计内容和具体步骤的系统梳理和分析，对快题考试的整体思路和具体方法已经形成了大致的轮廓与结构，并且对快题设计的设计方法也有比较明确的了解。

按照一定的方法和科学的学习模式是能够有效提升快题设计能力的。当然，任何一种设计方法和表达模式都需要大量的练习，认真地分析总结问题，并且要结合自己的学习情况随时地把握和调整，这样才能达到理想的学习效果。

快题设计考场上快速的灵感思路和生动的手绘表现，不是简单地运用某个模式便能够自动生成的。本书阐述的是一种设计思考方式和协调考试中各个因素的具体方法，在具体的考试中有可能会出现各种问题和设计上的困惑，这需要在具体的练习中总结经验，认真地梳理和整合设计思路，了解自己并能够合理地运用表达方法和技巧才能轻松地应对考试。

“题”是快题设计训练的有效方法和手段，“题”的难易程度合理并结合有效的操作才能恰当地激发学生的创造力，使其真正地学会“设计”。

针对快题设计能力的练习和学生的能力，最适合的“题”便是历年各大高校研究生入学考试试卷的环境艺术设计专业课考题，这些考题贴近各大高校的培养方向，考核目的是选拔具备设计素质的研究型设计人才，是能够基于学生现有水平的最恰当的题目。

对于备考的考生来说，首先要掌握科学的学习方法，运用有效的方式进行积累和提高；其次要结合历年的考题大量地进行有针对性的练习；同时还要学会参考和借鉴优秀的设计方案，逐步提高自身的设计水平。

对快题设计考试最有帮助的是优秀的试卷示范，了解优秀试卷和高分的设计，做到知己知彼，这样才能更清晰地提高和进步。认真分析和总结其他试卷的设计思路、设计表达效果和卷面经验，结合自身的大量练习才能够最直观有效地提高快题设计的能力。

快速设计的思路是宽阔而细腻的，每个方案的生动和丰富都是不可复制的，不能盲目地“生搬硬套”。想要轻松灵活地应对快题设计考试，则需要在理解的基础上进行借鉴和练习，寻找自己的设计方法和最适合的表现手段。

本章整理并筛选了各高校具有代表性的快题设计题目，并附有部分学生的快题设计训练的表现成果。通过详细的设计分析和点评完整地展现了试卷中透视构图、构思方案的设计手法和表达方式，解读了设计元素的组织方式和整体画面效果的完善思路。通过生动的范例和实际题目的演习，为前文所述的快题设计思路和表达方法提供了广泛的参考资料和绘图示范（图6-1～图6-48）。

试题 1　学生宿舍设计

请为长、宽、高分别为 5m、3m、3.5m 的学生宿舍做室内设计。短边两个方向分别为门窗，包括卧、居、学、卫、储等功能，要适合 2～3 名学生使用，考虑学生的学习、生活特点，合理安排空间布局，同时学生间能够做到互不干扰。具体材料、结构形式和设计条件自拟。

答题要求及评分标准：

(1) 自定比例画出空间平面图，两个主要方向的剖、立面图，节点详图。学生个体使用空间分析及主要寝室家具三视图。彩色效果图或轴测图。

(2) 制图标准规范(40 分)，表现效果(40 分)，材料应用与构造合理(35 分)，设计创意(35 分)。

点评：

设计方案能够按照题目要求，合理使用有限的空间面积，将空间设计为 2 层，合理分配学习和休息空间，并布置紧凑有趣的交通动线，是一个设计较为完整、具有一定新意的设计方案。但是对空间上下层的攀高方式处理还要考虑安全性。

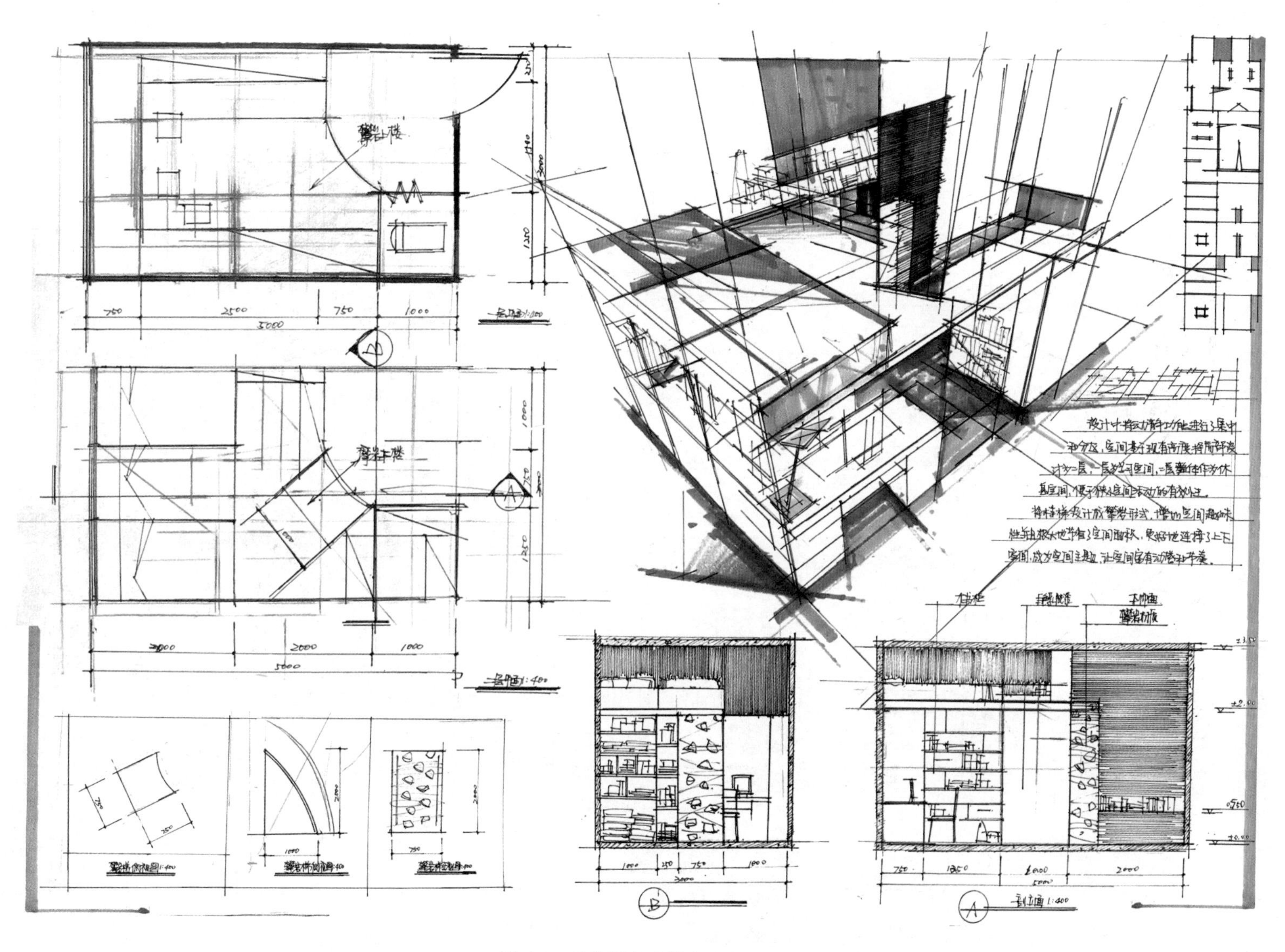

图 6-1　某快题考试学生试卷(一)

试题：同上。

点评：

设计中利用了两面墙体进行空间分配，两名学生的坐卧起居都依托墙体进行设计。功能布局既彼此独立又有交流的空间。家具做了整体设计，既整合了空间功能又体现了宿舍空间的趣味性。床和储物空间具有一定的距离和私密性，学习空间有一定的交流功能。在整体的表达上还需进一步提高。

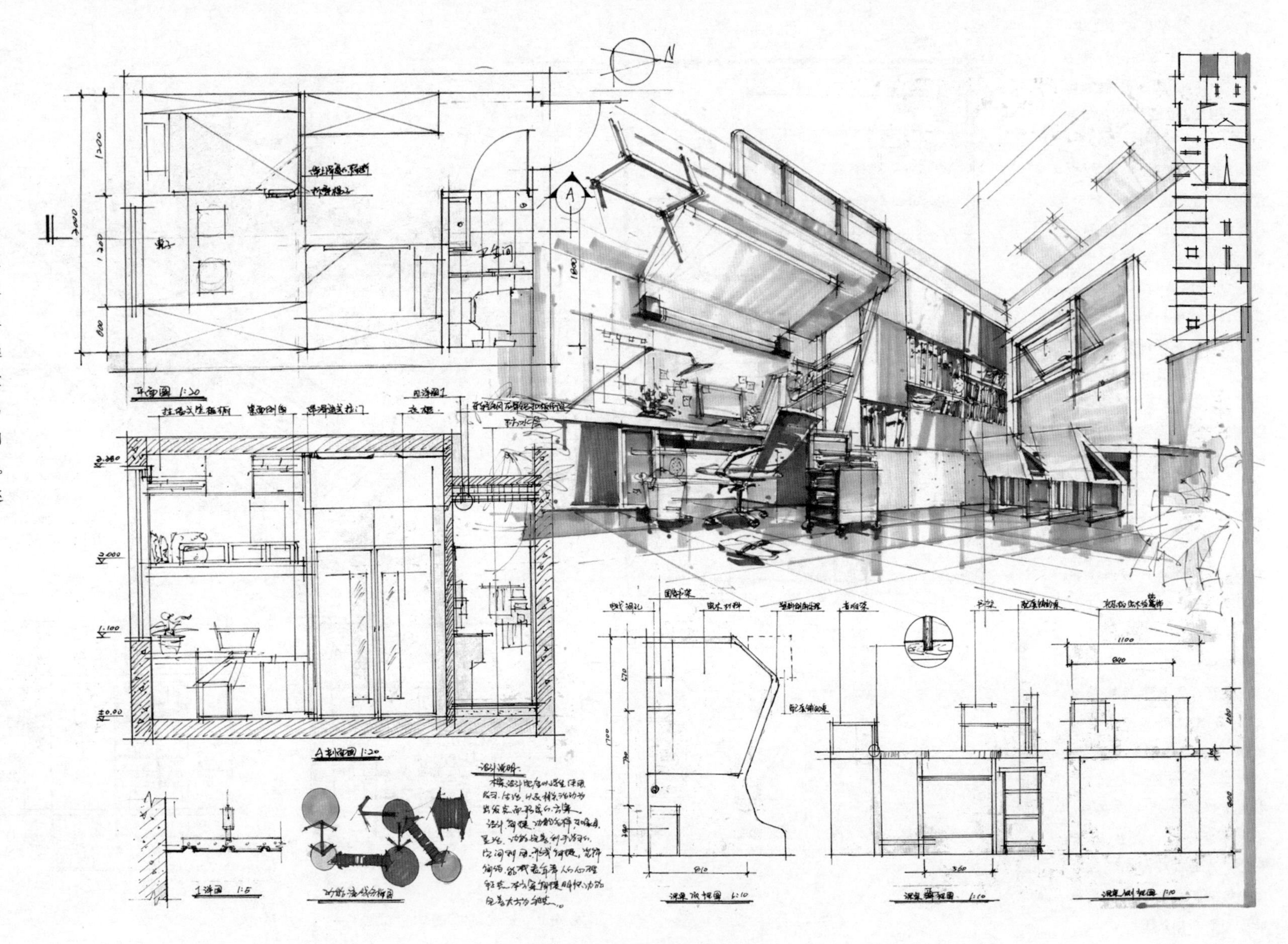

图 6-2　某快题考试学生试卷（二）

试题：同上。

点评：

对学生宿舍的空间功能做了整体考虑，营造了丰富且有特色的宿舍空间环境。施工制图规范合理，能够完整表达空间的具体设计内容，对空间尺度和具体造型、做法表达都较为完整。

但是对空间尺度的表达不够准确，为了追求空间的宽阔，对效果图进行了夸张的表现。

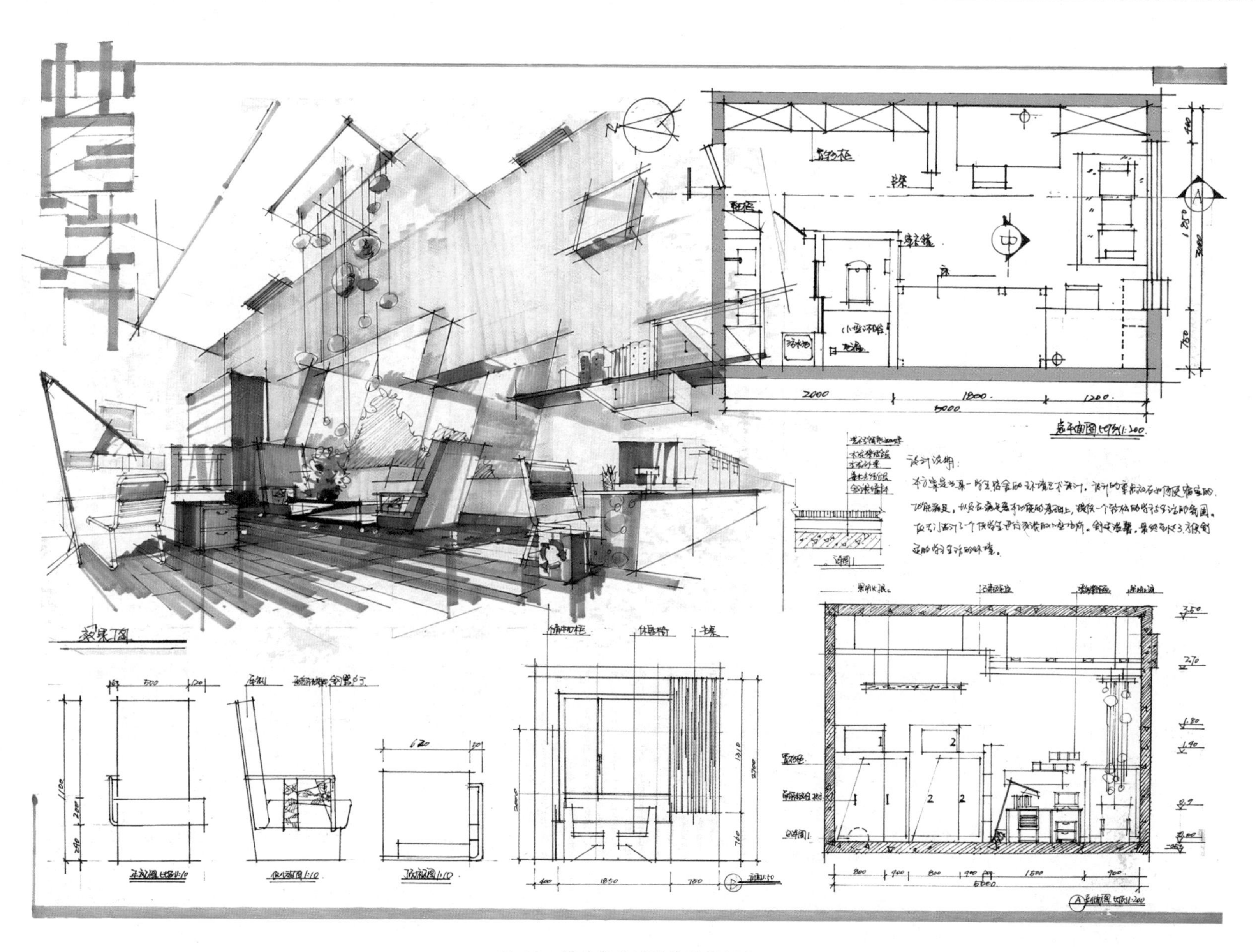

图 6-3　某快题考试学生试卷（三）

试题 2　某酒店客房设计

某酒店客房，平面尺寸 8m×4.5m，洗手间 3.5m×2.5m，两面 4.5m 的墙体分别做门、窗的设计，洗手间在入口一侧。房间墙面、门窗位置形式、材料与构造自定；水电管线可任意安排；层高尺寸自定。要求两个方案，其中一个做深入设计。

答题要求：

（1）平面图、两个主要方向剖、立面图。

（2）主要方向透视效果图。

（3）注明各部分尺寸、材料，可附说明。

（4）东西、南北方向剖面节点详图各一幅。

评分标准：

（1）充分运用母题（40 分）。

（2）设计造型美观（30 分）。

（3）材料结构合理（25 分），图面表达（35 分），制图规范标准（20 分）。

点评：

方案设计大胆地将空间做成 2 层，丰富了空间功能，也形成了具有独特设计个性的空间效果。效果图透视准确，效果突出，能够完整展现设计内容和特色，具备一定的手绘功力。

施工图制图完整，准确规范，能够准确表达设计细节。整体效果满足试卷要求，并且形成了鲜明的设计风格。

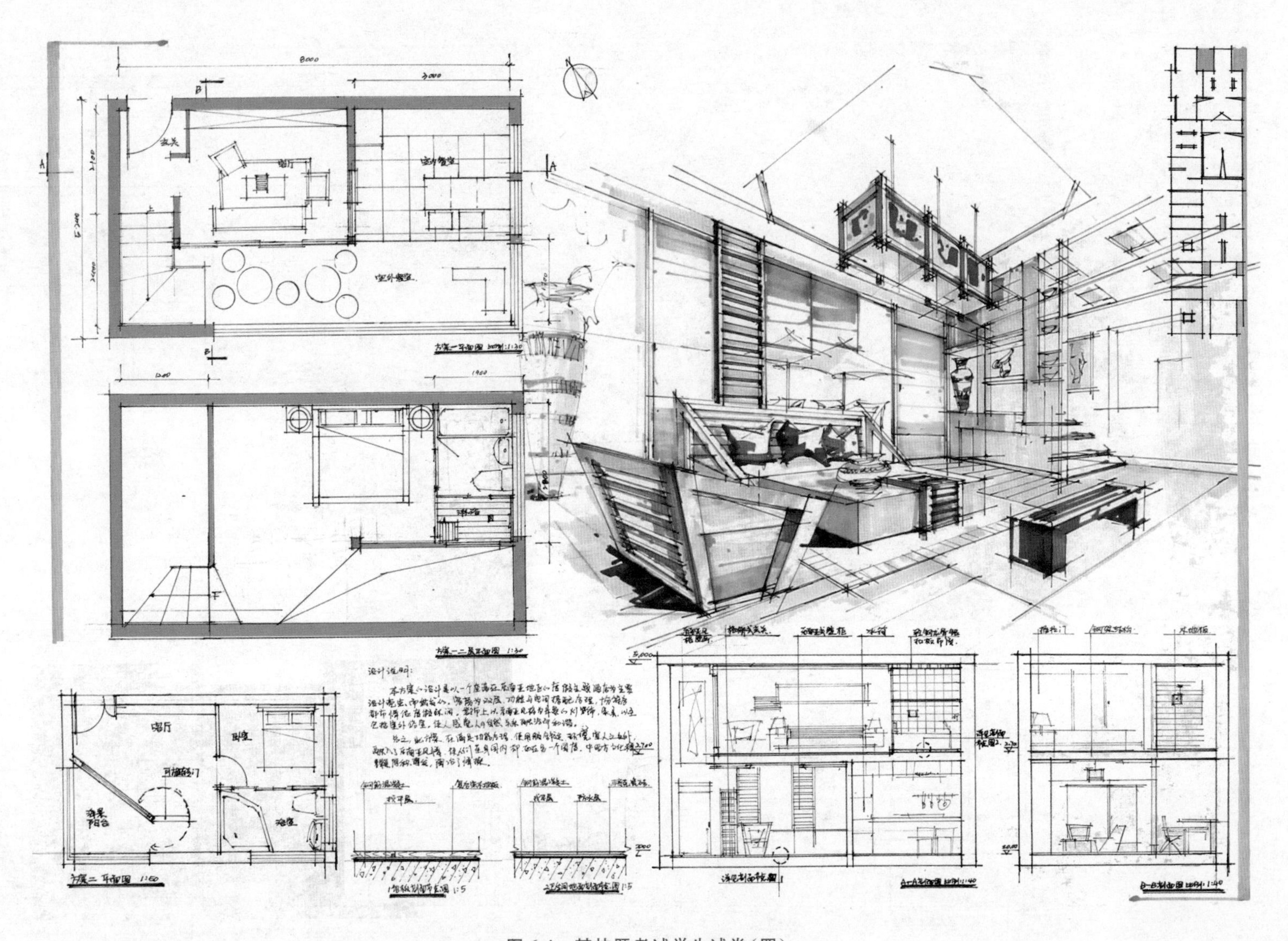

图 6-4　某快题考试学生试卷（四）

试题：同上。

点评：

设计方案将精力放在空间吊顶的设计上，打破了常见的酒店空间形式，造型夸张，高差明显的吊顶和抬高的地面，形成了独特的设计个性。

效果图透视准确，重点突出，色彩简单而明确，能够完整展现设计内容和特色。在注重夸张造型的同时，对立面也做了细致的设计，丰富的材质和陈设设计，让空间更加生动。整体效果满足试卷要求，各个图纸绘制都较为完整，思路清晰，表达生动。

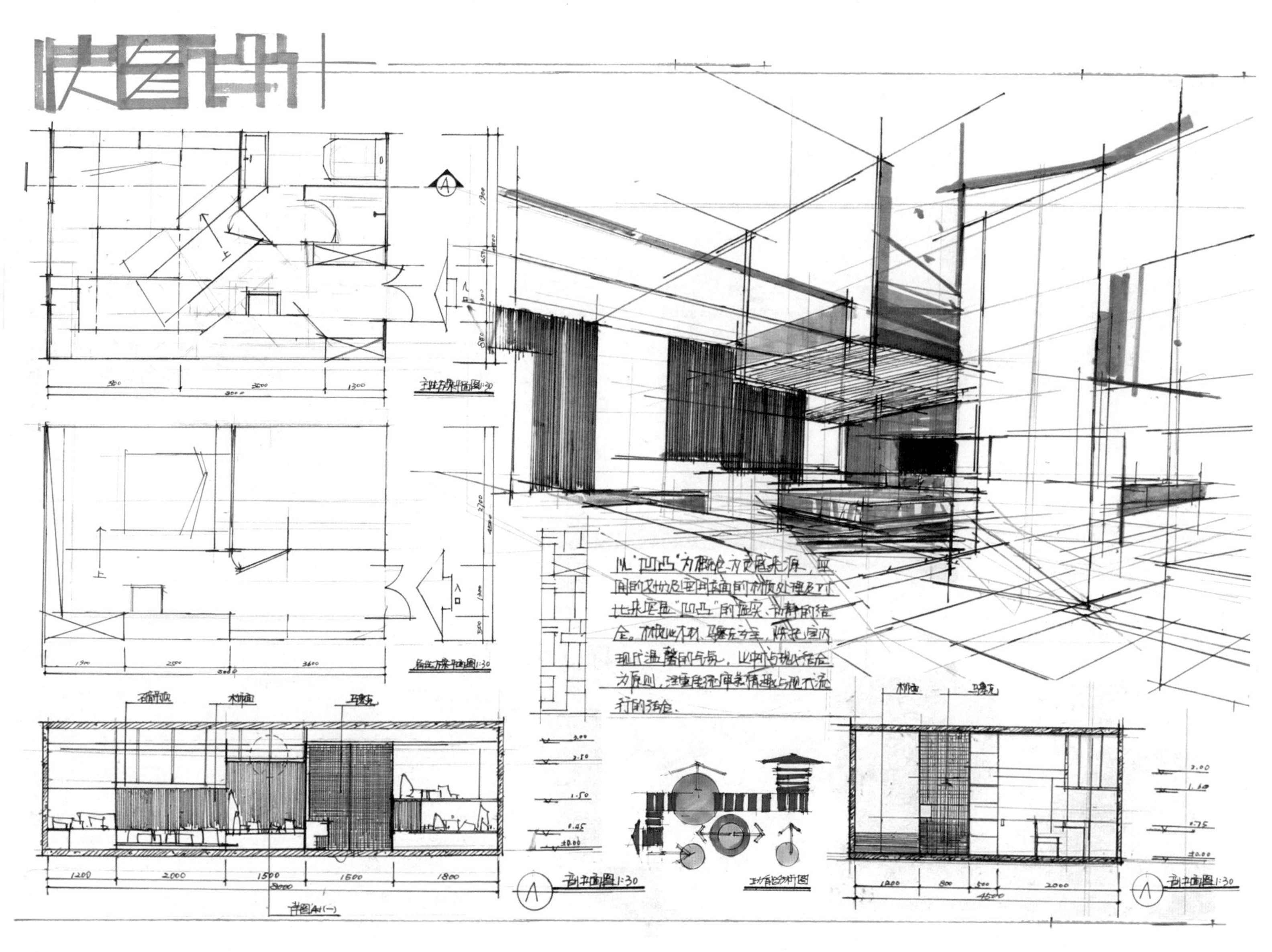

图 6-5　某快题考试学生试卷（五）

试题 3　室内设计

附图所示空间中布置室内、外家具及相关陈设，并完成室内、外家具设计，家具风格为现代中式。

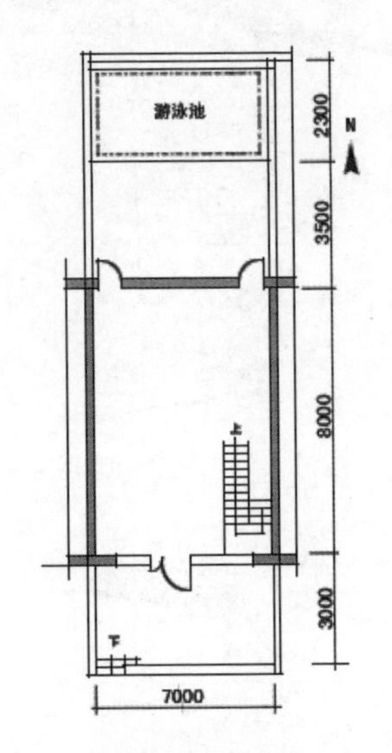

答题要求及评分标准：

（1）家具平面布置图。(50 分)

（2）室内主要家具三视图（一件）；庭院家具三视图（一件）。(40 分)

（3）室外效果图（家具为主体）。(40 分)

（4）150 字以内的文字说明。(20 分)

点评：

方案对功能布局做了详细的设计，思路清晰新颖，三视图绘制完整准确，体现了设计能力，卷面整体完整、细致生动，具备清晰的设计思路。

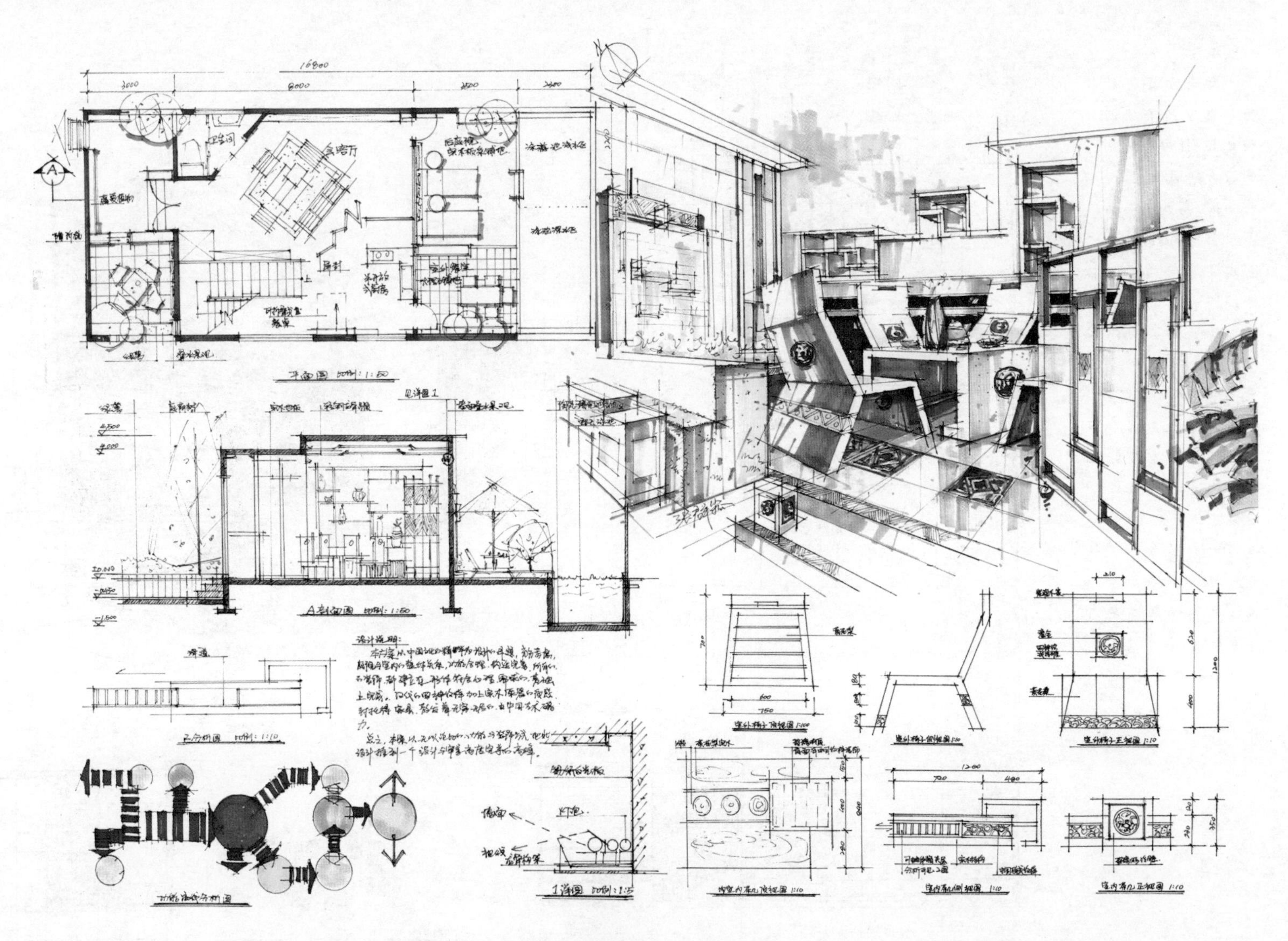

图 6-6　某快题考试学生试卷（六）

试题：同上。

点评：

该设计方案简洁、明确，对空间功能的处理清晰、有效，室内外的划分自然，结合特色的铺地和具体的细节处理，形成了生动的平面。

效果图透视准确，突出了室外家具的设计特点，笔触生动，色彩成熟，形成了生动的室外庭院的氛围。

施工图制图完整，准确规范，能够准确表达设计细节，并且能够生动表达设计细节和具体的材料做法，具有鲜明的个人风格。

整体效果满足试卷要求，美中不足是对于家具三视图的刻画稍显薄弱。

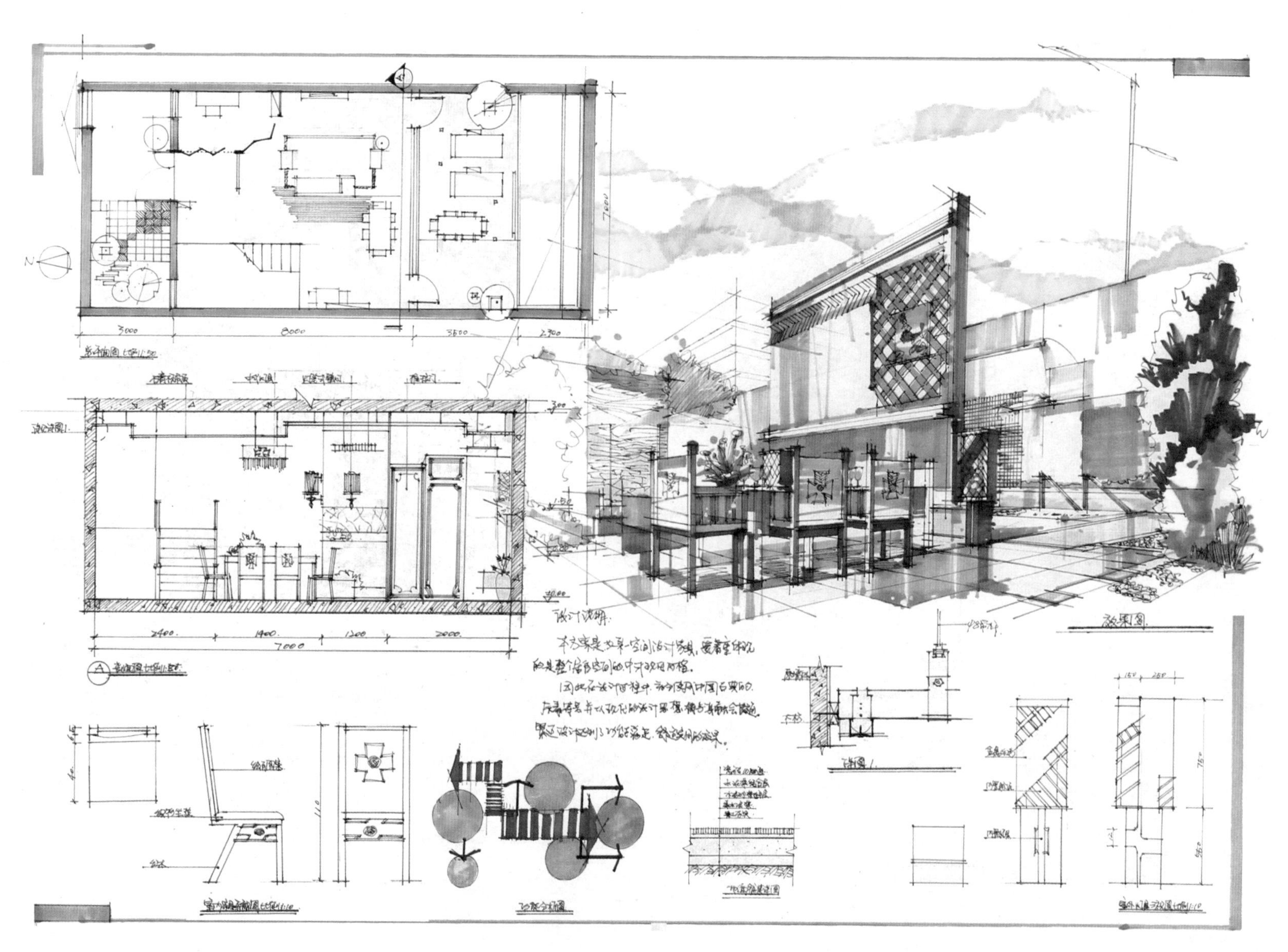

图 6-7　某快题考试学生试卷（七）

试题4　接待空间设计

某设计公司会客厅，平面尺寸：9m×5m。空间功能以接待为主，具体结构形式、门窗位置及设计条件均可自拟。

答题要求及评分标准：

(1) 平面图(包括地面的铺装及绿化设计)。(50分)

(2) 剖、立面图。(30分)

(3) 分析图。(20分)

(4) 透视效果图(至少两个角度，表现技法不限)。(50分)

点评：

设计采用倾斜布局，合理地划分了接待空间的不同功能，形成了生动的平面，且合理利用了有限的室内面积。对空间的细节处理和地面铺装、隔断的刻画也比较合理。

效果图透视准确，运用活泼的造型和特色家具，形成了鲜明的空间氛围。施工图制图完整，准确规范，能够准确表达设计细节，但稍显生硬。

整体效果满足试卷要求，美中不足是对于分析图的刻画稍显薄弱，没能突出设计方案的特点。

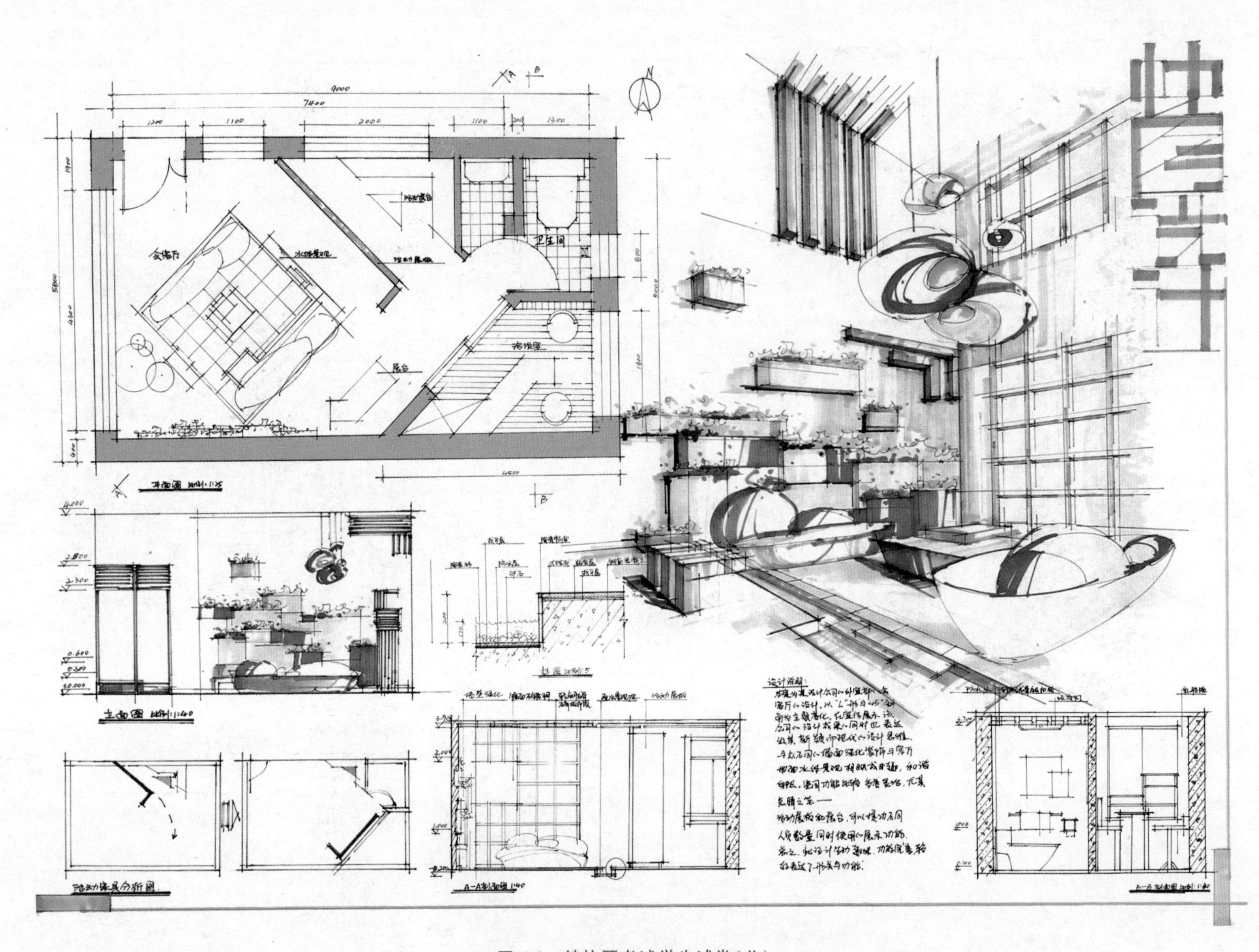

图 6-8　某快题考试学生试卷(八)

试题 5　小型办公空间设计

设计条件：某公司租得一写字间，20m × 12m，室内高度为 4.5m，将其作为公司的办公空间，以办公功能为主，考虑接待和其他辅助功能，具体的内容自定。要求在满足公司办公需求的前提下有所创新。

答题要求及评分标准：

（1）方案平面图。（40 分）

（2）空间主要方向的剖、立面图。（40 分）

（3）彩色透视效果图（表现技法不限）。（50 分）

（4）设计说明、分析图。（20 分）

点评：

设计方案能够贴近办公空间特点进行布局，形成了紧凑合理的平面。设计了造型大胆的吊顶，并且利用吊顶造型的高差和穿插效果进行了空间的再次限定，形成了独特的空间设计个性。

效果图透视准确，重点突出，色彩简单而明确，能够完整展现设计内容和特色。立面细节、材质和陈设都能够合理突出办公环境特点。整体效果满足试卷要求，各个图纸绘制都较为完整，思路清晰，表达生动。

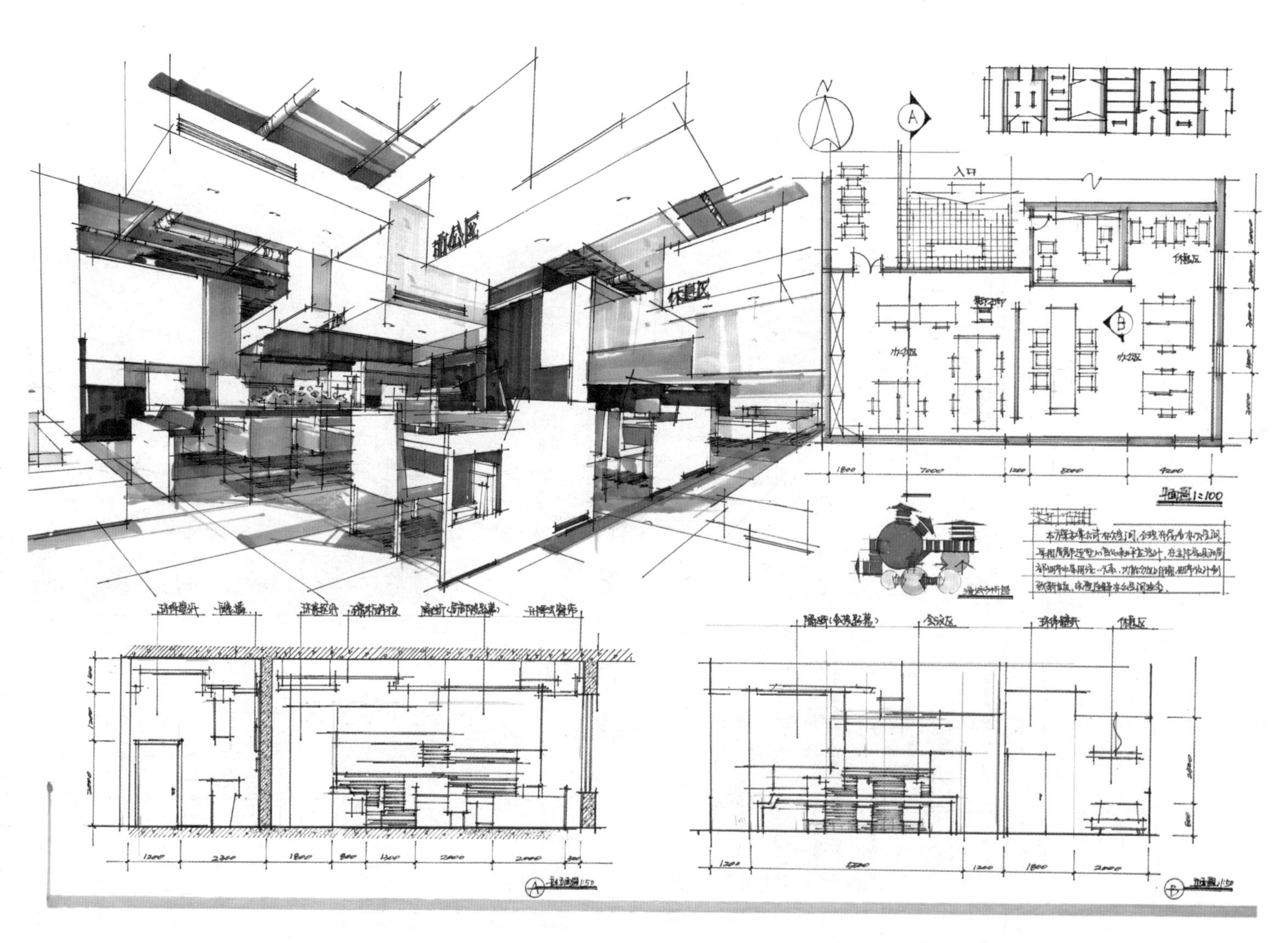

图 6-9　某快题考试学生试卷（九）

试题：同上。

点评：

方案灵活地运用隔断和主题造型家具的变化来划分空间，结合入口空间的倾斜布局，形成了新颖的平面。

空间家具和造型主题突出，效果图透视准确，重点突出，色彩简单而明确，结合合理的功能设计形成了独特的办公空间氛围。

施工图纸的绘制完整准确，能够合理表达空间各造型间的关系，以及设计细节的具体做法，能够完整展现设计内容和特色。

整体效果满足试卷要求，各个图纸绘制都较为完整，效果较为理想。

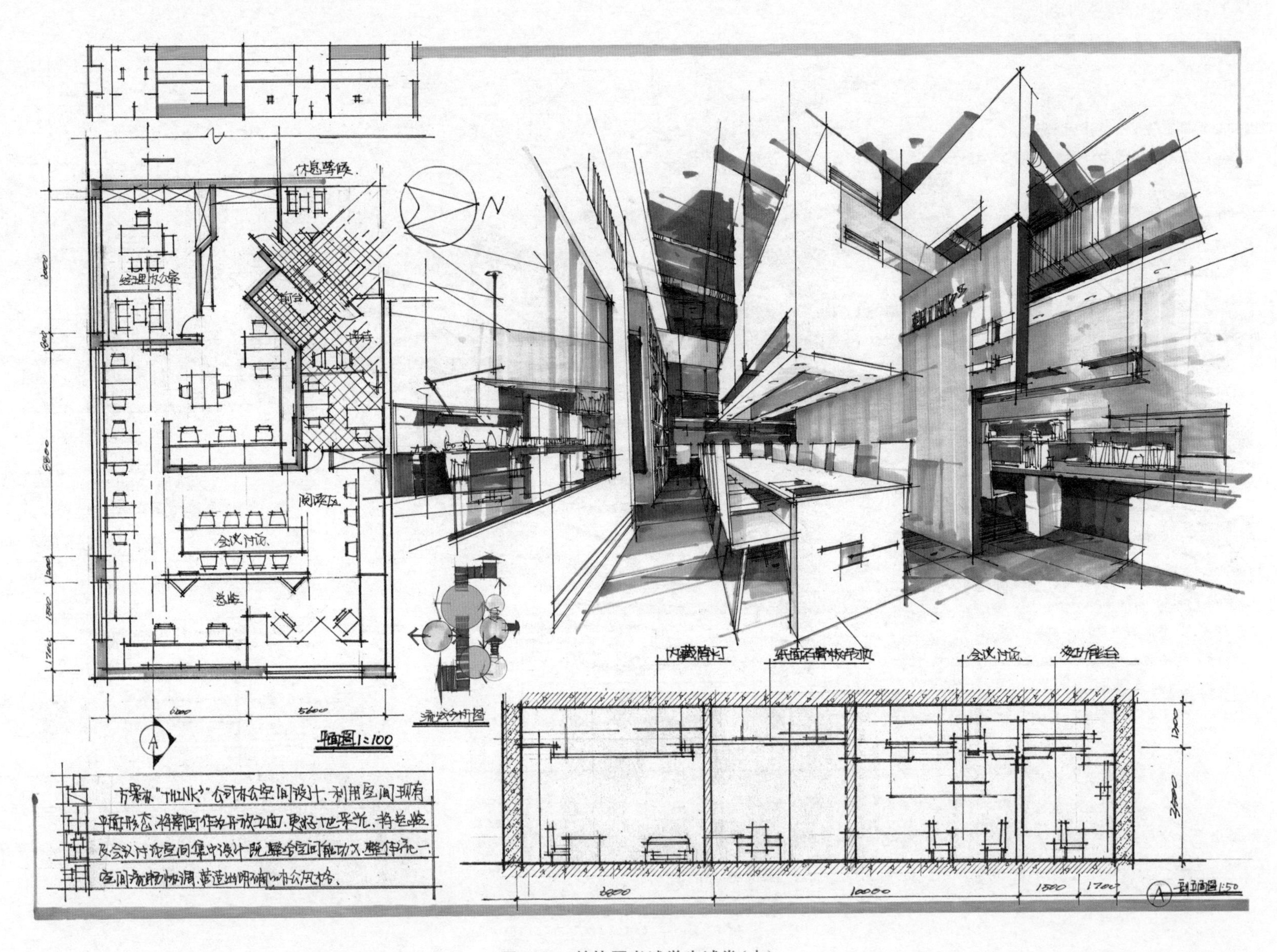

图 6-10　某快题考试学生试卷（十）

试题 6　洗手间设计

设计条件：在某公司内部，拟将 15m×10m、高 4m 的空间设计为公用洗手间。门窗位置和具体的空间内容自定。

答题要求及评分标准：

（1）平面图（包括地面的铺装及绿化设计）。（45 分）

（2）剖、立面图。（40分）

（3）必要的分析图、设计说明。（20 分）

（4）彩色透视效果图（表现技法不限）。（45 分）

点评：

设计方案利用生动的"W"造型将呆板的洗手间设计得生动活泼。效果图透视准确，重点突出，色彩简单而明确，能够完整展现设计内容和特色。笔触生动，且刻画出了洗手间的丰富细节。

能够贴近洗手间的空间特点进行布局，形成了紧凑合理的平面。面积分配合理，功能设计满足要求。各图纸绘制都较为完整，思路清晰。

立面和空间造型中大量运用石材铺装，从不同角度突出了洗手间的环境特点。试卷整体完整，主题突出，突出表达了作者的设计能力。

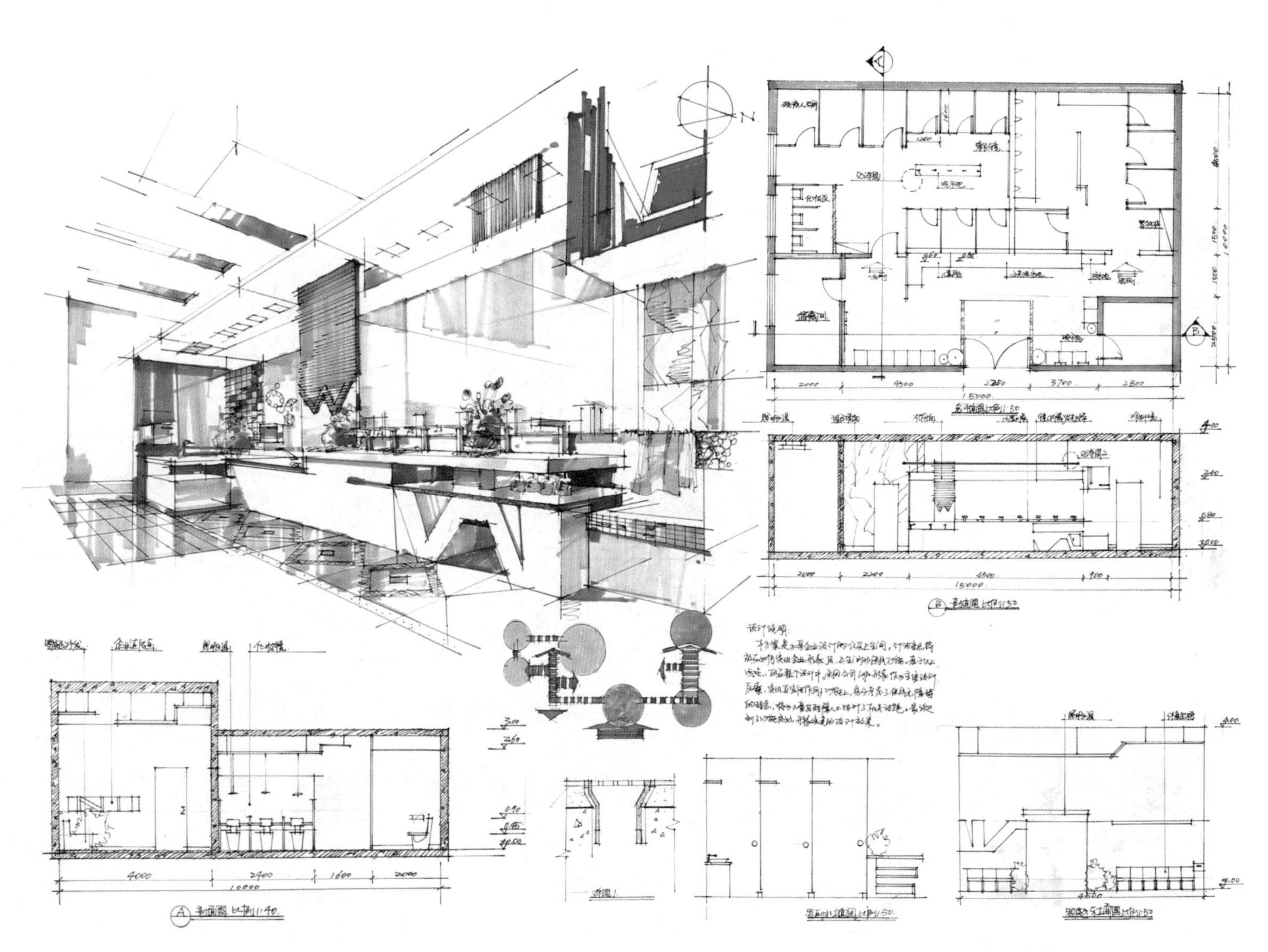

图 6-11　某快题考试学生试卷（十一）

试题：同上。

点评：

设计采用倾斜布局，不规则的平面让人眼前一亮。通过隔断的错落，合理地划分了洗手间的不同功能，形成了生动的平面。

绘图技巧成熟，用线讲究，能够完整表达思路，并形成了鲜明的个人风格。施工图制图完整，准确规范，能够准确表达设计细节，并形成一定的设计氛围。

效果图采用鸟瞰形式，透视准确，也丰富了试卷的构图，但是却没能完整地突出洗手间的设计特点，效果欠佳。同时对于设计说明和分析图的处理也较为草率，在考试中容易丢分。

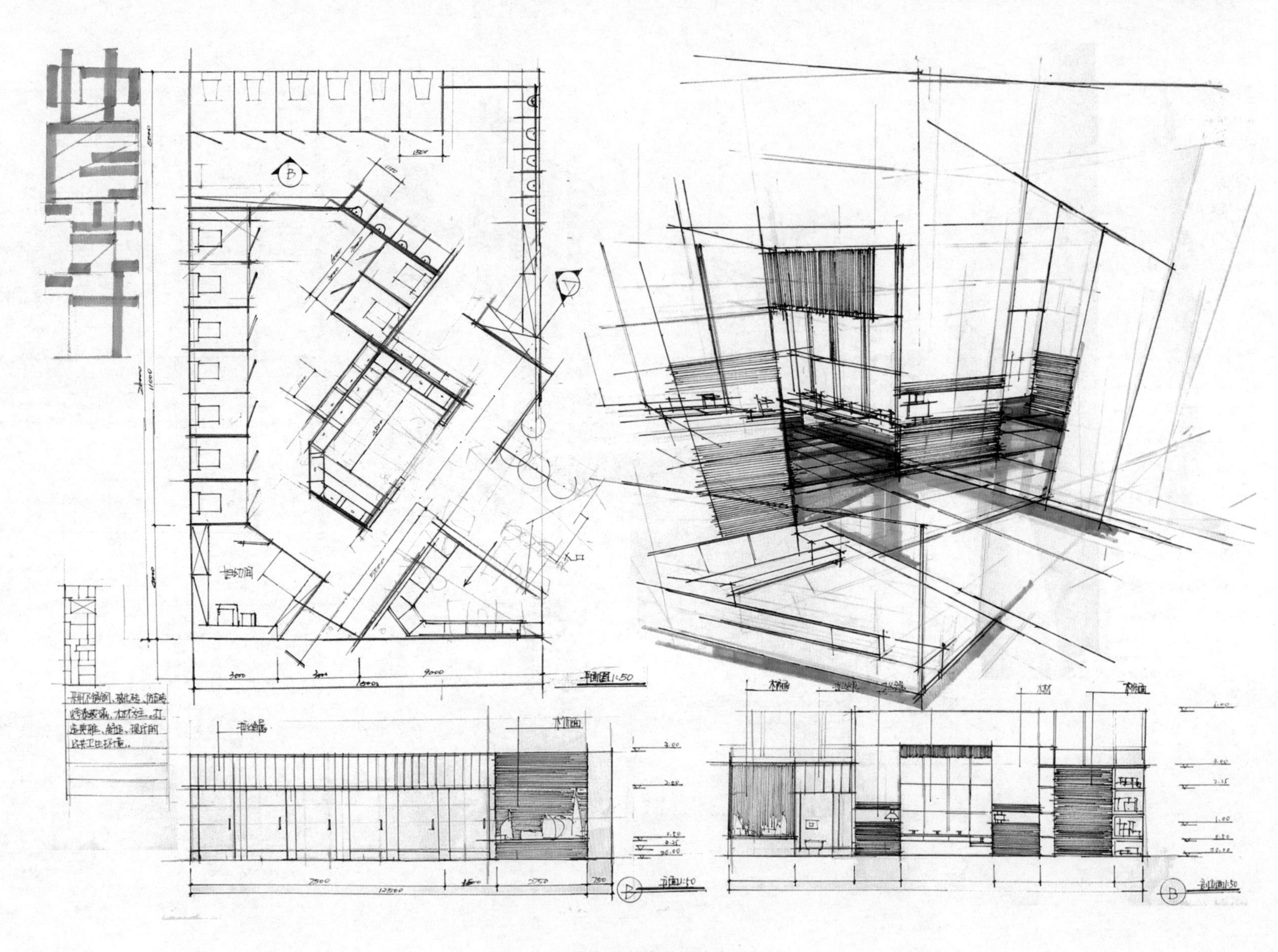

图 6-12　某快题考试学生试卷（十二）

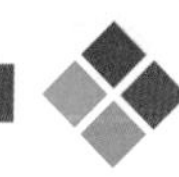

试题：同上。

点评：

方案在常规洗手间布局的基础上增加了两个休息区，丰富了常见的洗手间的功能内容，新颖别致。运用洗漱台划分了内部空间，并贴近洗手间的空间特点进行布局，面积分配合理，功能设计满足要求，且形成了合理的人行流线。

效果图透视准确，运用主题造型的变化和丰富的材质细节削减了洗手间的呆板，凸显了洗手间的娱乐性。笔触生动，刻画出了洗手间的丰富细节。

各图纸绘制都较为完整、准确，思路清晰，能够展现设计细节和具体做法，从不同角度突出了洗手间的设计特点。设计分析图稍显不足。

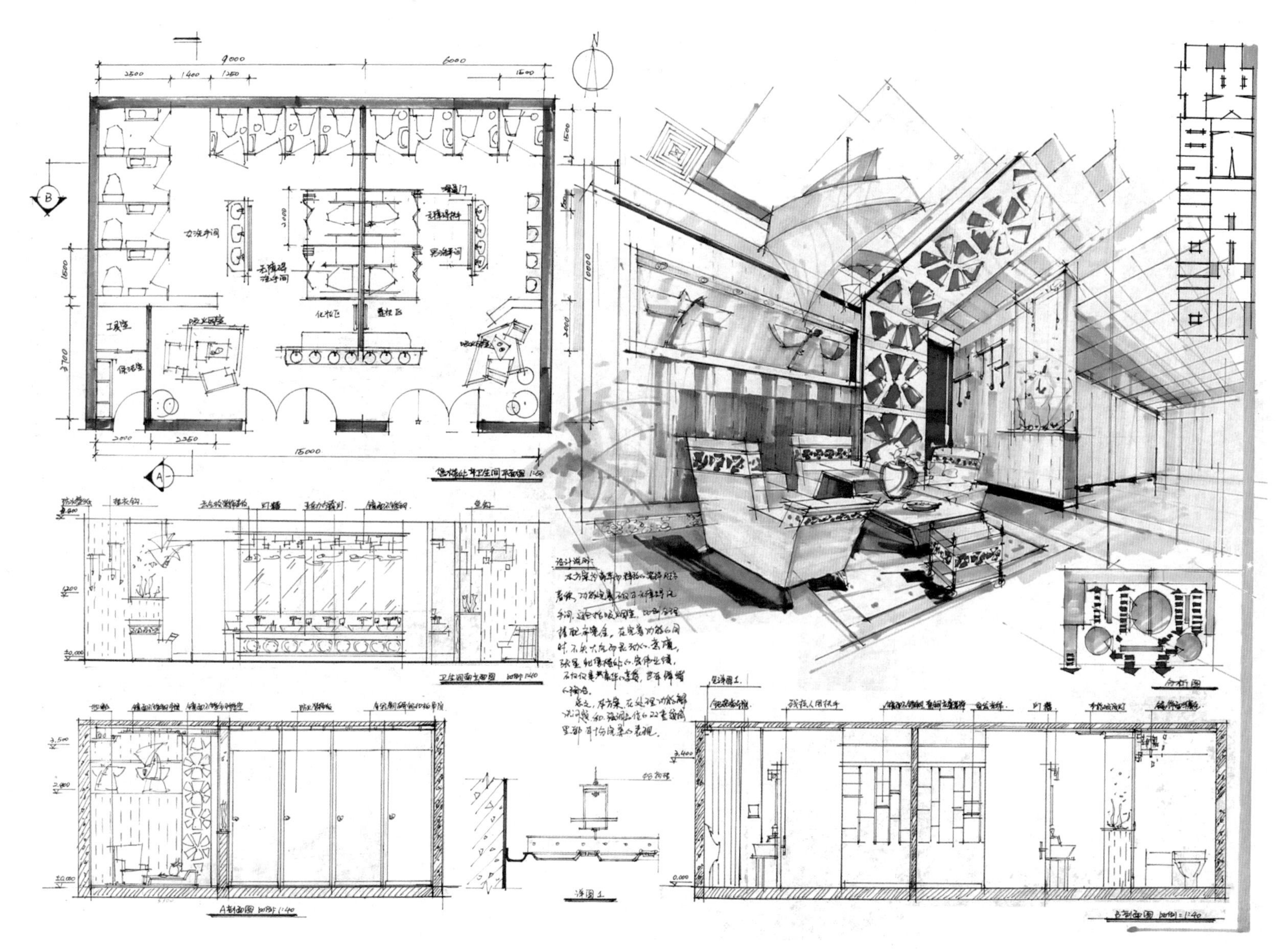

图 6-13　某快题考试学生试卷(十三)

试题7　茶室设计

某高级商业区有一临街茶室，单层设计，层高不限，建筑形式和内部功能自定。入口及窗的位置、尺寸均可调整，临街立面可根据设计进行改造。要充分表达“茶”文化以及主题与空间形式的有机整合。

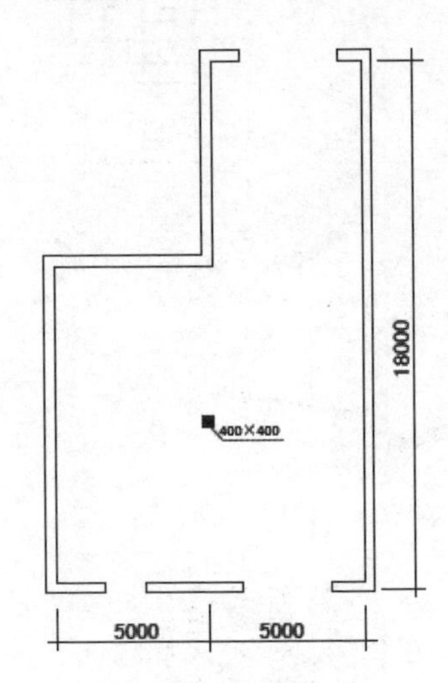

答题要求及评分标准：

（1）画出平面图和主要方向的立面图。

（2）室内透视效果图（表现方法不限）。

（3）标明主要尺寸材料，写出设计说明，做必要的空间分析。

（4）布局合理，构思新颖（50分）；效果表现，制图规范（50分）；尺度准确，构图完整（50分）。

点评见下页。

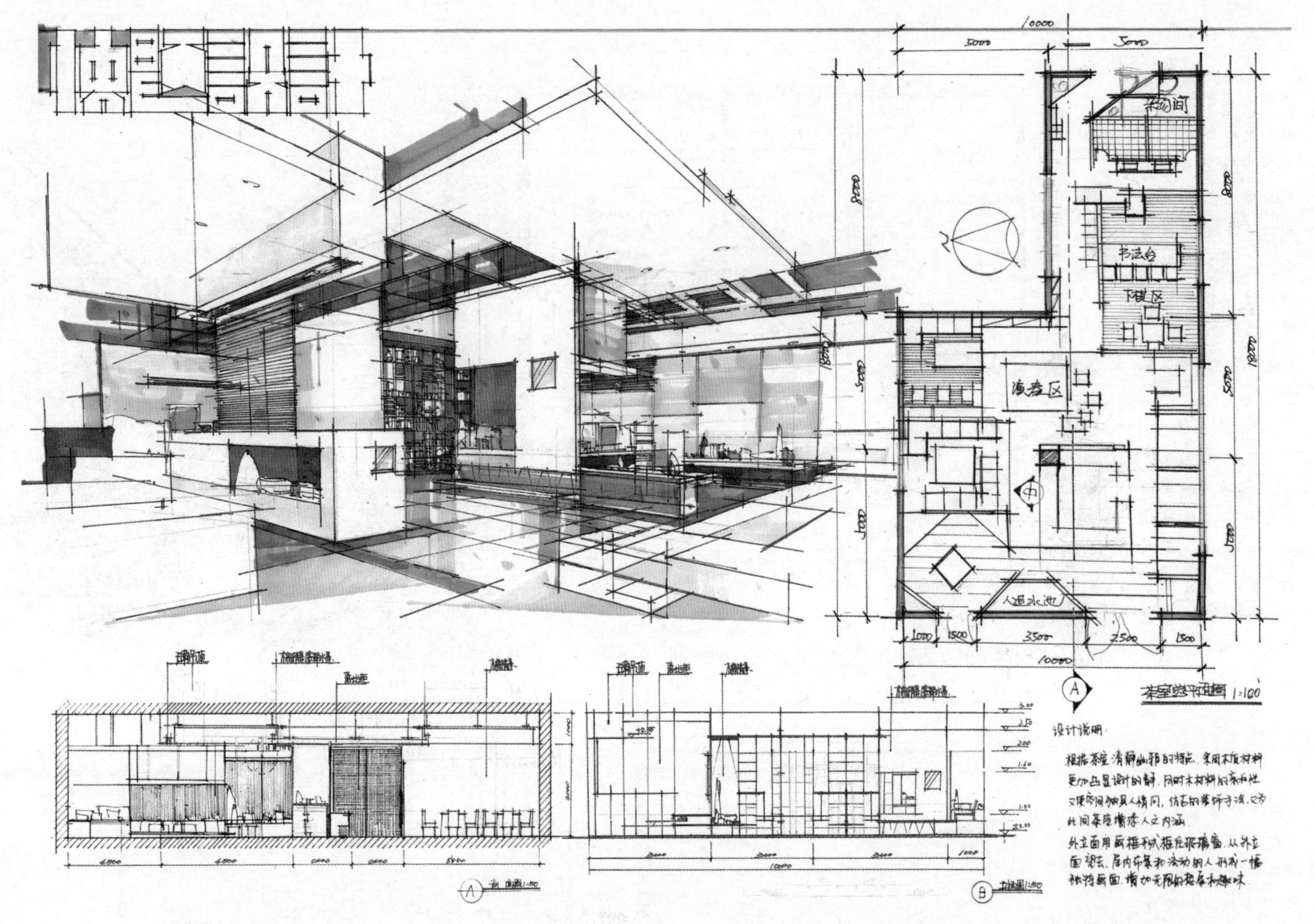

图6-14　某快题考试学生试卷（十四）

点评(图 6-14)：

方案灵活地运用铺装和主题家具的变化来划分空间，结合空间尺度大小的不断变化，形成了新颖的平面。

效果图所刻画的空间家具和造型主题突出，色彩简单而明确，结合合理的茶具展示功能设计形成了独特的茶室氛围。

剖、立面图的绘制完整准确，能够合理表达空间各造型间的关系，以及设计细节的具体做法，完整地展现了茶室的空间内容和特色，整体较为理想。

试题：同上。

点评(图 6-15)：

设计方案运用茶叶造型和文字笔画进行点缀和装饰，新颖别致。结合茶室的空间特点进行布局，面积分配合理，功能设计满足要求，并形成了合理的人行流线。

效果图透视准确，运用主题造型的变化和丰富的材质细节凸显了茶室的特色。笔触生动，并刻画出了洗手间的丰富细节。图纸绘制完整准确，思路清晰，能够展现设计细节和具体做法，从不同角度突出了茶室的设计特点。

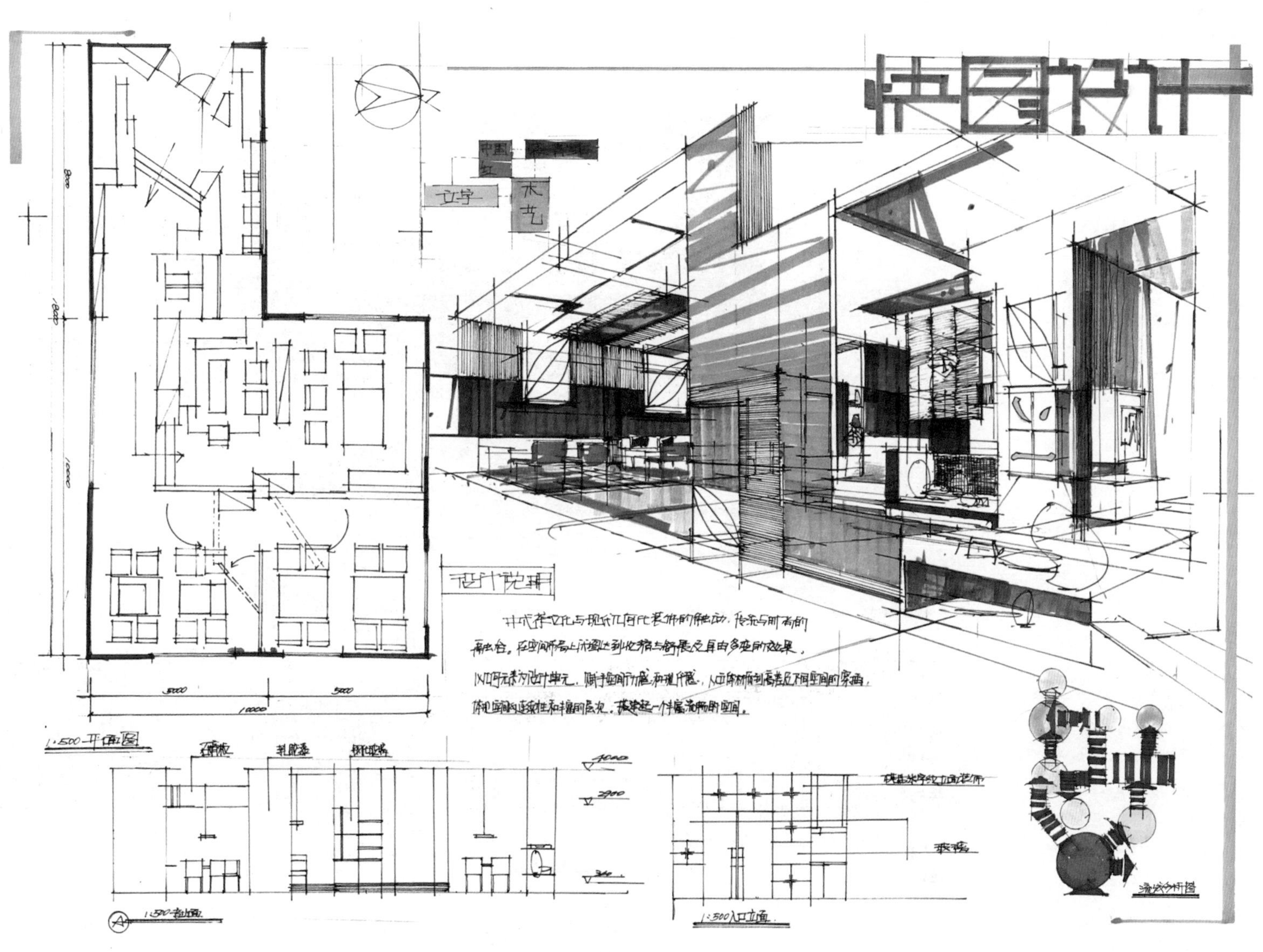

图 6-15　某快题考试学生试卷(十五)

试题 8　小型餐厅设计

设计条件：某商务区写字楼附近，拟建一间小型餐厅。营业面积约 200m²，不用考虑后厨及办公安排，只考虑营业空间的功能内容，能够合理突出商业环境形象，具备一定的个性和商务服务功能，可自拟设计目标和空间内容。

答题要求及评分标准：

（1）总平面图。（40 分）

（2）主要方向剖、立面图。（20 分）

（3）透视效果图。（40 分）

（4）设计说明及必要的分析示意图。（20 分）

（5）注明主要尺寸、材料，卷面安排合理。（30 分）

点评：

方案贴近餐厅特点进行布局，形成了功能、流线合理的平面，但略显呆板。

效果图重点突出，色彩浓烈，笔触生动，能够完整突出空间氛围和餐厅特色。立面细节、材质和陈设都能够合理突出餐饮环境特点。整体效果满足试卷要求，各个图纸绘制都较为完整，思路清晰，但在创新上还要进一步提高。

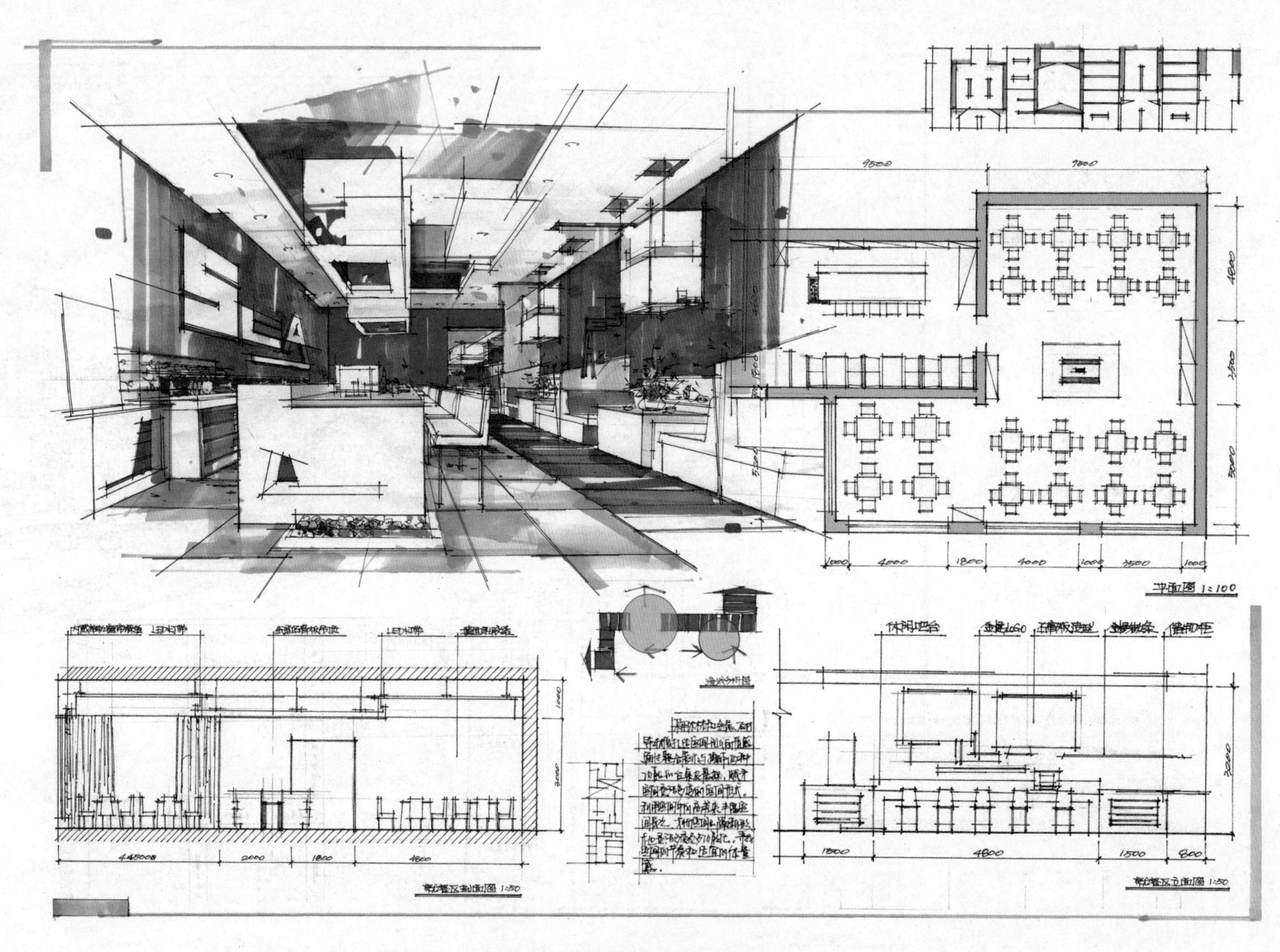

图 6-16　某快题考试学生试卷（十六）

试题 9　设计师餐厅设计

设计条件：拟建一间全新的个性概念餐厅，位置在设计师相对集中的区域，主要面向设计师阶层。营业面积约 350m²，不用考虑后厨及办公安排，只考虑营业空间的功能内容，具体形式和空间设计不做限制，建筑结构形式和门窗洞口可根据方案需求自拟设计，要求空间个性、概念均能体现设计师群体的特点和品位。

答题要求及评分标准：

（1）平面图。（40 分）

（2）主要方向剖、立面图。（40 分）

（3）透视效果图。（40 分）

（4）设计说明及必要的分析示意图。（20 分）

（5）注明主要尺寸、材料，卷面安排合理。（10 分）

点评：

设计方案构图大胆，采用倾斜布局，不规则的平面让人眼前一亮，形成了生动的画面效果。绘图技巧成熟，用线讲究，能够完整表达思路，并形成了鲜明的个人风格。施工图制图完整，准确规范，能够准确表达设计细节，并形成一定的设计氛围。

试卷的排版构图、效果表达和各图纸的表达都完整地突出了设计，是优秀的快题设计试卷。

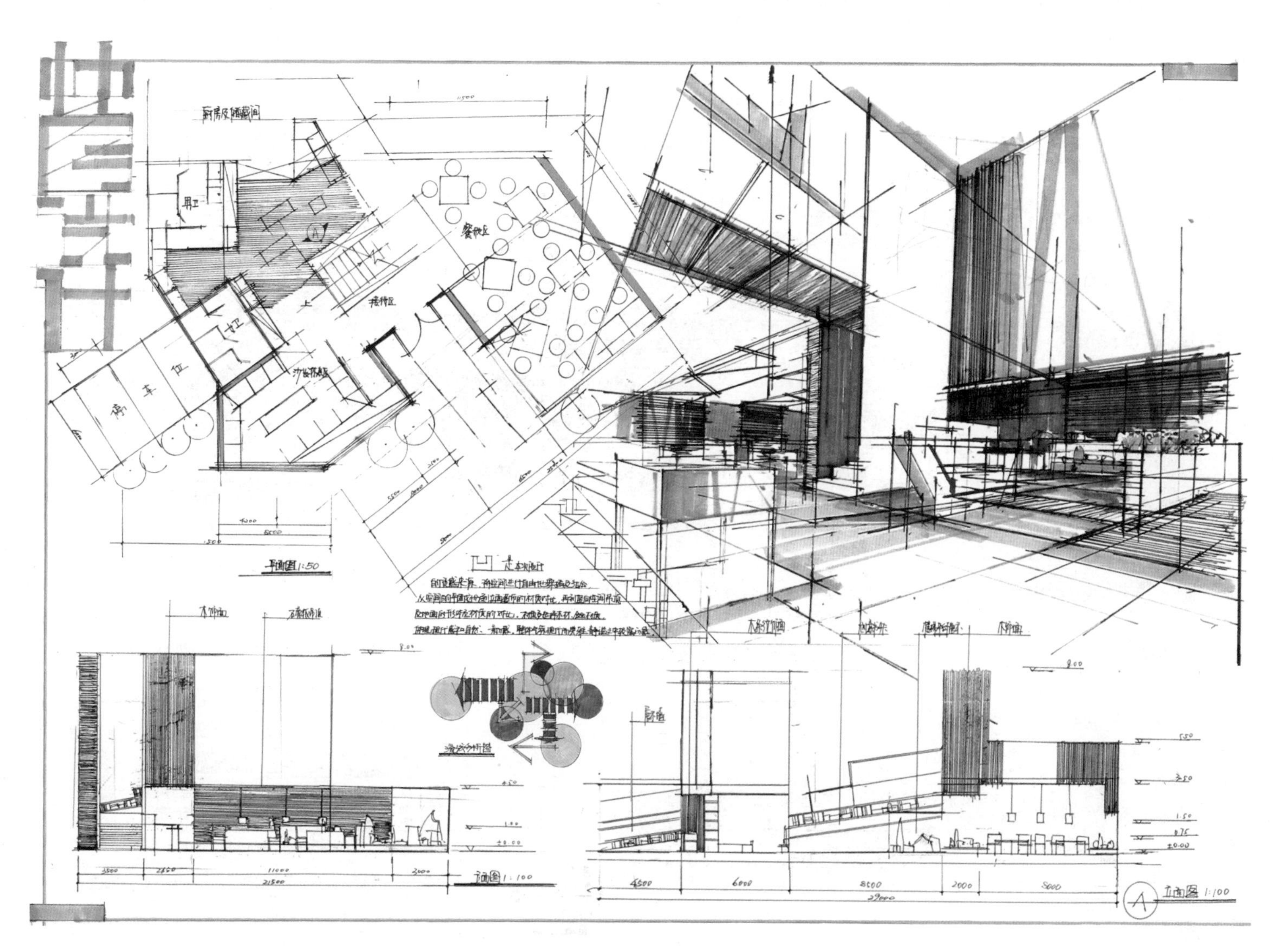

图 6-17　某快题考试学生试卷（十七）

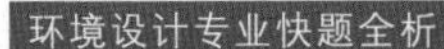

试题 10　快餐店室内设计

设计条件：某快餐店新扩建一部分店面作为就餐区，南北向 10.8m，东西向 15.6m，请为该空间做室内设计。以就餐功能为主，具体内容形式自定。

答题要求及评分标准：

（1）平面图。（40 分）

（2）主要剖、立面图。（40 分）

（3）透视效果图。（40 分）

（4）设计说明及分析图。（20 分）

（5）注明主要尺寸、材料，卷面安排合理。（10 分）

点评：

平面方案结合空间尺寸进行中心布局，形成了流线合理的开敞平面，但略显呆板，若能够利用家具和隔断，形成丰富的空间形态则更加理想。

效果图透视准确，重点突出，但是对快餐的空间氛围和特色表现不明显。图纸绘制都较为完整，思路清晰，立面细节、材质和陈设都处理得较为妥当。对于整体效果、空间氛围的营造和方案的细节设计等方面还要进一步提高。

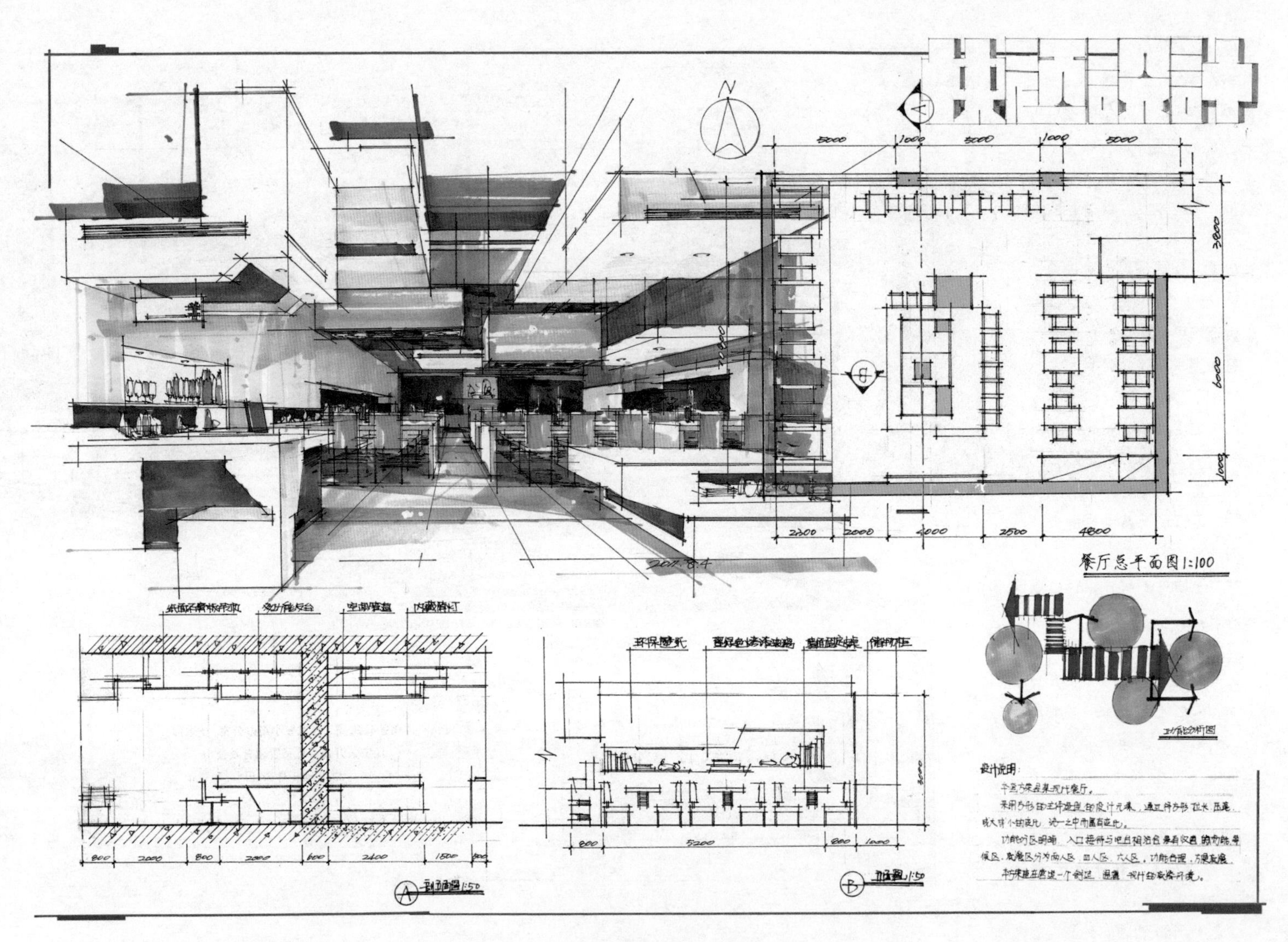

图 6-18　某快题考试学生试卷（十八）

试题 11　西餐厅室内设计

设计条件：某商贸中心一层新建一间特色西餐厅，南北向 15m，东西向 20m，南向为玻璃幕墙，东侧为餐厅入口，请为该空间做室内设计。结合西餐的就餐形式和特点合理安排空间功能，具体内容形式自定。

答题要求及评分标准：

（1）平面图。（40 分）

（2）主要剖、立面图。（35 分）

（3）透视效果图。（50 分）

（4）设计说明及必要的分析示意图。（15 分）

（5）注明主要尺寸、材料，卷面安排合理。（10 分）

点评：

设计方案采用倾斜布局，不规则的平面结合主题展台的布置，合理地划分了餐厅功能，且布置不同的就餐区和后厨空间，从而形成了生动的平面。

整体试卷制图完整，准确规范，能够准确表达方案的设计细节。效果图透视准确，笔触生动，色彩浓烈，完整地突出了西餐厅的设计特点，并形成了一定的设计氛围。

但对于剖、立面图和分析图的处理较为草率，在考试中容易丢分。

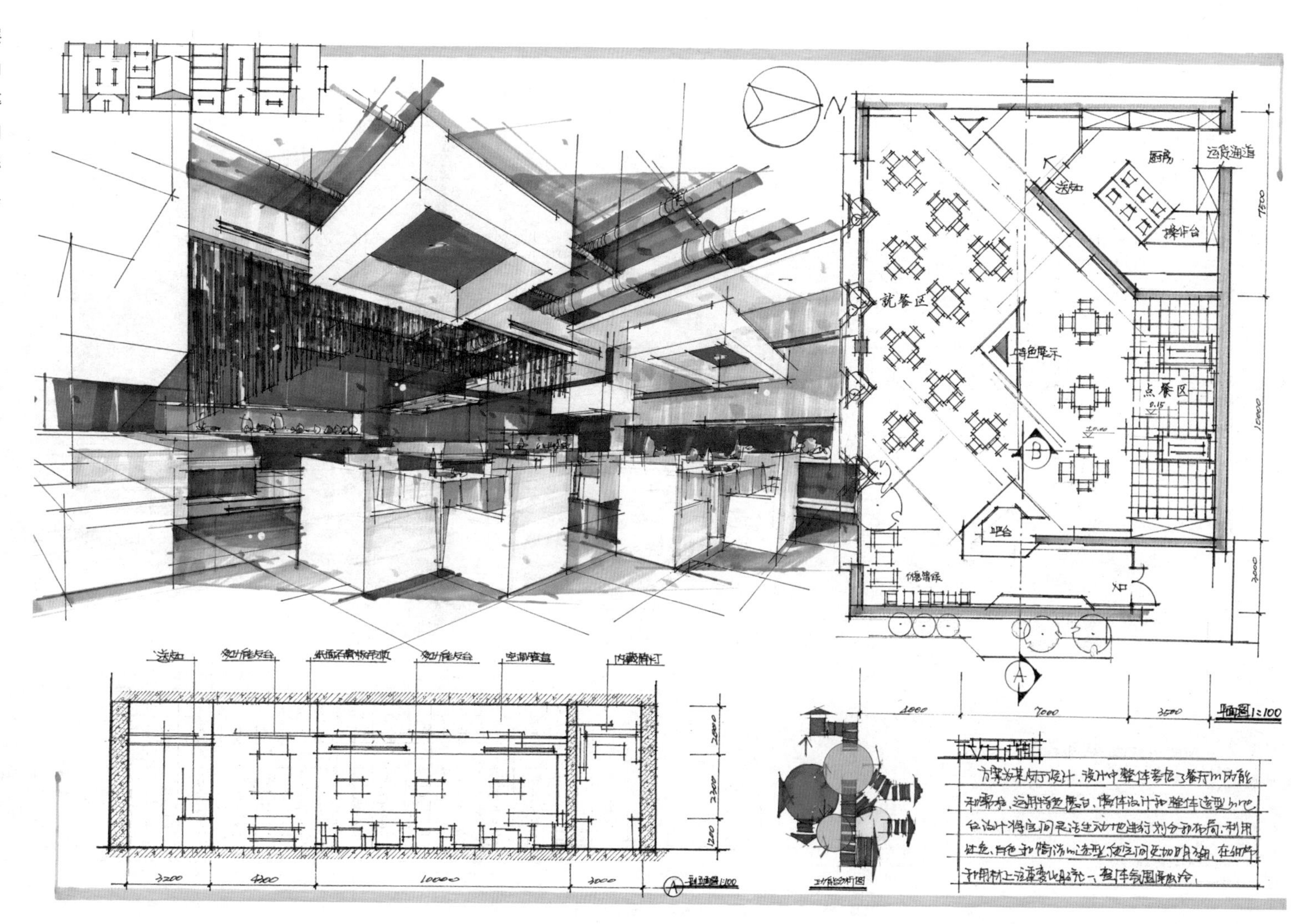

图 6-19　某快题考试学生试卷（十九）

试题 12　活动中心设计

某设计协会欲将 20m×12m 的旧厂房改造为会员活动场所。柱网轴线间距 5m（柱子截面 400mm×400mm），建筑物为混凝土框架，梁底净高 5.8m，南向为入口，并设置一定的室外活动空间。空间分割、墙体、门、窗等均可视需要自定，不设外围墙。功能包括：日常 2～3 人办公；定期举办学术沙龙及作品展；新书展览；咖啡茶座及开水间、库房、卫生间。

设计要求及评分标准：

（1）完成平面图并详细注明功能分区。（45 分）

（2）完成主要立面及剖面图，注明主要装修材料。（40 分）

（3）简单着色的透视图。（45 分）

（4）设计说明，文字不少于 300 字。（20 分）

点评：

方案灵活地运用台阶、隔断和家具变化来划分空间，结合空间功能的不断变化，形成了新颖的平面。室内外的空间转换自然，功能合理，运用空间家具和造型形成了明确的空间主体和独特的空间氛围。

剖、立面图的绘制完整准确，能够合理表达空间各造型间的关系以及设计细节的具体做法，完整地展现了活动中心的空间内容和特色，整体效果较为理想。

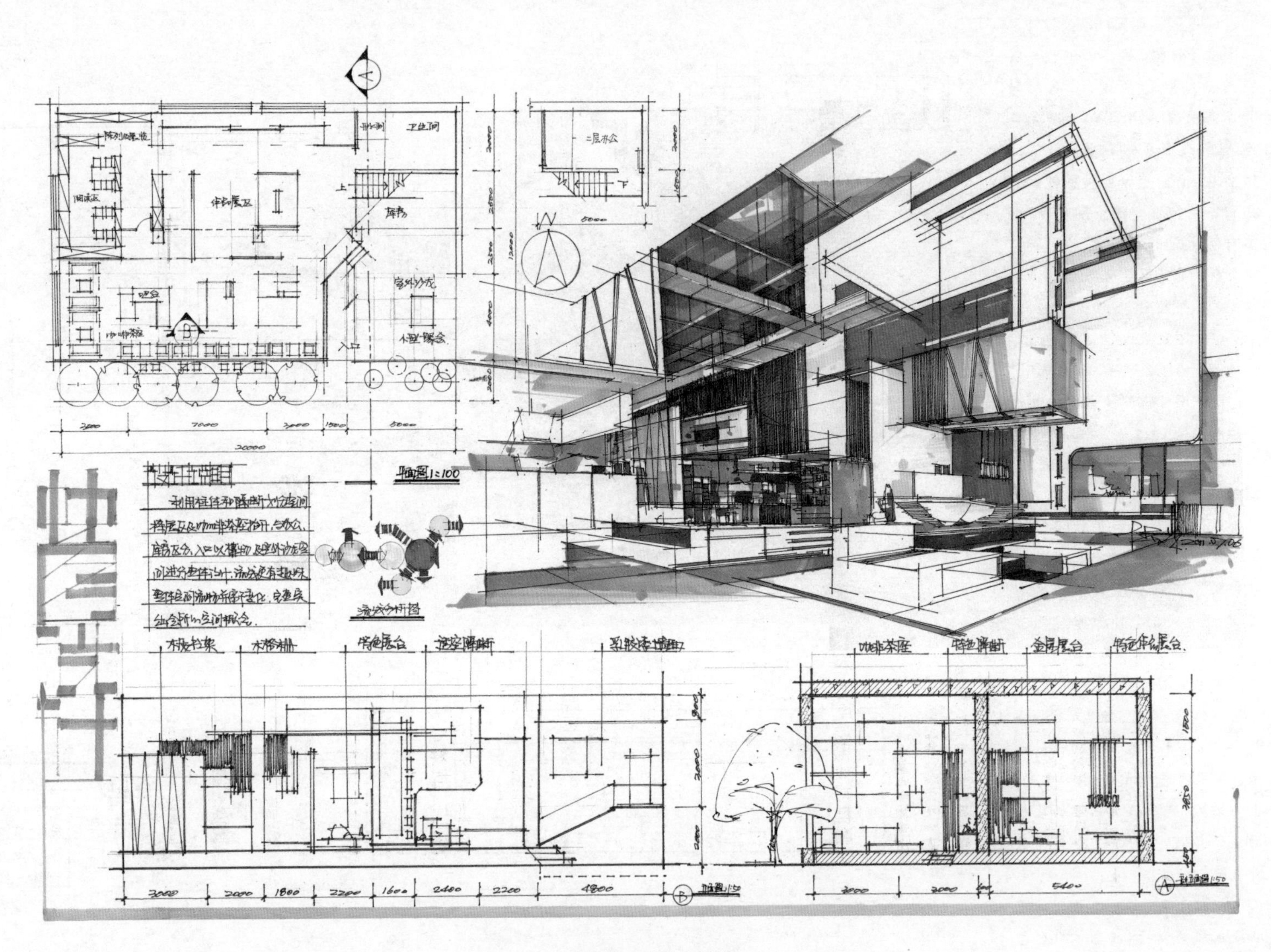

图 6-20　某快题考试学生试卷（二十）

试题 13　品牌展示设计

设计条件：在某高层商务楼的东南角，有一个由 600mm × 600mm 截面柱子阵列的空间。柱网轴线间距 8m，东西两跨 16m，结构层高 5.4m，梁底高 4.8m。东南两个方向为玻璃幕墙，西北两个方向为 10mm 厚石膏板轻质隔墙，均按轴线中心间隔。入口安排在北墙的任意位置。

答题要求及评分标准：

按照品牌展示的功能需求进行设计，包括接待、展示和内部简单办公等主要功能。

（1）平面图（包括地面的铺装及绿化设计）。（40 分）

（2）剖、立面图。（35 分）

（3）分析、设计说明。（25 分）

（4）透视效果图。（50 分）

点评：

能够灵活地组织展示内容，结合场地特点和功能内容将平面方案处理得灵活生动。平面功能合理，利用展柜、展台的方向和角度划分了紧凑连贯的人行流线，并合理区分了不同空间内容。效果图表达完整，能够突出表达空间设计内容；剖面图制图准确，内容完整；设计说明配合分析图阐述方案，整体的卷面效果比较突出。

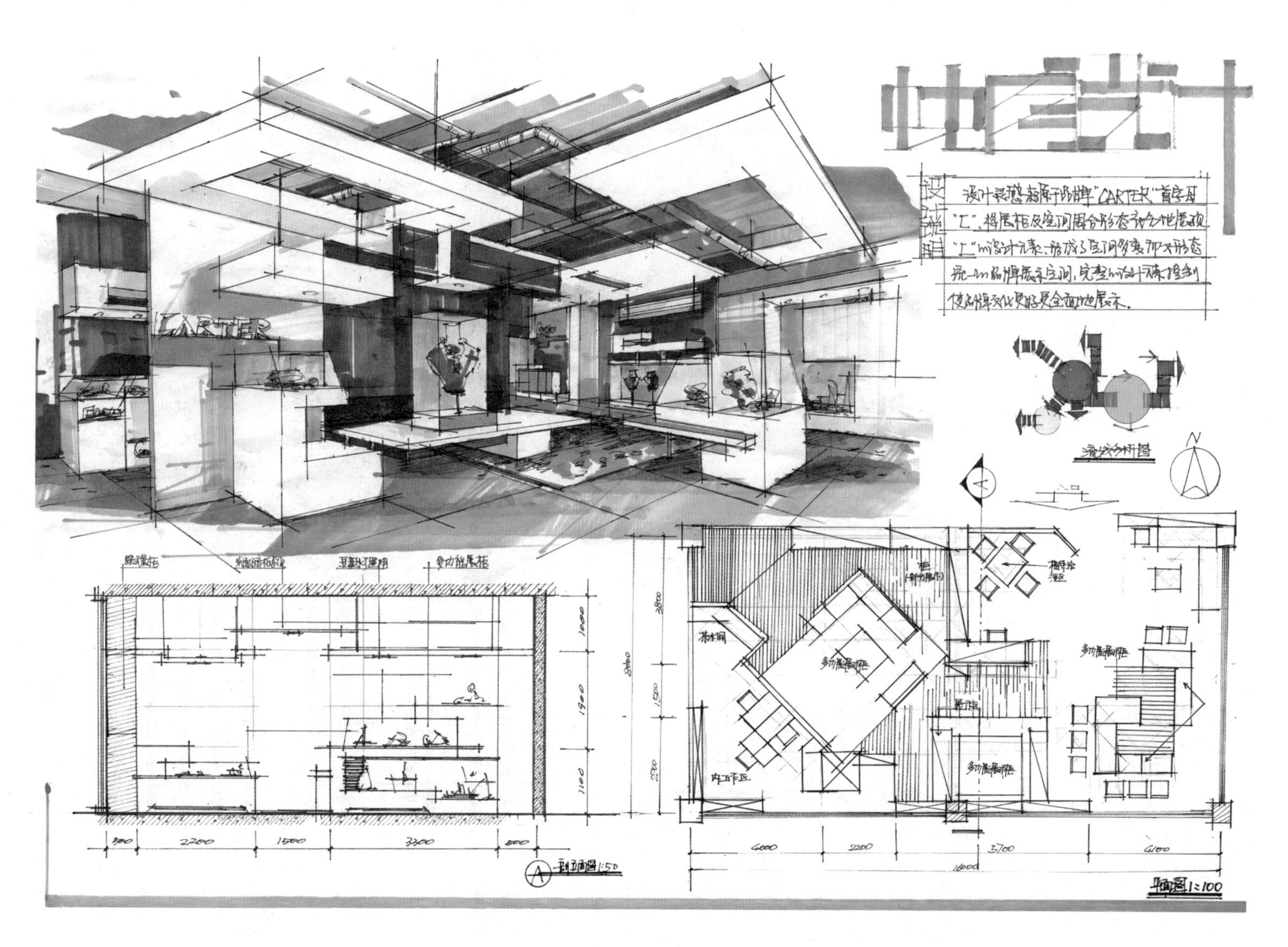

图 6-21　某快题考试学生试卷（二十一）

试题14 品牌展示设计

设计条件：某品牌在展会中租得一独立展位，方形空间 9m×9m，高 6m，东西两侧为其他品牌，以隔墙分割，南北方向为顾客入口。请为该空间做具体的展示设计，品牌、展示形式和具体的空间功能和内容均可自拟。

答题要求及评分标准：

(1) 平面图(包括地面的铺装及绿化设计)。(40分)

(2) 剖、立面图。(35分)

(3) 分析、设计说明。(25分)

(4) 透视效果图。(50分)

点评：

利用斜线将展位进行了划分，合理利用了不同大小的空间尺度，将空间功能内容进行了恰当的布置。制图标准，剖、立面图能够准确表达空间竖向的变化和层次，能够完整表达设计内容。

效果图透视准确、用色成熟、线条流畅，空间展示氛围浓郁，但是对于品牌特点和空间的具体形式表现得不够突出。设计说明和对分析图的绘制也略显草率。

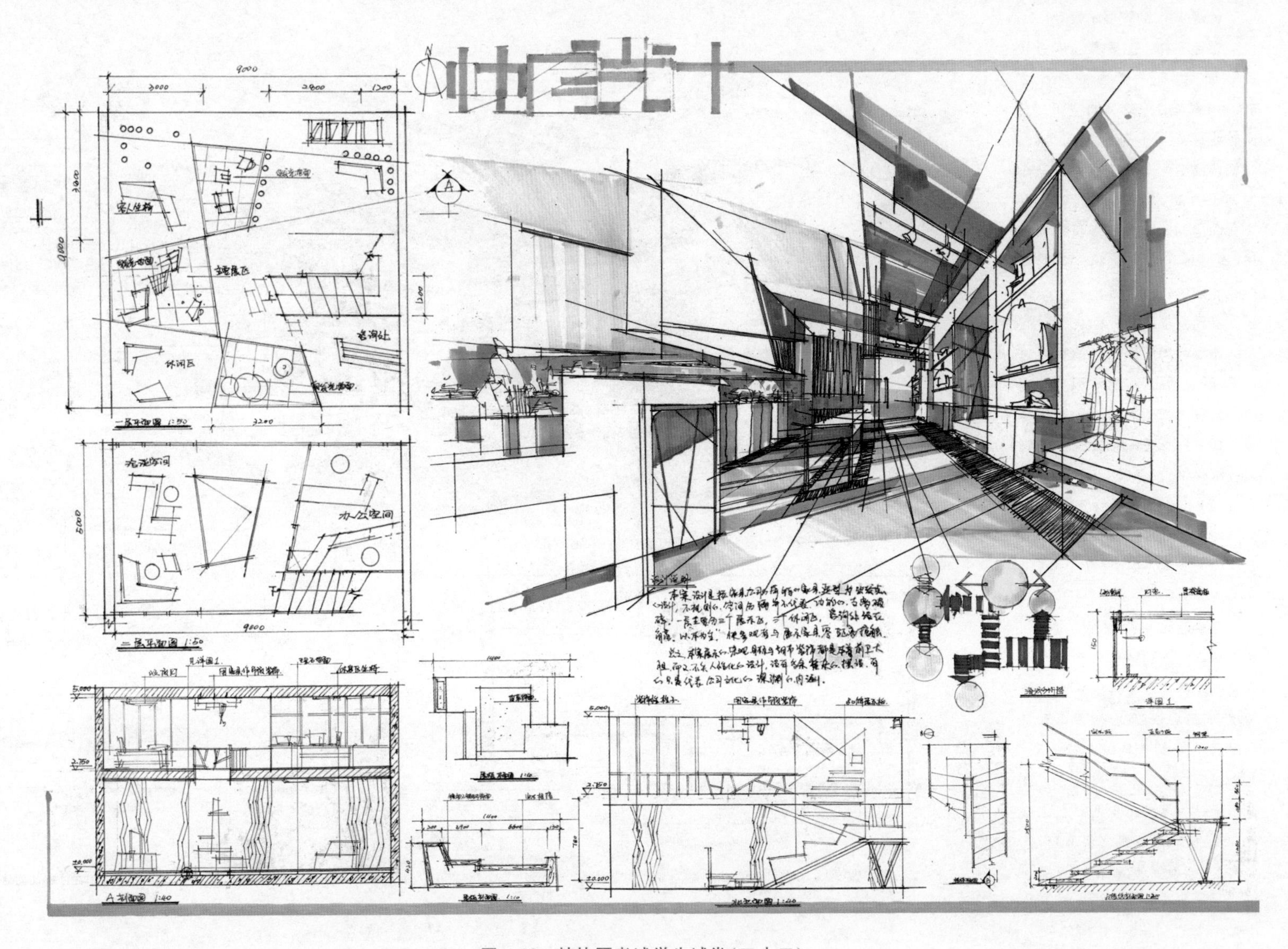

图 6-22 某快题考试学生试卷(二十二)

试题 15 展示环境设计

设计条件：某电子品牌在主题展会有一个 80m² 左右的中心展位，周围均为其他品牌展区，请为该空间做具体的展示设计，品牌、展示形式、具体的空间功能和内容均可自拟。

答题要求及评分标准：

（1）平面图（包括地面的铺装及绿化设计）。（40 分）

（2）剖、立面图。（35 分）

（3）分析、设计说明。（25 分）

（4）透视效果图。（50 分）

点评：

设计中能够明确表达平面形象，根据品牌产品的特点和具体内容来组织空间造型和展示形式。效果图表达整体，运用空间造型的变化和穿插变化营造了一个生动、明确的品牌展区。

平面方案中利用特色的展台设计将有限的空间进行了巧妙的划分，在满足空间展示功能的前提下还设计了互动展示空间。丰富的空间功能和生动的流线变化，结合表述清晰的剖、立面图将设计方案表达得较为完整。

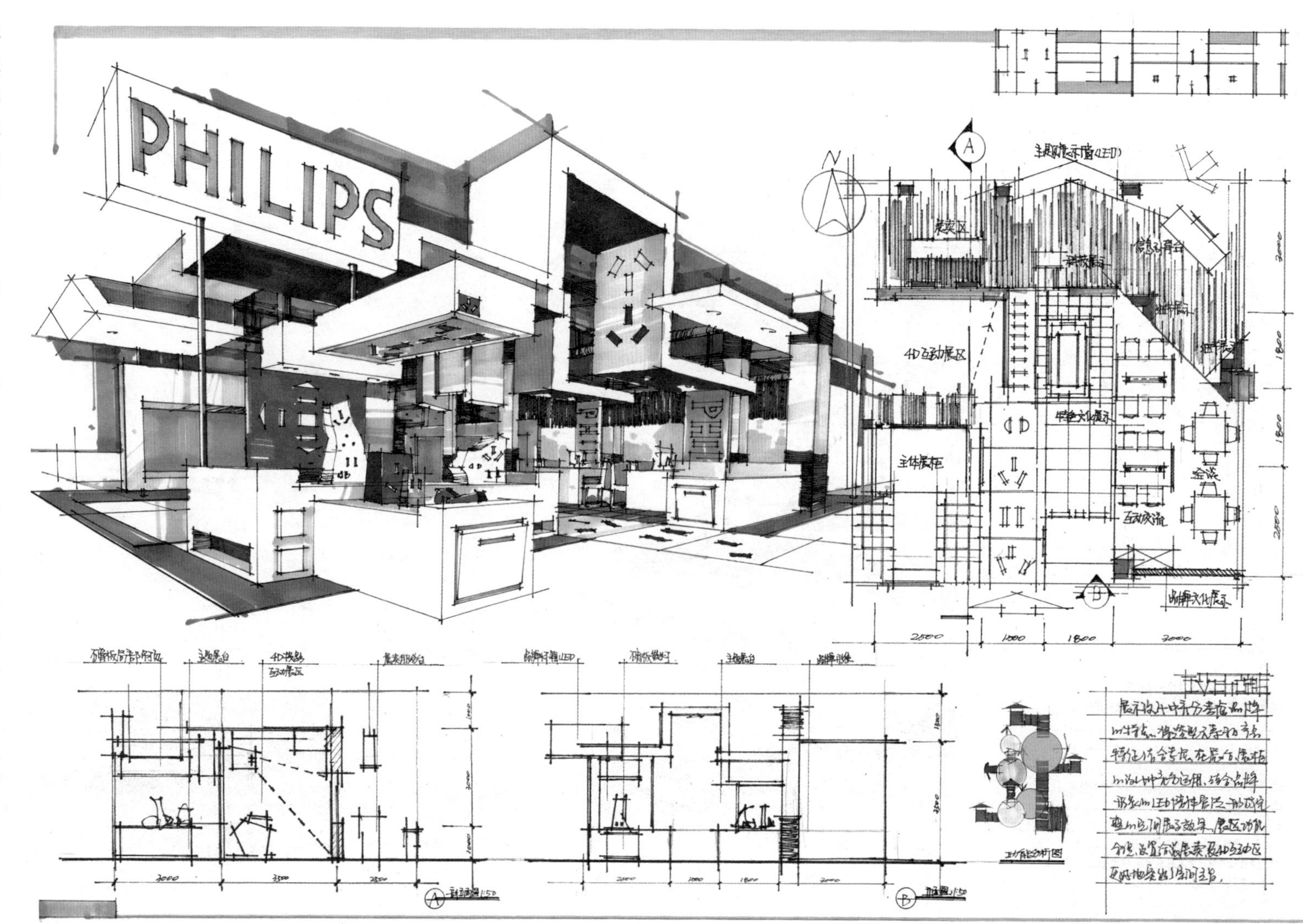

图 6-23 某快题考试学生试卷（二十三）

试题 16　展厅设计

室内场地：20m×20m，净高4m的独立展厅，展览内容为某设计专业毕业作品，任选作品形式进行设计。在空间中有一定的储藏面积，入口、通道、设备位置自定。根据展品特点，合理布置、组织参观路线。空间设有不小于30m² 的绿化中庭。

答题要求及评分标准：

考虑室内空间与人行流线关系；考虑展示需求，合理安排空间功能关系。照明设计应满足艺术品表现及观赏的要求。

（1）满足各种功能要求前提下有所创新，100 字设计说明。（40分）

（2）画出平面图、立面图和展厅彩色效果图。（80分）

（3）选一展柜画出剖面图（比例自定）。注明主要尺寸和使用材料。（25分）

（4）卷面安排合理。（5分）

点评：

方案设计能够合理划分功能空间，结合不同的功能和灵活的展台、展柜的设计得到了功能完整、流线合理且能够反映主题的平面方案。

立面图表达准确、完整，结合小透视得到了较好的效果。但是整体版面稍显不足，图纸间关系略显混乱，展示内容和特点的表达还很不足。

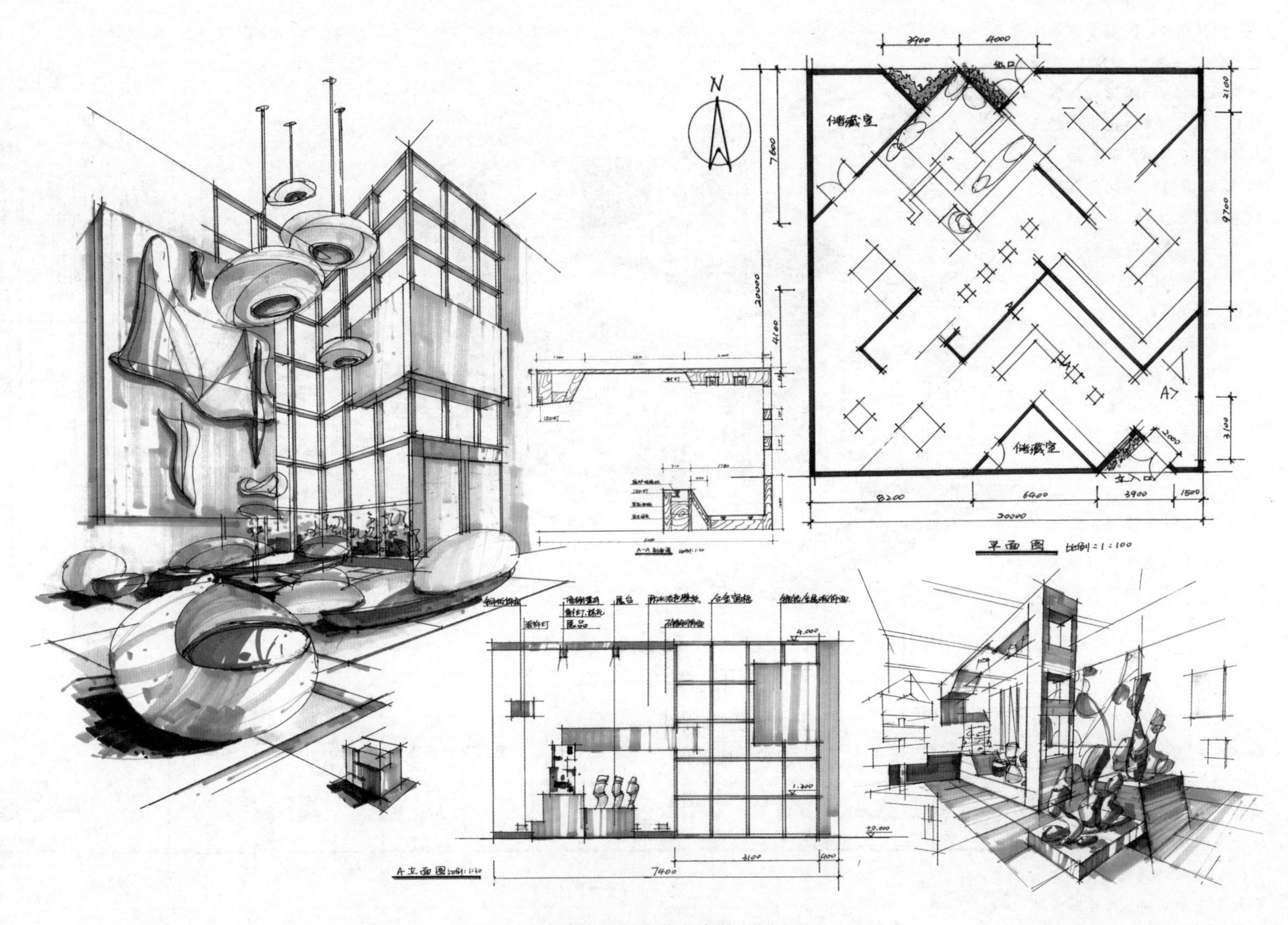

图 6-24　某快题考试学生试卷(二十四)

试题 17　某市中心商务区鲜花礼品店室内设计

房间长 1200cm、宽 600cm、高 330cm，在 1200cm 的南向墙面设置门窗，位置与尺寸自定。

答题要求及评分标准：

（1）按照制图规范，自选恰当的建筑结构方式，以合适的比例画出平面图和主要方向的剖面图。

（2）任选一个墙面，画出三维空间表现的立面图。

（3）平面布局合理，空间尺度比例适宜（50 分）；视觉形象新颖独特（50 分）；制图表现规范（50 分）。

点评：

方案设计能够在规则的空间内寻求变化，利用入口的方向和流线的变化来组织空间。在有限的面积内营造出了合理的空间关系和尺度，而且平面方案紧凑合理又有一定的原创性。

空间展示内容琐碎，效果图利用合适的透视角度和设计手段，充分表达了空间的内容和设计特点。配合制图准确的剖、立面图整体表达了设计方案的具体思路和整体空间效果。

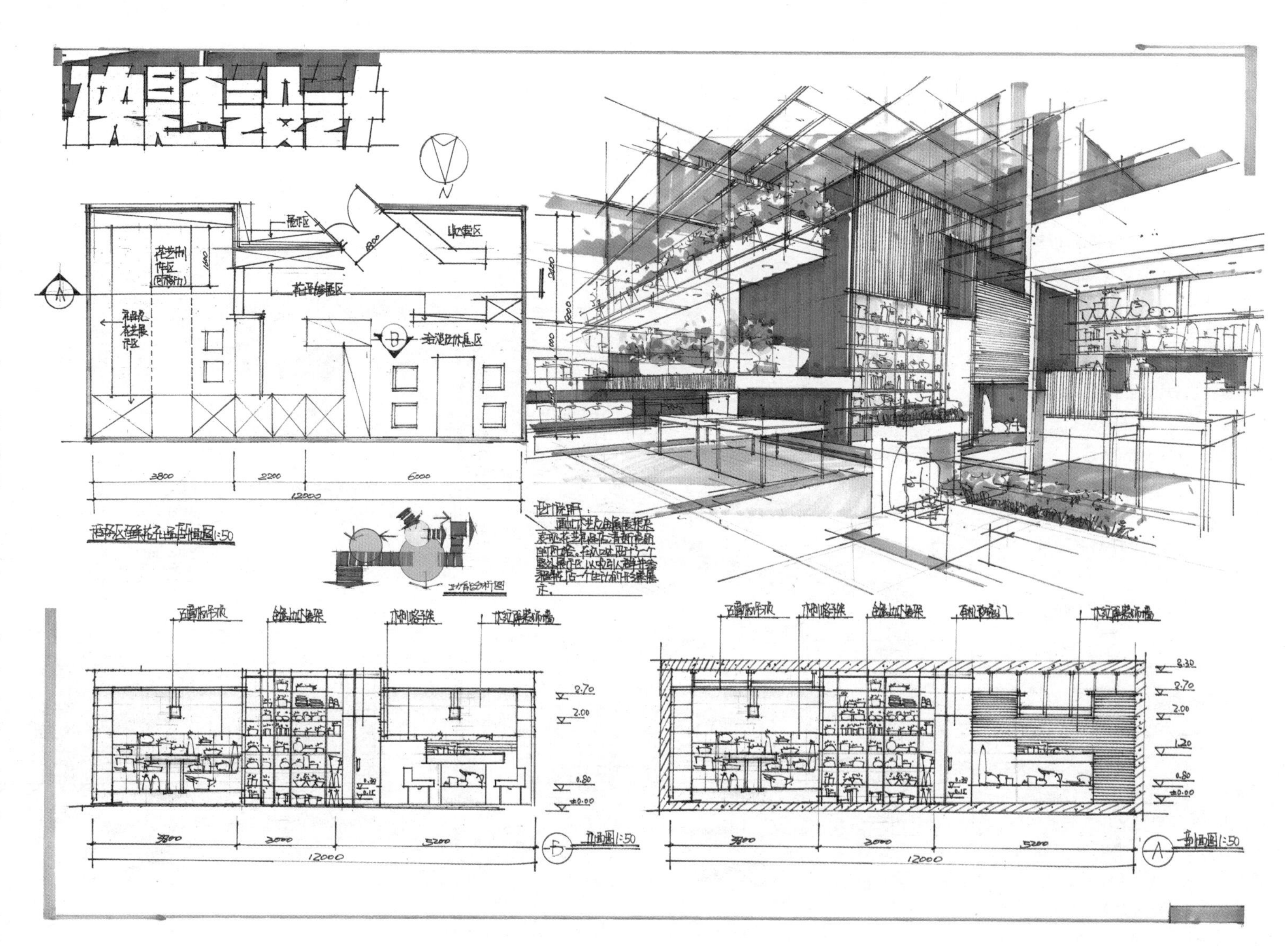

图 6-25　某快题考试学生试卷（二十五）

试题 18　家具专卖店设计

设计条件：某商务楼的 3 层东南角，有一个由 600mm × 600mm 柱子阵列的空间。柱网轴线间距 8m，东西两跨 16m，层高 5.4m，梁底高 4.8m。东、南两个方向为玻璃幕墙；西、北两个方向为 10mm 厚石膏板轻质隔墙，均按轴线中心间隔。入口安排在北墙的任意位置。

答题要求及评分标准：

（1）按照品牌家具专卖店的功能进行设计，包括接待、展示、办公等主要功能，同时设计起居室、卧室、书房 3 个样板间。工作人员数与功能空间设置以及空间风格形式自定。

（2）要绘制 1∶50 的平面图、天花图，任选角度并简单着色的透视图 2 幅，列出装修材料清单（50 分）。

（3）空间功能设置（50 分）；空间艺术表现（50 分）。

点评：

平面方案能够结合家具展示空间特点进行布局，运用入口的特殊造型和不同的方向展柜的设计将空间划分出了不同的功能。效果图透视准确，并将展示空间特征和家具展示内容都表现得很完整，配合制图规范合理的剖、立面形成了良好的卷面效果。

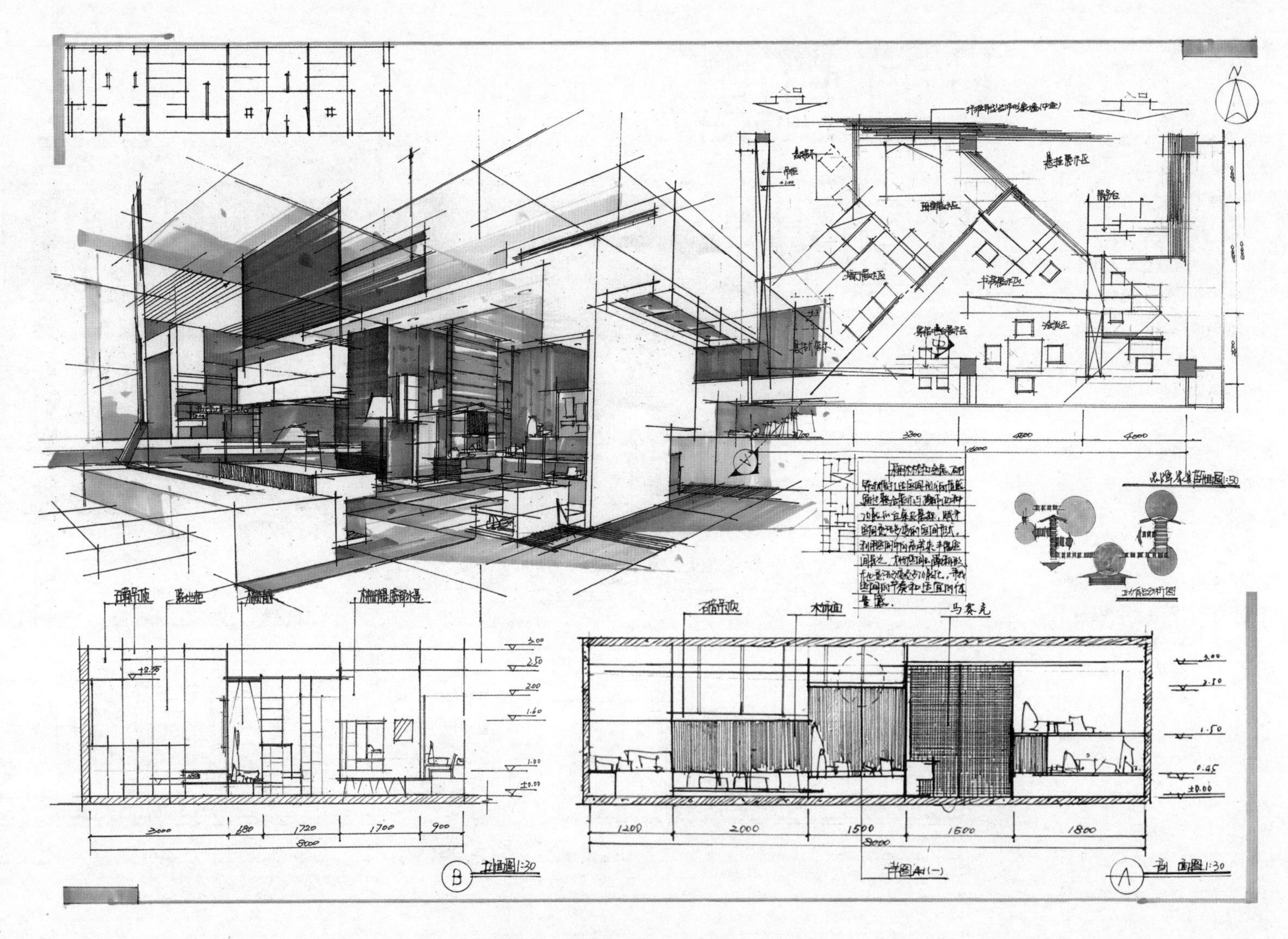

图 6-26　某快题考试学生试卷（二十六）

试题 19　旋转楼梯设计

大型展馆举办现代品牌家具主题展示，具体展品形式自定。9m×9m 方形展位，每层高 2.5m，一层为产品展示和接待；二层为办公及洽谈。要求合理展示品牌形象，空间具备个性。请设计一个旋转楼梯合理连接两层空间，具体材料结构自定。

答题要求及评分标准：

（1）平面图，主要方向剖面图，节点详图，主题展柜三视图。

（2）楼梯所在位置的立面图，标明楼梯和周边环境的关系。旋转楼梯的效果图、平面图、立面图。楼梯竖向剖面结构详图。

（3）制图标准规范（40 分）；结构与材料应用合理（40 分）；效果表达与设计创意（70 分）。

点评：

旋转楼梯是比较难的考点，考生在练习时很少关注。该卷在设计上能够结合空间布局，将旋转楼梯和整体展示空间巧妙结合，做到了主题突出。平面布局紧凑完整并具有一定的创意，结合楼梯的三视图将整体的思路表达得比较完整。效果图透视准确但略显刻板，没能够突出楼梯的设计和空间特点。但总体效果比较突出，是一张优秀的试卷。

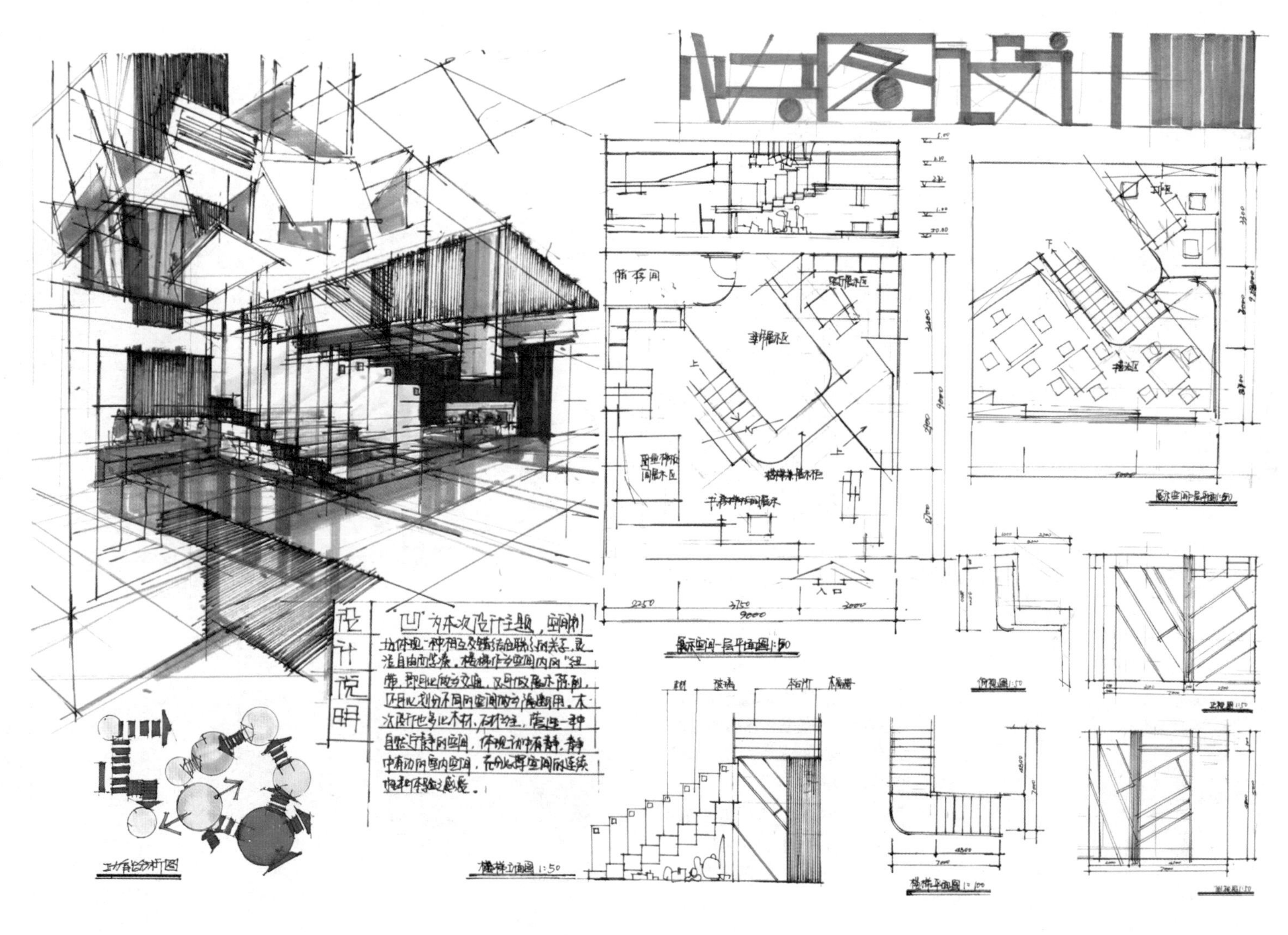

图 6-27　某快题考试学生试卷（二十七）

试题 20　家具体验馆设计

设计条件：现有一个废旧工厂车间欲改造成为家具生产加工体验区，拟在内部增加一个子空间（10m×10m，高 8m），以满足某校家具设计专业学生的考察学习需要。要求增建内容能满足 20 个学生的学习体验和工厂人员的指导交流需要，使用玻璃作为维护材料，具体的门窗入口尺寸、结构形式及周围附属功能和内容可自拟。满足功能要求的前提下，要富有创意。

答题要求及评分标准：

（1）平面图及主要方向的剖、立面图，并标注主要用材和制作方法。（80 分）

（2）设计说明和设计构思示意分析图。（20 分）

（3）透视效果图。（50 分）

点评：

大胆地将规矩的平面进行倾斜，形成了开放式的入口形式，再结合自由灵活的墙体、隔断和家具的设计，形成了富有创造性的室内平面方案。剖、立面图的制图准确规范，全面表达了空间的立面特点，配合设计说明和分析图，设计理念十分清晰。效果图选择鸟瞰的形式表达，透视准确并刻画出了空间的尺度特点，但是对空间具体形式的表达略显薄弱。

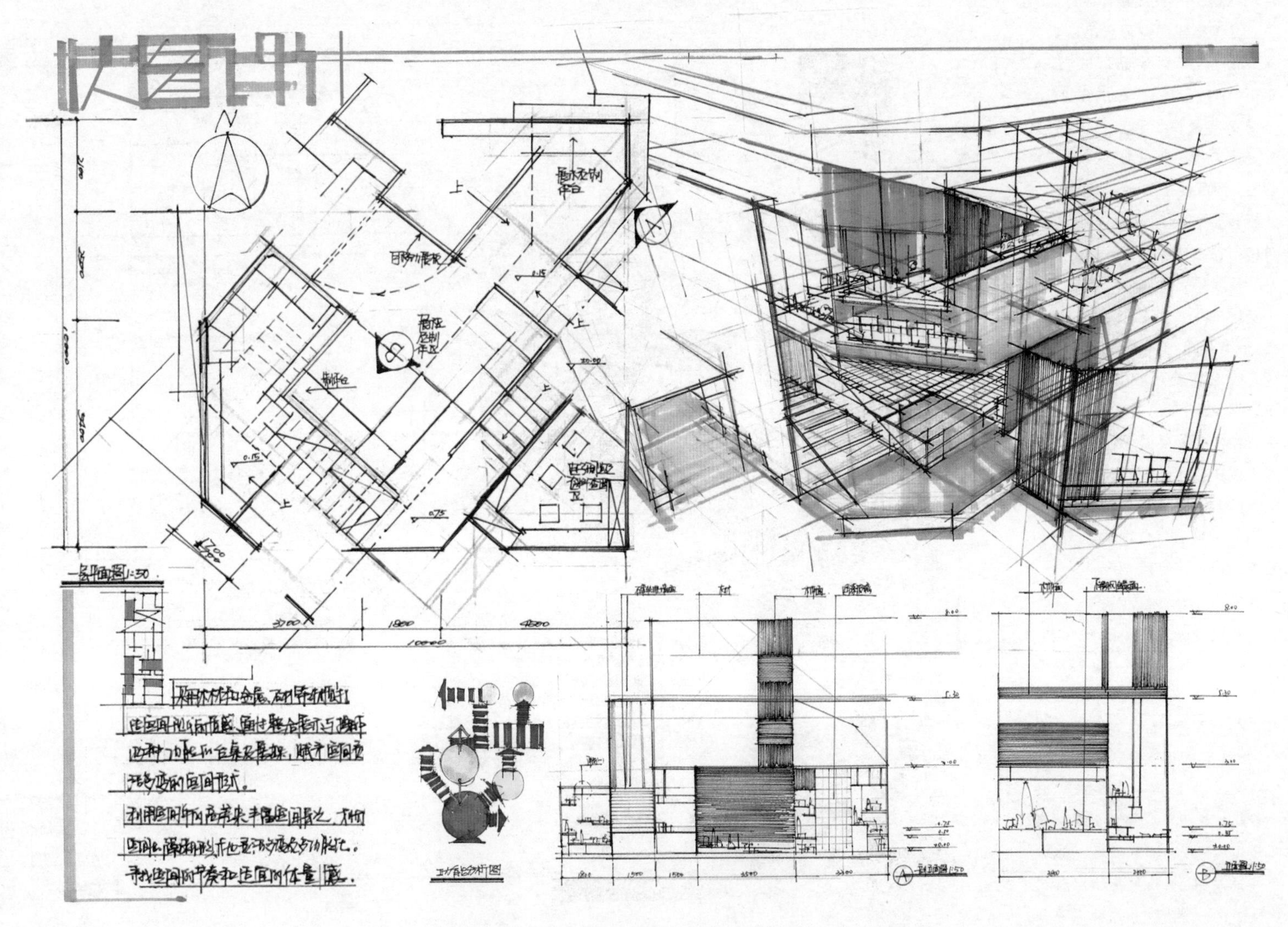

图 6-28　某快题考试学生试卷（二十八）

试题 21　工作室设计

建筑条件：一居单元，平面 8m×8m，层高 5m，其中一个边设入口，另一个边为采光，平面内设厨卫，以 1～2 人居住为准，其他条件不限，要求考虑工作室办公使用和居家功能的结合。

答题要求及评分标准：

(1) 平面图。(40 分)

(2) 主要剖、立面图。(35 分)

(3) 细部节点详图，标明主要的尺寸及材料，写出设计构思说明，绘出分析图。(25 分)

(4) 透视效果图(表现技法不限)。(50 分)

点评：

空间紧凑而且具备完整的室内功能，设计难度较高。方案设计将空间划分为两层，合理地划分了办公和私密空间，充分地利用了有限的面积。在满足功能要求的前提下又有一定的设计新意。灵活可移动的家具使空间功能有全新的思路，结合清晰的分析图和示意图能够将设计表达得很充分。

效果图虽略显刻板但绘制完整、细节丰富，配合绘制准确、细节突出的剖、立面图将设计表达得比较完整。

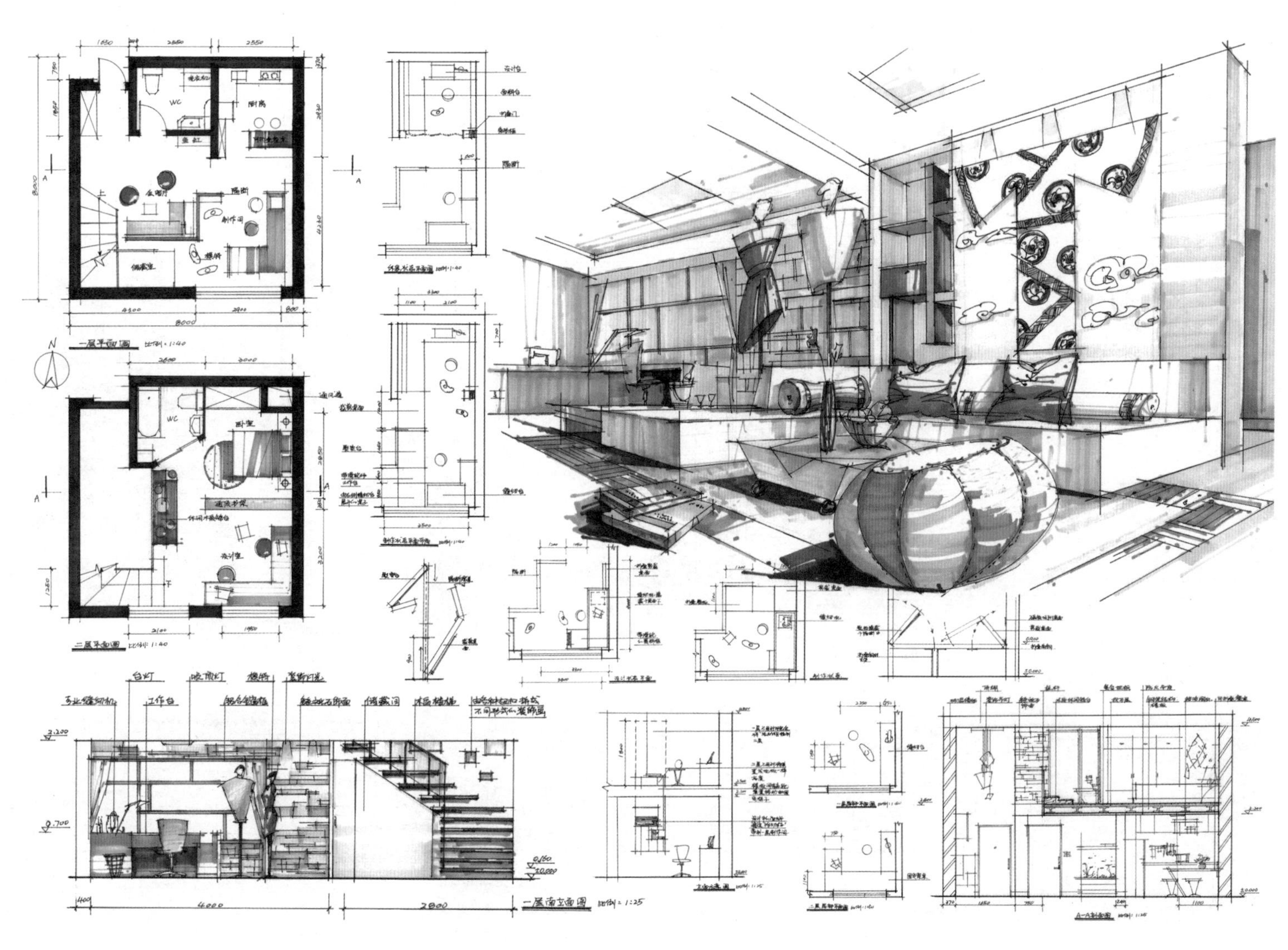

图 6-29　某快题考试学生试卷(二十九)

试题 22　服装工作室设计

设计条件：某建筑内部的南侧作为服装设计工作室，长宽为20m×11m、高 4m，考虑服装设计工作特点和工作室运营需要的功能内容，以设计总监的工作区为核心进行功能的安排，具体的功能内容和门窗入口形式可自定。

答题要求及评分标准：

（1）平面图。（40 分）

（2）主要剖、立面图。（35 分）

（3）分析图和设计说明。（25 分）

（4）透视效果图。（50 分）

点评：

效果图表现充分，在家具设计、空间细节和具体功能的处理上都能够突出表现服装设计师的工作特点，充分展现了空间的陈设特点和设计师的工作状态，设计效果理想。

平面方案能够结合服装设计师的工作特点进行布局，合理地安排了空间功能，形成了紧凑的行为动线和空间内容，不仅满足功能需要而且强调创意，方案具有一定的原创性。准确规范的剖、立面图及动感的平面图和丰富的效果图共同形成了理想的卷面效果。

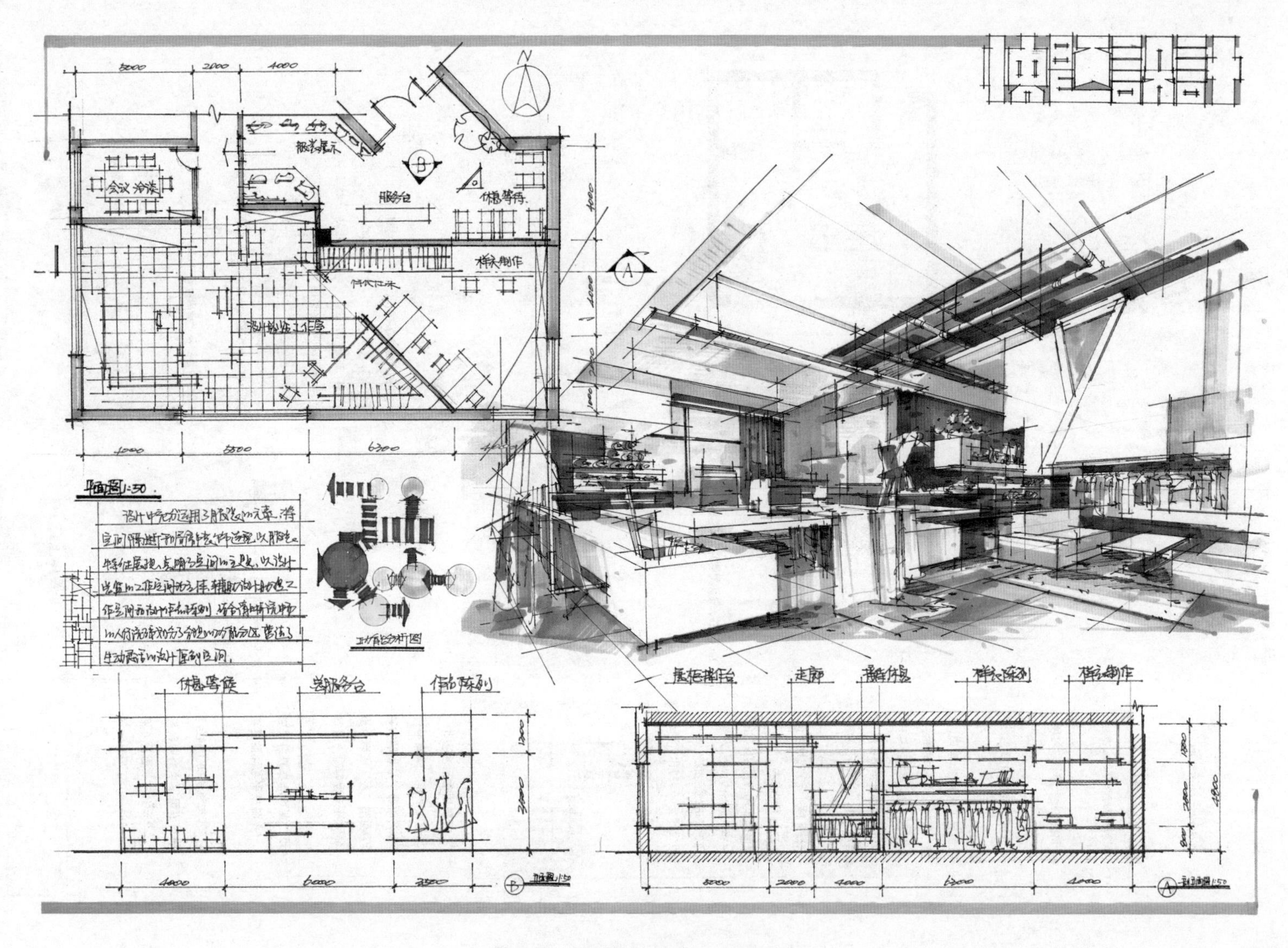

图 6-30　某快题考试学生试卷（三十）

试题 23　景观设计

设计条件：某书店建筑外有一块 50m×20m 的空地，请结合建筑功能做室外公共环境设计，具体的内容自定。

答题要求及评分标准：

（1）平面图（包括地面的铺装及绿化设计）。（40 分）

（2）剖、立面图。（35 分）

（3）分析图、设计说明。（25 分）

（4）透视效果图。（50 分）

点评：

景观设计结合建筑形态进行布局，运用道路和场地的大小变化组织平面方案。公共环境功能丰富且主题突出，形成了功能合理又具有变化的书店庭院景观。

效果图透视准确，能够充分表达场地的设计内容，刻画了丰富的地面铺装、照明设计和空间设施，营造了空间氛围。

剖、立面图层次分明，完整体现了空间设计内容的关系，全面反映了设计方案的特点。整体版面新颖，主题突出，效果完整。

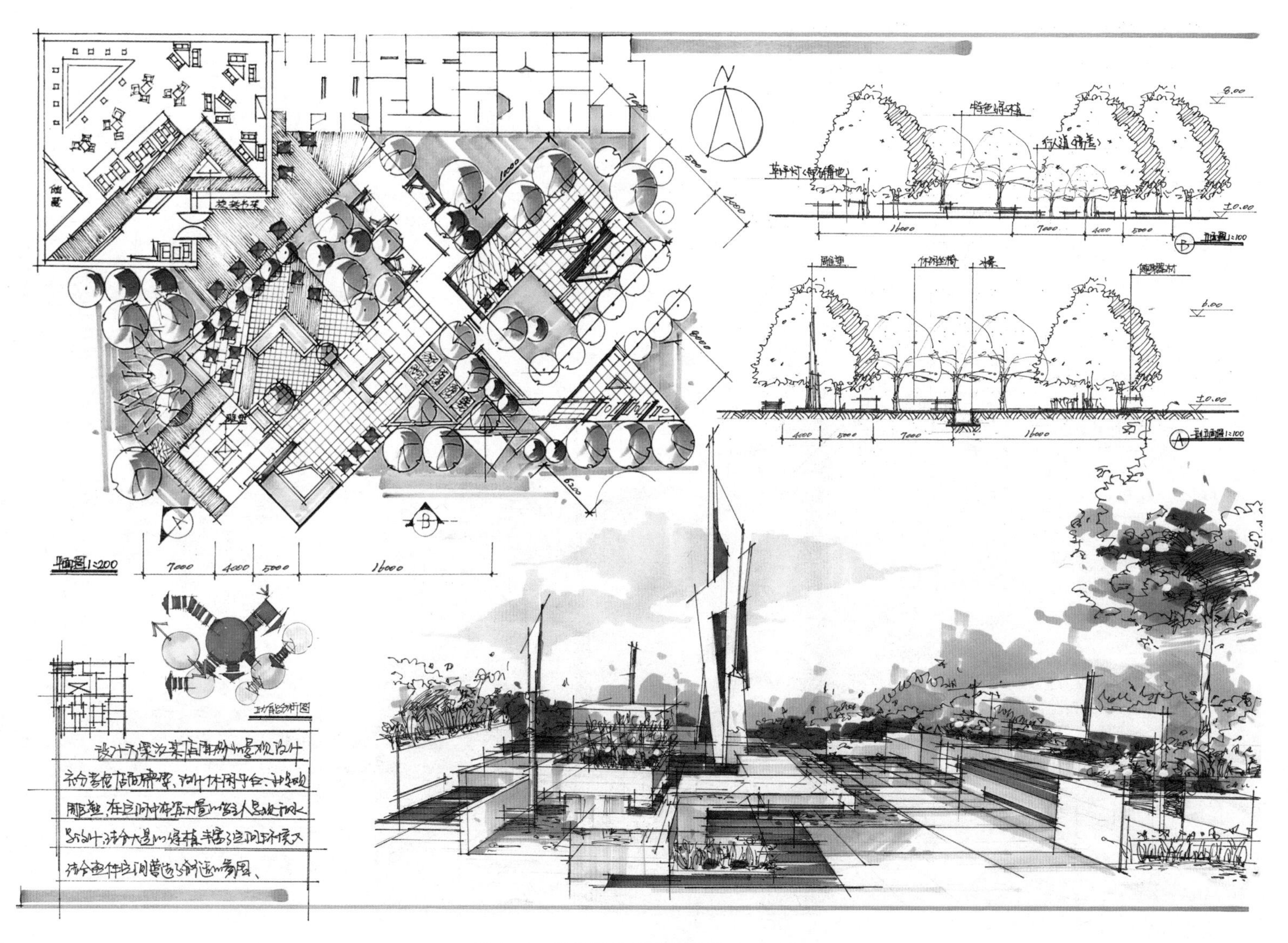

图 6-31　某快题考试学生试卷（三十一）

试题 24　休闲广场设计

设计条件：某休闲广场南北长 50m，东西长 30m，请为该广场做景观设计。要求能够提供休闲、游玩、健身机人际交流的功能，并且具备一个主题景观，突出空间特点。

答题要求及评分标准：

(1) 平面图，标注主要尺寸，比例自定。(40分)

(2) 剖、立面图。(20分)

(3) 分析图，构思创意。(50分)

(4) 透视效果图，表现技巧、效果。(40分)

点评：

广场设计巧妙布置了不同方向的出入口设计，结合不同尺度的功能分区和场地的设计，形成了主次分明的人行流线和变化丰富的节点空间。配合灵活的水体设计和主题突出的构筑物，形成了完整的景观方案。

效果图的表现透视合理、笔触灵活多变，对空间中主题雕塑、空间内容和设计细节的刻画生动而活跃，能够完整展现景观空间的特点和设计氛围。结合准确的剖面图、设计说明和良好的版面效果全面展现了设计思路。

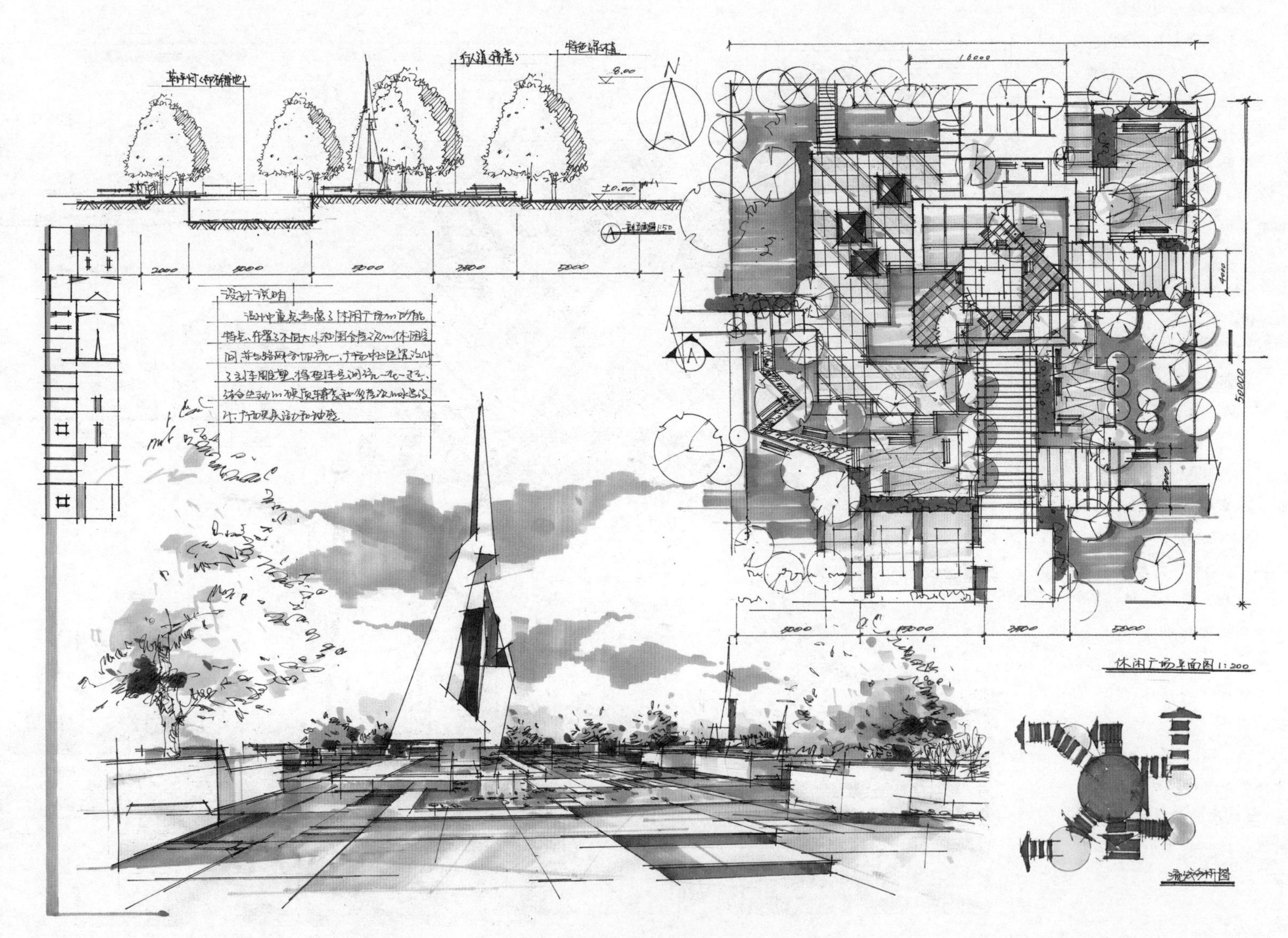

图 6-32　某快题考试学生试卷(三十二)

试题 25 市中心商业区景观设计

为市中心商业区 80m×80m 的广场做景观设计，广场周边均为商业建筑。

设计条件：广场周边为商业购物中心和办公建筑。广场需要供游人休闲散步和城市的文化传播，设计要考虑与周围建筑的关系。不设建筑物和过高的设计元素，只考虑硬质铺装、休闲小品、绿化和水景观。

答题要求及评分标准：

（1）按合适比例画出平面图和主要方向的剖面图。

（2）画出广场主要的透视效果图，简单着色。

（3）以图解方式对交通功能和空间景观进行简单分析，写出设计说明。

（4）布局合理，平面交通与功能设置合理（40 分）；效果图表现（50 分）；空间比例尺度准确，制图规范（30 分）；设计说明及空间分析（10 分）；设计构思新颖独特（20 分）。

点评：

设计方案灵活运用景观小品的设计来协调空间，休闲坐椅结合空间照明形成了独特的设计特点。效果图运用合适的角度和成熟的技巧完整地表达了空间氛围。独具特色的剖、立面图结合功能完善、功能合理的平面图共同表达了方案的设计思路，并得到了理想的卷面效果。

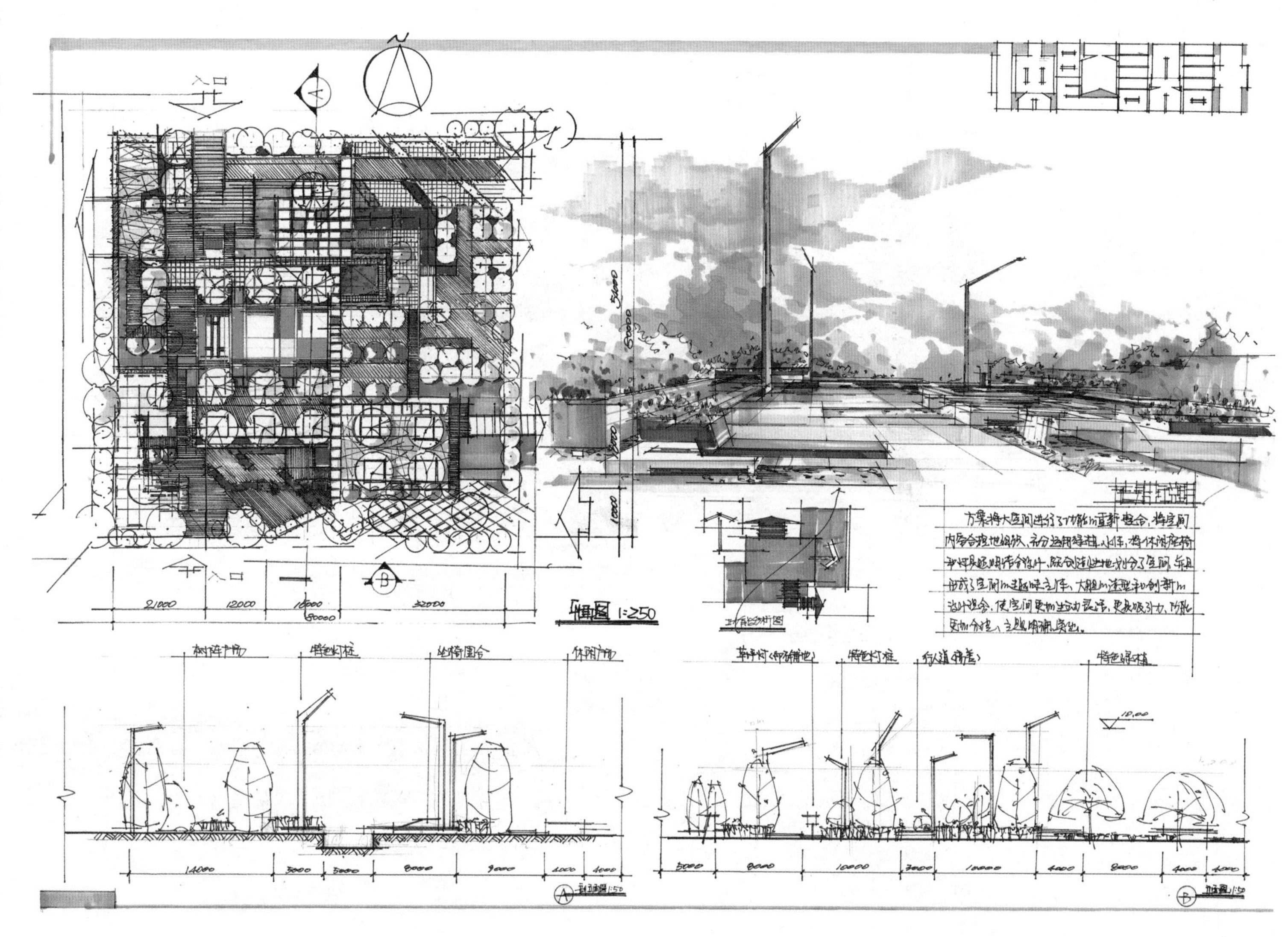

图 6-33 某快题考试学生试卷（三十三）

试题 26　休闲广场设计

设计条件：某园区内部有一休闲广场，场地尺寸 30m×20m，请为该广场做景观设计。要求能够提供休闲、游玩及人际交流的功能，并且能够满足园区内部的观景、交流的空间需要。

答题要求及评分标准：

（1）平面图（包括地面的铺装及绿化设计）。（40分）

（2）剖、立面图。（35分）

（3）分析图。（25分）

（4）透视效果图（透视角度、表现技法不限）。（50分）

点评：

景观平面设计功能划分合理，流线生动紧凑，利用不同尺度的场地空间和简洁的人行流线设计，合理地组织了植物和绿化的设计，形成了富于变化的休闲空间景观。

剖、立面图能够准确表达场地特点，结合设计说明和分析图全面阐释了设计方案的具体思路。

效果图构图合理，透视准确，色彩运用成熟，笔触和线条流畅，能够突出展现设计方案中的休闲空间的主题特点和景观设计的概念。

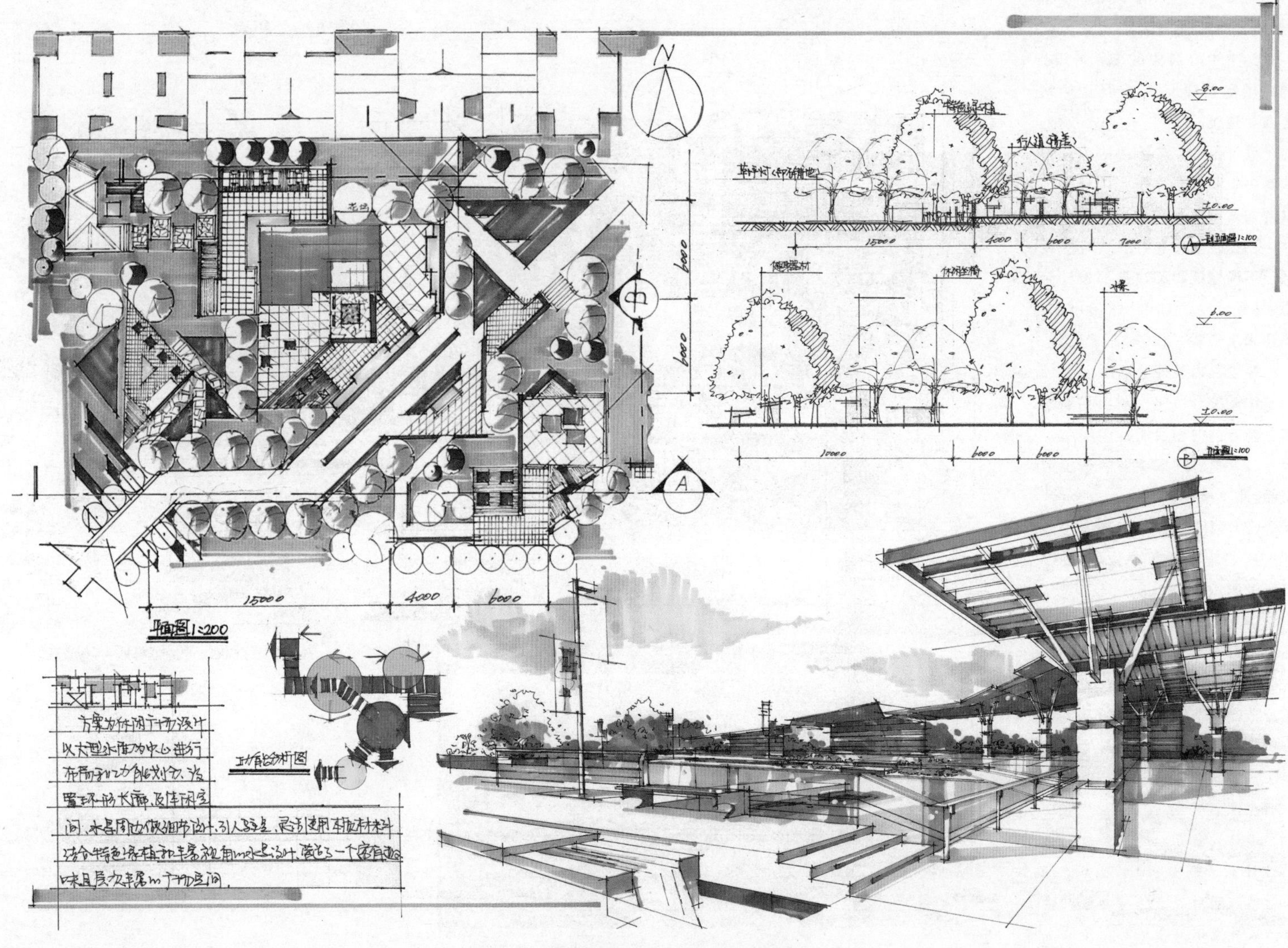

图 6-34　某快题考试学生试卷（三十四）

试题：同上。

点评：

平面设计并没有受到题目中刻板的场地尺寸的限制，而是选择模糊场地边界，重点突出场地中心。利用丰富多变的流线设计和不同大小尺度的休闲空间场地形成了生动的平面方案。场地中详细的铺装设计和不同大小的水体、家具设计让空间变得细腻而生动。

效果图充分利用空间特点，设计了主题雕塑，并结合灵活的色彩和丰富的空间内容刻画出生动的空间特点。结合规范的剖、立面图和设计说明完整诠释了设计方案和思路。

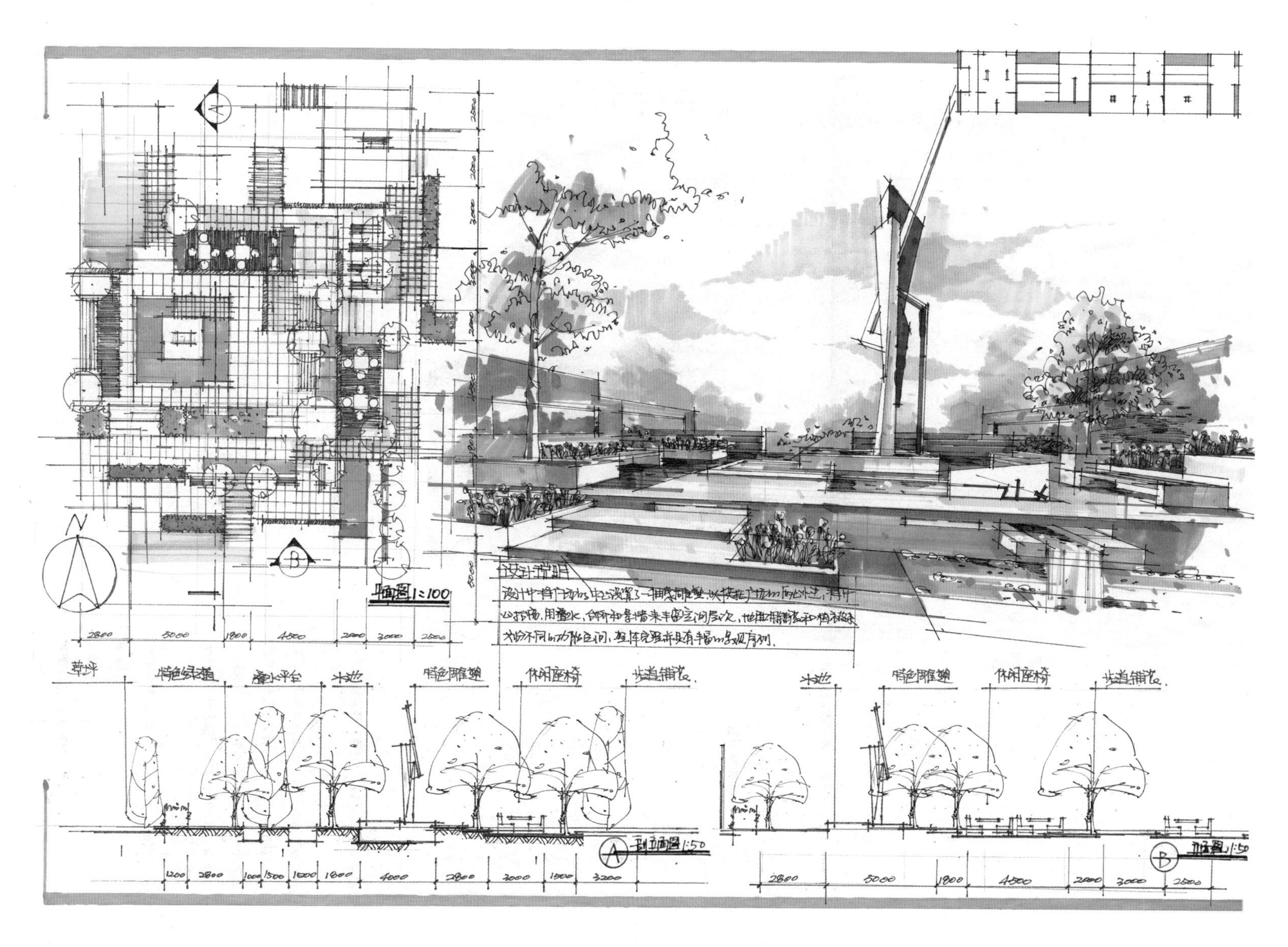

图 6-35 某快题考试学生试卷(三十五)

试题：同上。

点评：

在有限的空间内，设计了高差变化并增设零售亭及休息空间，利用高差设计了水体，进一步划分了场地功能。运用绿篱和植物的围合、变化，配合生动的地面铺装再次限定了空间内容，形成了休息空间和交通空间的明确划分，平面图层次清晰明确。

效果图透视准确，尺寸表达合理，能够充分体现休闲场地的设计特点，主题突出。运用灵活的笔触和线条，生动地表现了景观空间的氛围和设计理念，卷面的整体设计效果良好。

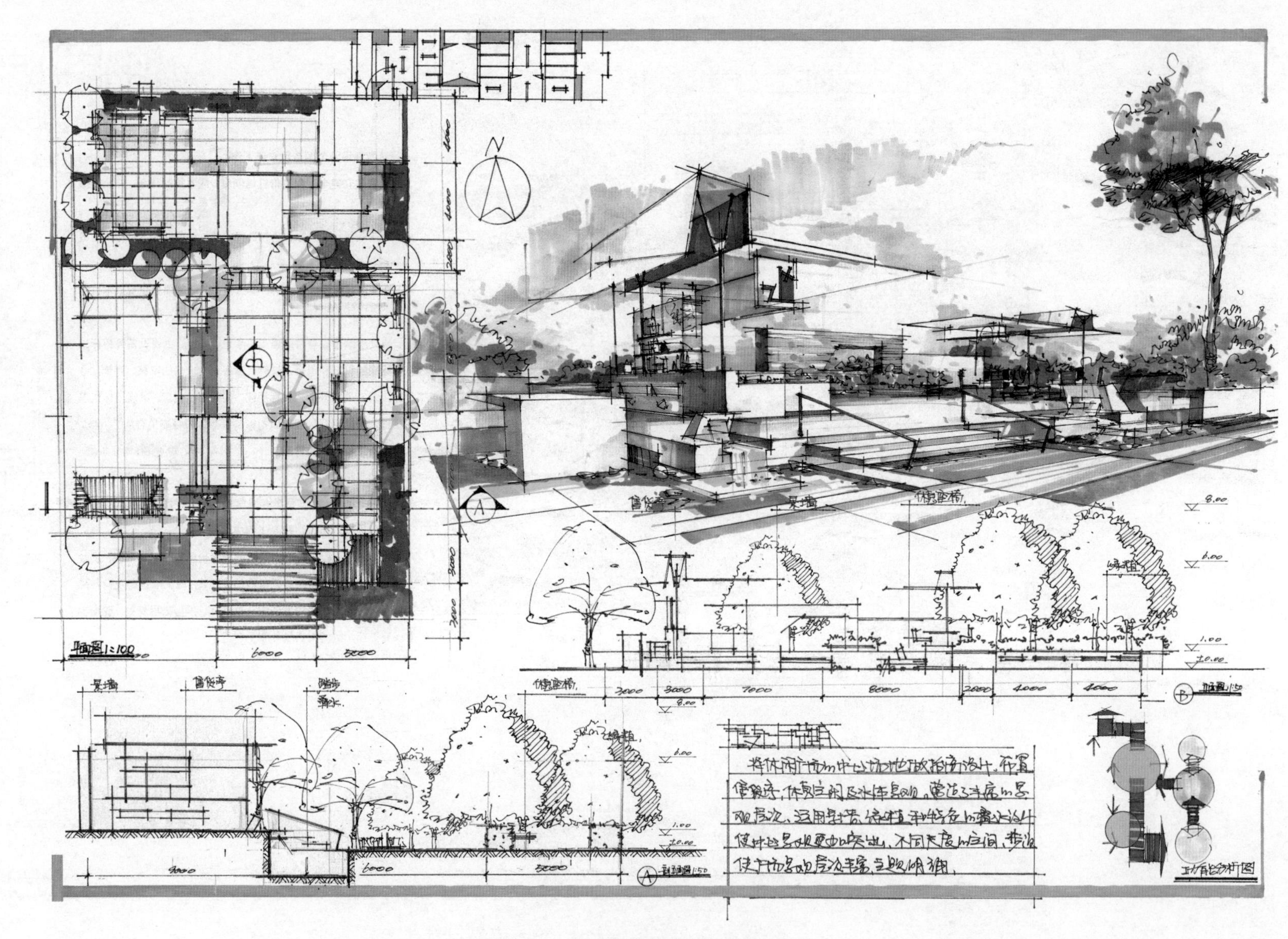

图 6-36　某快题考试学生试卷(三十六)

试题 27　公共环境设计

以 12 面长 5m、厚 0.3m、高 2.4m 的墙体(材料自定)，20 根高 3m、直径 0.3m 的柱子为元素，在南北 30m、东西 20m 的室外场地(见图)做室外公共环境设计(现代艺术展示为主)，至少两面墙体做立面装饰设计，并设计一种柱子样式。

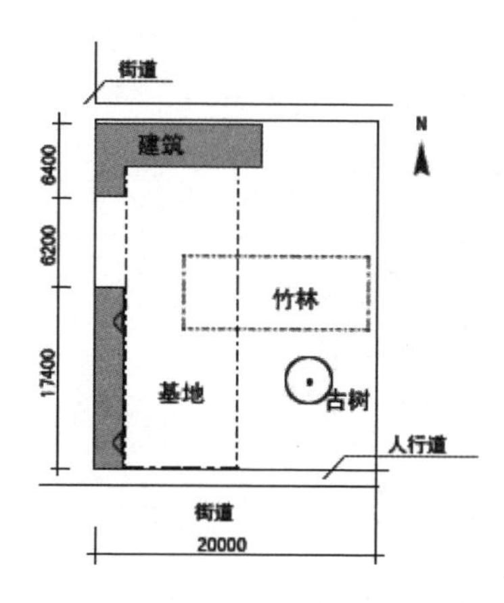

答题要求及评分标准：

(1) 平面图(40 分)。

(2) 剖、立面图(35 分)，分析图(25 分)。

(3) 透视表现图(50 分)。

点评：

方案能够灵活运用墙体和柱子进行布局，形成了具有创意的平面。对墙体和柱子的具体样式做了详细的分析，示意图绘制准确合理，完整表达了方案。但是效果图的表达略显草率，无法突出设计特点。

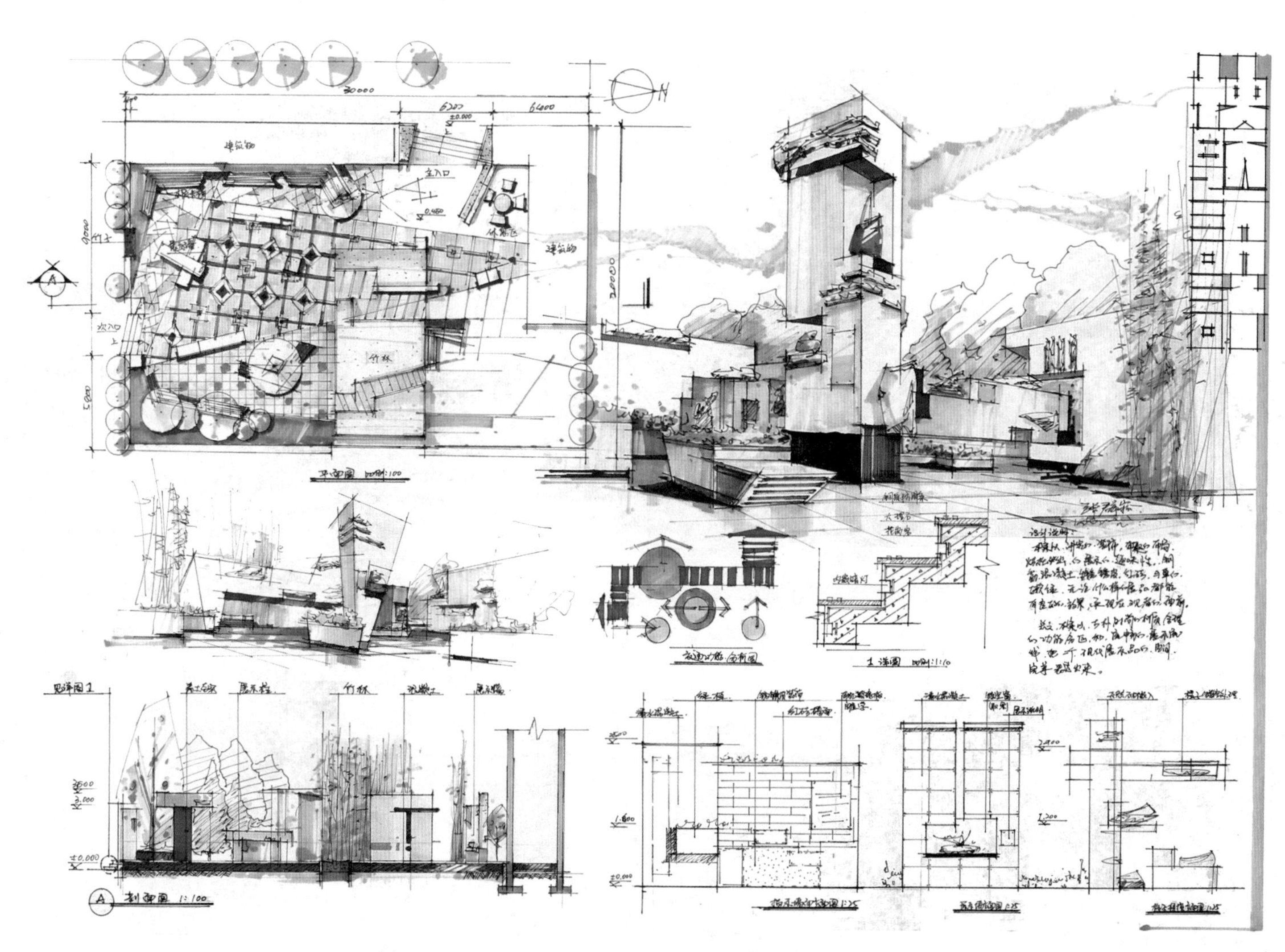

图 6-37　某快题考试学生试卷(三十七)

试题 28　建筑入口设计

设计条件：某展馆建筑，一层主入口尺寸 4m×6m，挑高 3.5m，同围墙形成一东西长 15m、南北长 12m 的庭院空间。请在此空间内做景观设计，考虑主要人行流线和各功能之间的关系，合理布置功能流线，设计恰当的景观功能和内容。建筑形态和入口具体位置均可自拟。

答题要求及评分标准：

(1) 平面图(包括地面的铺装及绿化设计)。(40分)

(2) 剖、立面图。(35分)

(3) 分析图、设计说明。(25分)

(4) 透视效果图。(50分)

点评：

方案能够结合空间的尺度和庭院的布局合理地安排功能和流线，利用水体、铺装和场地的大小变化，丰富了空间的层次。

效果图刻画了建筑入口的丰富层次，突出表达了景观设计的细节和功能，营造了生动的空间氛围，灵活生动的表现技巧让效果十分突出。生动的表达效果和层次丰富的剖、立面图共同展现了设计方案的内容。

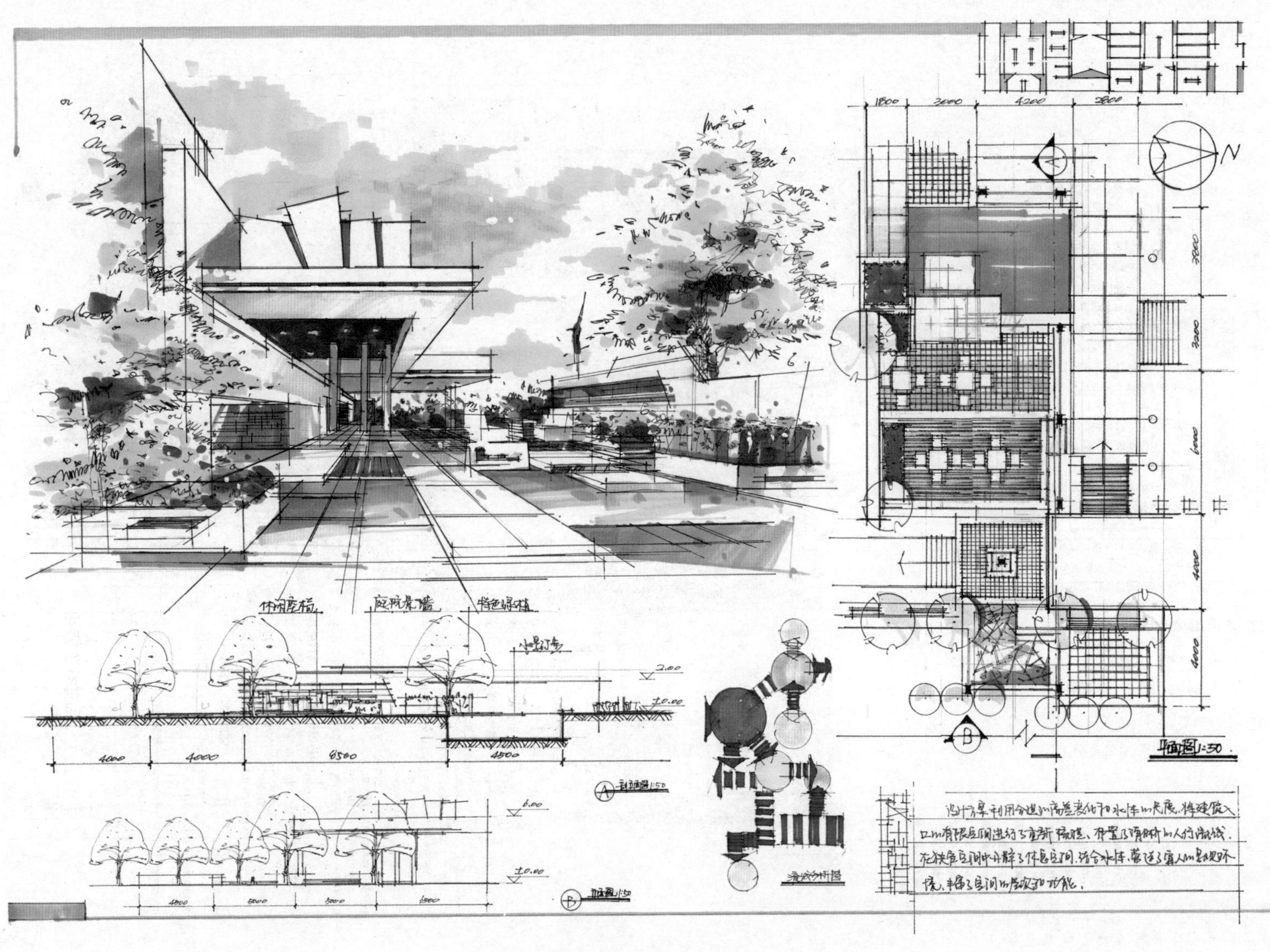

图 6-38　某快题考试学生试卷(三十八)

试题 29　茶室及庭院设计

设计条件：某茶室南北向长 18m，南面临街；东西宽 10m，两侧为其他店面。请为其做室内及庭院景观设计，要求考虑茶室的功能和庭院的融合，体现茶馆文化和特色。

答题要求及评分标准：

（1）平面图（包括地面的铺装及绿化设计）。（40 分）

（2）剖、立面图。（35 分）

（3）分析图、设计说明。（25 分）

（4）透视效果图。（50 分）

点评：

方案灵活地运用墙体、隔断对空间进行划分，利用空间功能和大小的变化形成了整体的平面方案。入口空间和后庭院增设水池、假山的设计，在丰富空间层次的同时更点明茶室的空间特点。配合生动的线条和有设计感的表达，形成了主题明确、内容丰富的生动平面。

剖、立面图准确地表达了空间内容和层次，准确规范的绘图展现了设计能力。效果图的表达透视准确、细节生动，但是对于茶室主题和具体设计特点的展现稍显薄弱。

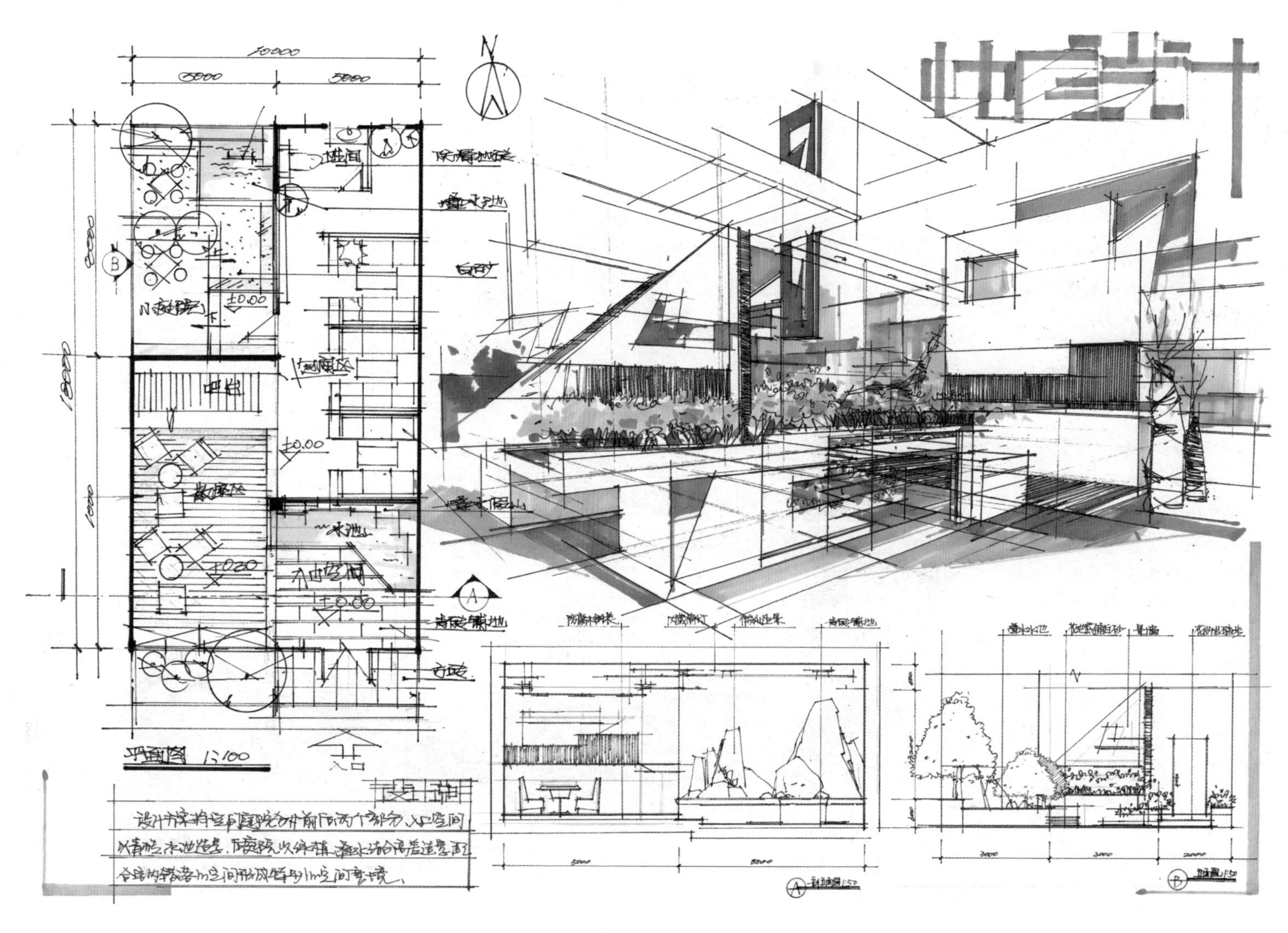

图 6-39　某快题考试学生试卷（三十九）

试题 30　庭院景观设计

设计条件：某办公建筑入口外有一块 25m×15m 的场地，请为其做景观设计以形成庭院，需要考虑 3～5 个停车位及一定的休息交流空间，满足建筑入口及庭院的功能，提供休闲活动及室外交流的空间。

答题要求及评分标准：

（1）平面图（包括地面的铺装及绿化设计）。（40 分）

（2）剖、立面图。（35 分）

（3）分析图、设计说明。（25 分）

（4）透视效果图。（50 分）

点评：

场地设计能够充分体现庭院的功能内容，且合理地安排停车位及人行流线，形成了功能合理、节奏明确的庭院设计方案。空间中对路线、铺装、水体和绿化的设计都很到位，能够很好地呼应设计主题。但对建筑入口处的场地设计和尺度的处理欠妥，不能形成合理的空间流线。

效果图表达能够运用合理的构图和表达技巧，生动地表达庭院空间的景观内容。整体版式统一协调，效果比较突出。

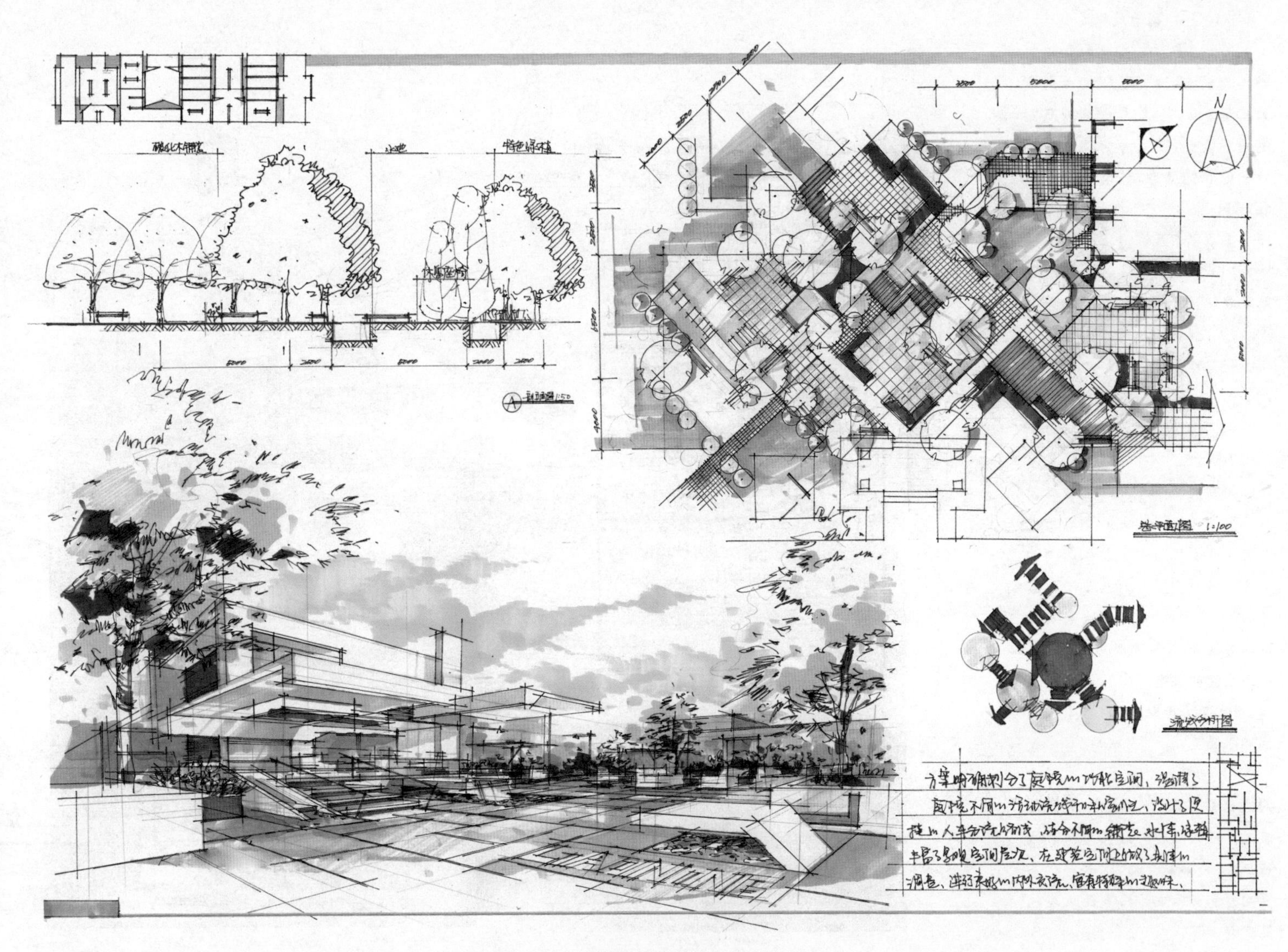

图 6-40　某快题考试学生试卷（四十）

试题 31　别墅庭院景观设计

设计条件：某设计师自宅，建筑面积 200m²，2～3 层。要求庭院和室内之间另设室外休闲会客空间，并做必要的庭院景观设计。庭院中设车位、休息和活动空间；室内需要满足日常起居功能需要。具体建筑结构和平面设计条件均可自拟。

答题要求及评分标准：

(1) 平面图(包括地面的铺装及绿化设计)。(40 分)

(2) 剖、立面图。(35 分)

(3) 分析图、设计说明。(25 分)

(4) 透视效果图。(50 分)

点评：

设计方案精练，方法成熟，能够合理组织复杂的空间功能。室内设计在满足基本功能所需的前提下能够增设丰富的休闲空间，结合生动细致的景观设计形成了功能丰富且富于创意的平面方案。

剖、立面图制图准确、表述清晰，配合设计说明、分析图和笔触灵活、效果生动的效果图共同完整地表达了设计方案的具体内容和设计思路，卷面效果较好。

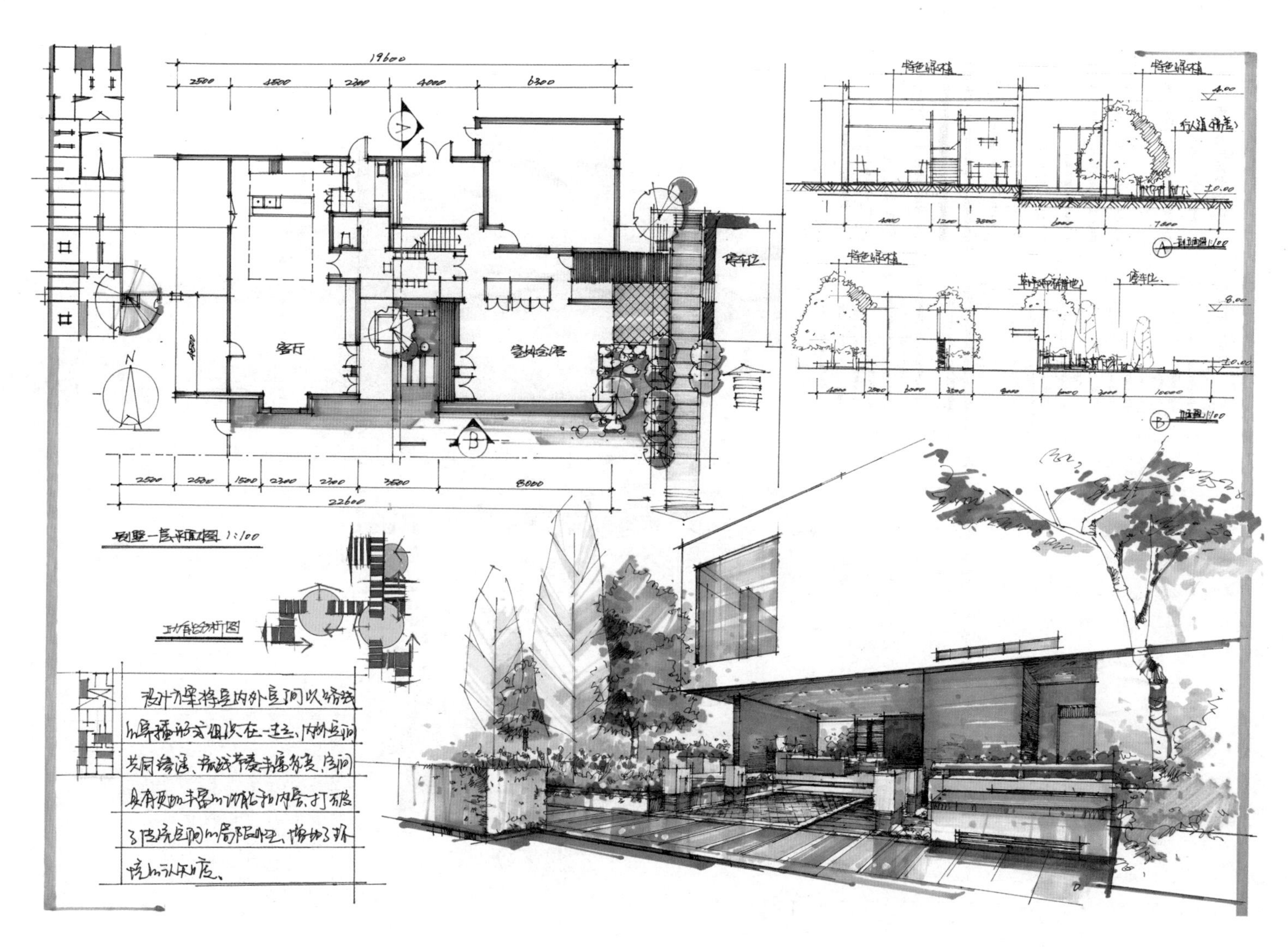

图 6-41　某快题考试学生试卷(四十一)

试题 32 庭院景观设计

设计条件：某小型别墅用地 30m× 20m，计划建筑占地面积 $150m^2$，2～3 层。请为该地块做必要的室内及庭院景观设计。庭院东、南两侧临街，西、北两侧紧邻其他庭院。庭院中需要一定的休息和活动空间；室内需要满足日常起居功能需要。具体建筑结构和平面设计条件均可自拟。

答题要求及评分标准：

(1) 平面图(包括地面的铺装及绿化设计)。(40分)

(2) 剖、立面图。(35分)

(3) 分析图、设计说明。(25分)

(4) 透视效果图。(50分)

点评：

庭院和室内空间结合设计，流线生动紧凑，合理划分了庭院的功能空间，并合理地组织了植物和绿化的设计，形成了简洁的人行流线和功能完整的庭院景观。

剖、立面图准确表达了庭院和建筑特点，结合设计说明和分析图全面阐释了设计方案的具体思路。效果图构图合理，透视准确，笔触和线条流畅。整体版面设计具有一定的新意，能够很好地突出展现庭院空间的主题特点和整体的设计概念。

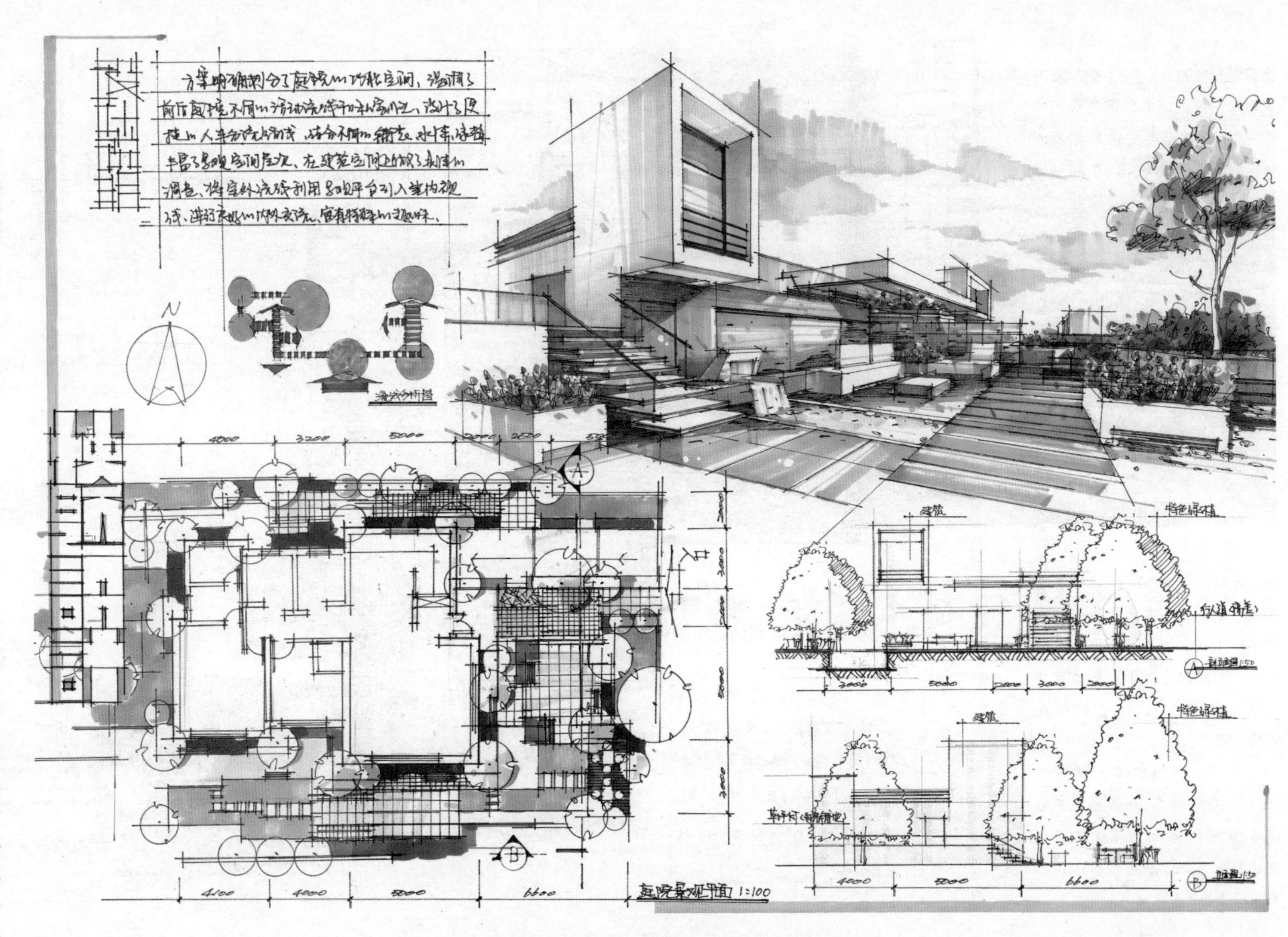

图 6-42 某快题考试学生试卷(四十二)

试题 33　展馆庭院设计

设计条件：某展馆建筑西侧入口外有一室外场地，东西长 42m，南北长 30m，请为该庭院做景观设计。室外公共环境设计要考虑展馆的建筑功能，兼具休闲、交流等功能，具体内容自定。

答题要求及评分标准：

（1）平面图（包括地面的铺装及绿化设计）。（40 分）

（2）剖、立面图。（35 分）

（3）分析图、设计说明。（25 分）

（4）透视效果图。（50 分）

点评：

方案结合空间的尺度合理地安排功能和流线，利用水体、铺装和场地的大小变化，形成了节奏明确的空间层次。

效果图刻画了展馆建筑前的丰富景观层次，突出表达了景观设计的细节和功能，营造了生动的空间氛围，灵活生动的表现技巧让效果十分突出。生动的表达效果和具有创意的建筑造型共同展现了设计方案的具体思路。

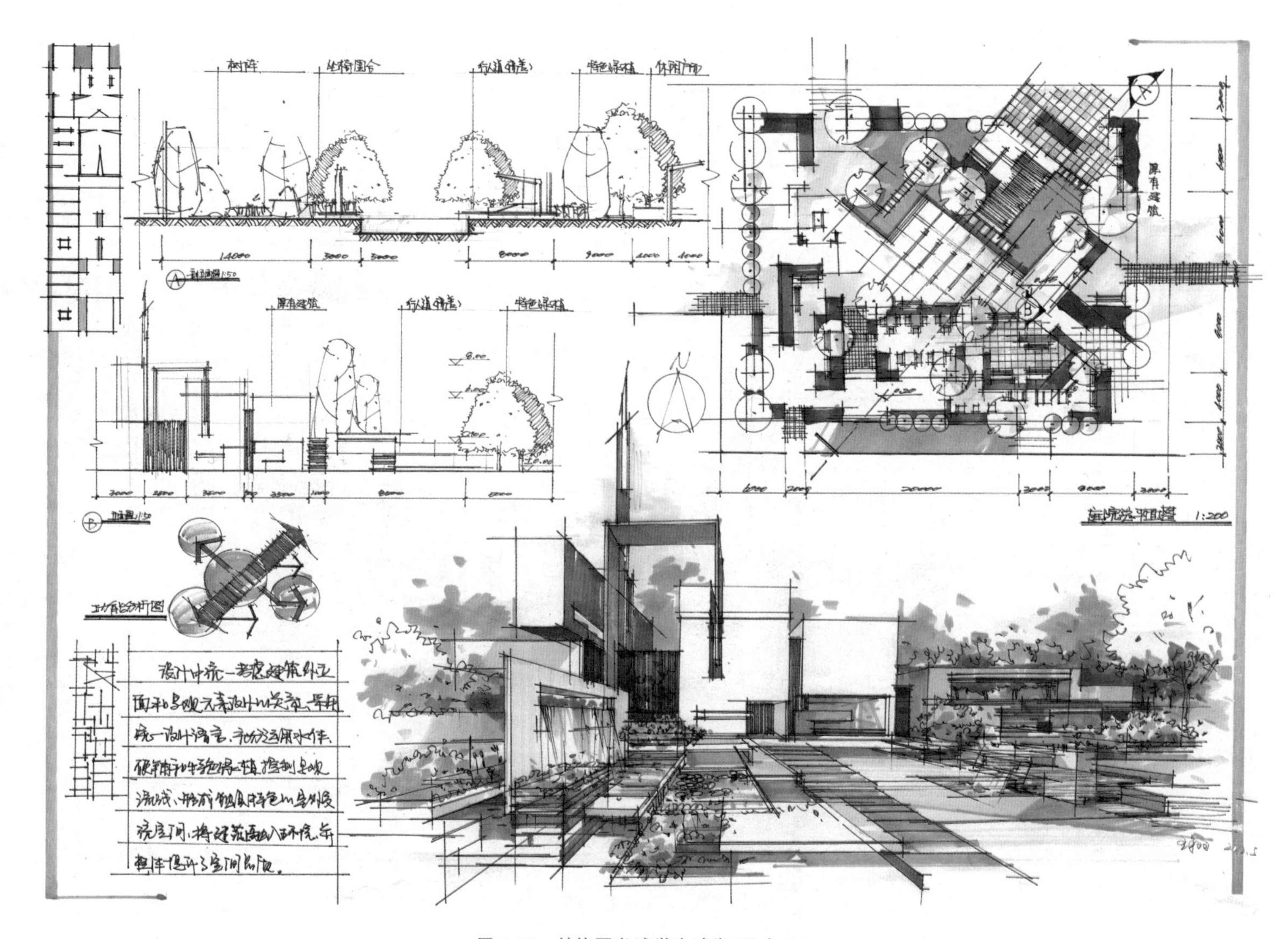

图 6-43　某快题考试学生试卷（四十三）

试题 34　休闲广场设计

设计条件：某园区有一闲置地块，欲改造为室外休闲广场。请在南北向为 20m、东西向为 30m 的室外场地做景观设计，以满足园区休闲活动、交流的需要。

答题要求及评分标准：

（1）平面图（包括地面的铺装及绿化设计）。（40 分）

（2）剖、立面图。（35 分）

（3）分析图、设计说明。（25 分）

（4）透视效果图。（50 分）

点评：

平面设计超出了场地尺寸的限制，而选择模糊场地边界，重点突出场地中心。利用丰富多变的铺装设计和不同大小尺度的休闲空间场地形成了生动的平面方案。灵活的线条和成熟的色彩搭配让平面图细腻而生动。

效果图充分利用了空间特点，造型夸张的遮阳设施结合丰富的空间内容刻画出生动的休闲空间特点。成熟的色彩和生动的笔触使表达效果十分突出。

结合规范的剖、立面图和紧凑的版式效果，完整诠释了设计方案和思路，本试卷是十分难得的优秀试卷。

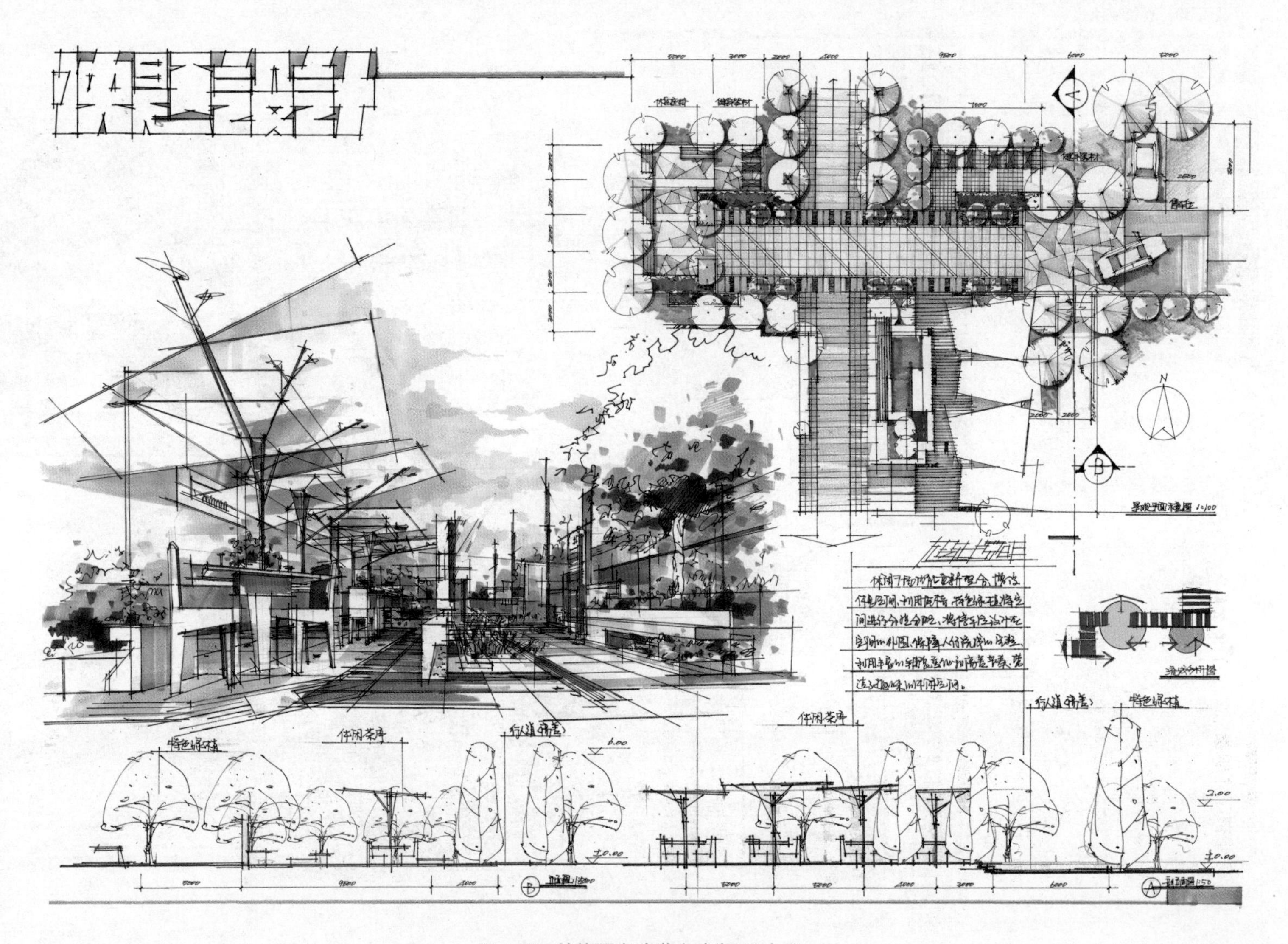

图 6-44　某快题考试学生试卷（四十四）

试题 35　茶馆及庭院设计

设计条件：在东西向 45m、南北向 25m 的地块上拟建一茶馆建筑，请为其做建筑及庭院设计。要考虑餐饮环境特点，庭院中设置餐饮空间、品茶及休息空间以及休闲广场。设计要充分体现茶馆文化及休息氛围，具体的建筑及结构形式不做限定。

答题要求及评分标准：

(1) 平面图(包括地面的铺装及绿化设计)。(40 分)

(2) 剖、立面图。(35 分)

(3) 分析图、设计说明。(25 分)

(4) 透视效果图。(50 分)

点评：

方案大胆地将建筑进行挑空，利用空间尺度的变化形成了生动的方案。庭院增设不同功能的休闲空间和品茶区，在丰富空间层次的同时更点明茶馆建筑的庭院特点。配合变化的铺装、水体的设计和生动的线条表达，形成了主题明确、内容丰富的生动平面。

效果图的表达生动而且建筑空间尺度合理，细节表达充分，完整体现了空间特色。准确规范的绘图和生动、娴熟的表现技巧全面展现了考生的设计能力，这是一份非常优秀的试卷。

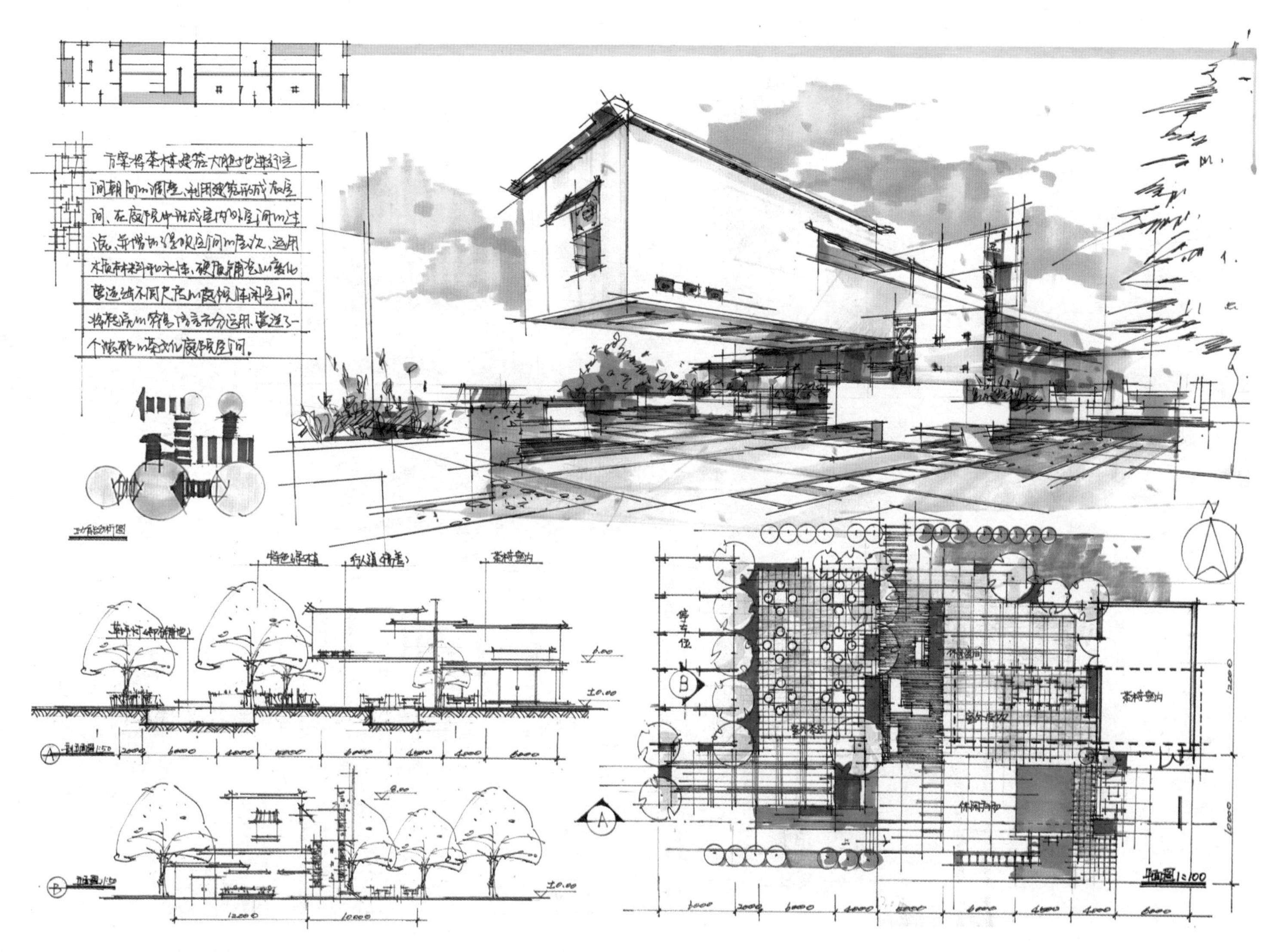

图 6-45　某快题考试学生试卷(四十五)

试题 36　入口景观设计

设计条件：某会所建筑入口处有一个 24m×20m 的室外场地，准备进行景观设计改造，以丰富建筑入口的景观层次，突出会所的形象。需要设计5～6个停车位，并考虑室外的休息及交流需要，其他具体内容自定。

答题要求及评分标准：

（1）平面图（包括地面的铺装及绿化设计）。（40分）

（2）剖、立面图。（35分）

（3）分析图、设计说明。（25分）

（4）透视效果图。（50分）

点评：

对建筑入口的形态和具体的细节进行了大胆的调整，营造了丰富多变的流线，并运用道路和场地的大小变化组织平面方案。合理地布置了停车位，并利用绿化、水体的设计划分了不同的空间功能，但是对庭院场地面积的利用稍显不足。

效果图透视准确，能够充分表达场地的设计内容，营造了建筑入口的生动氛围。

剖、立面图层次分明，完整体现了建筑与庭院设计内容的关系。整体版面新颖，主题突出，效果完整，全面反映了设计方案的特点。

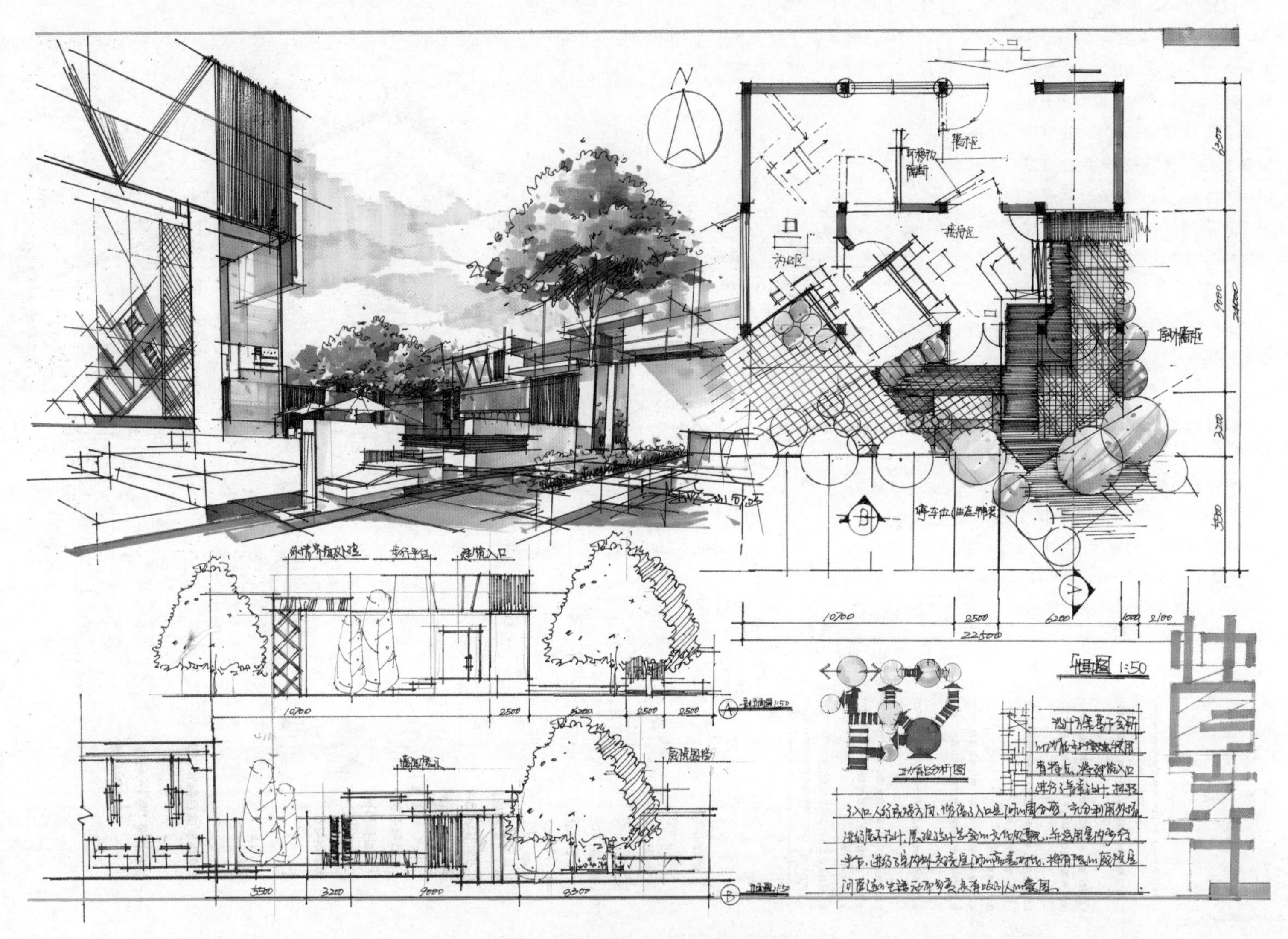

图 6-46　某快题考试学生试卷（四十六）

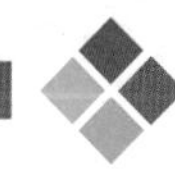

试题 37　庭院景观设计

设计条件：某精品展馆建筑及庭院占地面积 40m×30m，其中建筑占地 400m²，建筑具体位置、朝向和形式可自拟，展示内容以现代艺术展示为主。请为建筑周边场地做庭院景观设计，具体的庭院功能内容及景观形式自定。

答题要求及评分标准：

（1）平面图（包括地面的铺装及绿化设计）。（40 分）

（2）剖、立面图。（35 分）

（3）分析图、设计说明。（25 分）

（4）透视效果图。（50 分）

点评：

场地设计能够合理地整合功能内容及人行流线，形成了内容完整、节奏明确的庭院设计方案。空间中对路线、铺装、水体和绿化的设计都很到位，能够很好地呼应设计主题。平面图线条灵活生动，表达技巧娴熟，对不同内容和设施的刻画细致丰富，具有很高的设计水平。

效果图表达运用合理的构图和表达技巧，生动地表达了建筑的尺度和庭院空间的景观内容。整体版式统一协调，设计效果比较突出。

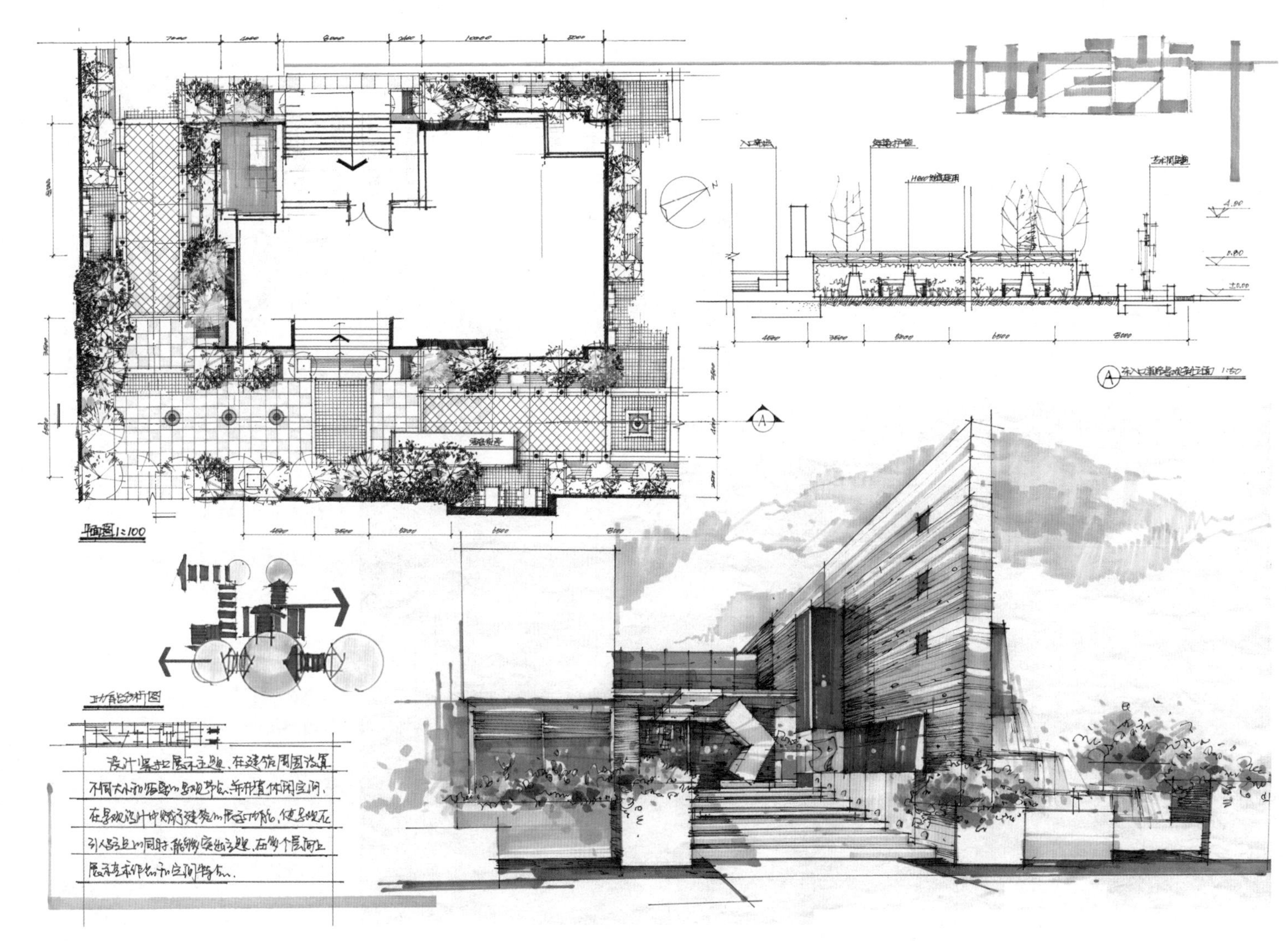

图 6-47　某快题考试学生试卷（四十七）

试题 38　室外展示设计

设计条件：以 12 个 2m×2m、高 3～6m 的柱体（材料自定）为元素，在南北向为 40m、东西向为 20m 的室外场地做室外公共环境设计（以现代艺术展示为主，具体的展示内容自定），对其中至少 5 个柱体做立面装饰设计并设计一种柱子样式。

答题要求及评分标准：

（1）平面图（包括地面的铺装及绿化设计）。（40 分）

（2）剖、立面图。（35 分）

（3）分析图、设计说明。（25 分）

（4）透视效果图。（50 分）

点评：

方案能够灵活运用柱体之间的距离和位置进行整体的布局，结合道路和不同尺度的场地设计，对地面铺装进行了不同的变化处理，形成了具有创意的平面。

通过剖、立面的绘图，准确表达了柱体和景观空间的关系，完整表达了方案。效果图采取鸟瞰的形式构图，透视准确具有动感，但是对具体设计内容的表达略显草率，无法突出室外展示环境的特点和设计方案中灵活的流线和场地设计，但稍做调整便能够形成满意的卷面效果。

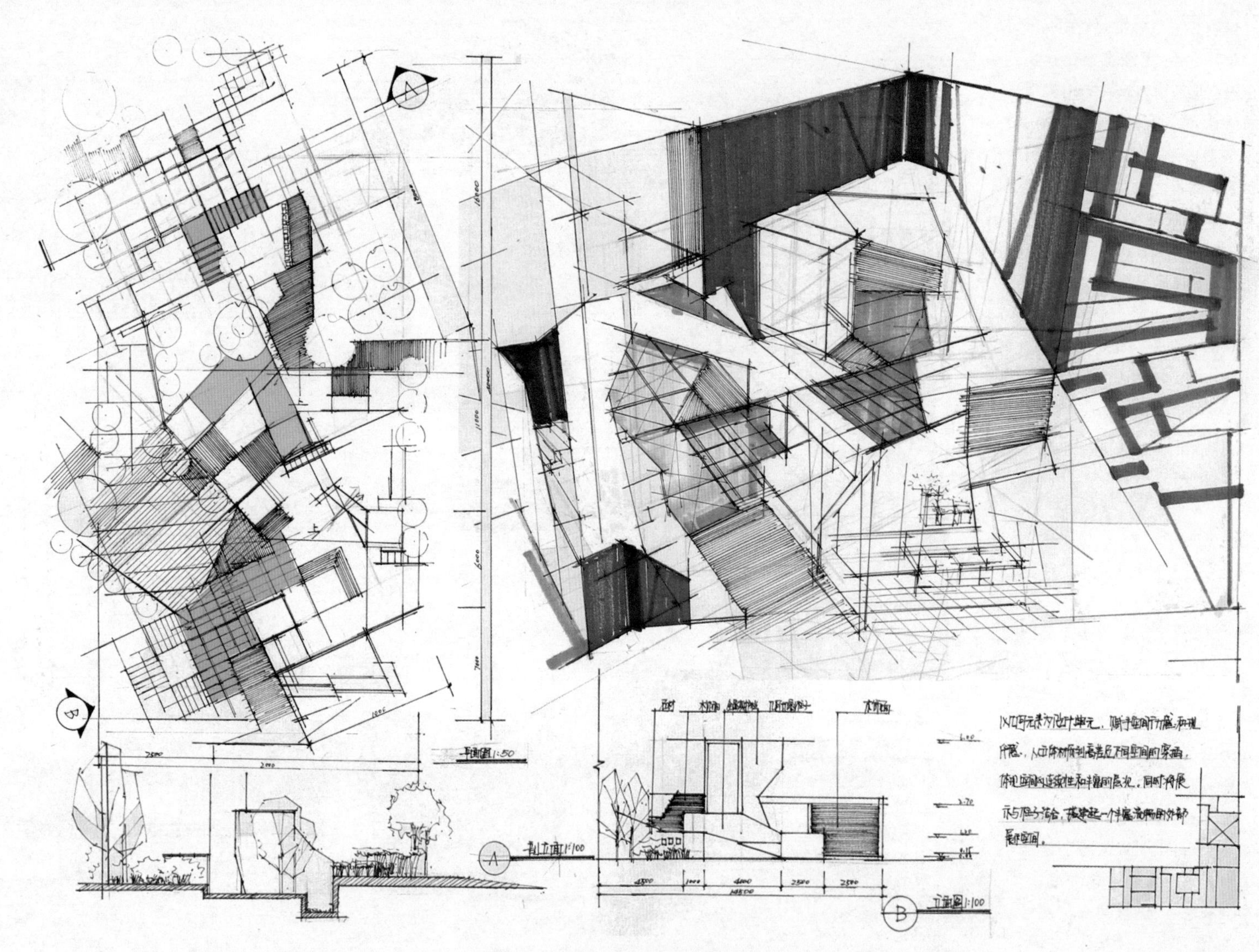

图 6-48　某快题考试学生试卷（四十八）

结 语

事实上，书中所选并作为范例的快题设计考卷只是众多优秀作品中的一小部分，用以展现快速设计和卷面表达的具体思路。研究学习范本，对于拓展和检验设计能力来说，是一种很好的方法，笔者认真归纳和总结规律以期读者学有所获。

结合笔者的教学实践来看，更应该将快题设计作为一种设计精神和方法进行深入研究，并且要根据不同学生的不同个体情况而随时调整，以多种形式配合专业的训练。通过训练手段的创新和探索，使快题设计能够在教学中与其他设计课程各取所长，全方位地锻炼学生快速思维能力和表现技巧，加强对学生设计过程指导的有效性，以达到不仅提高考试的分数，更要进一步提高学生的设计与研究水平的目的。

快速设计是一个完整展现方案和进一步完善设计思路的思考过程，有很多需要注意的问题，故不能再生硬刻板地理解设计和考试。全面地分析和判断、适当地整合和梳理利于表达方案的各个因素，结合合适的表达方式全面展现自身的设计能力才是快题设计考试的核心目标。

综上所述，快题设计的学习应该立足于理解快速的工作方式，而不是为了“快”而加速，要明白“快”不是目的，而仅仅是一种工作状态，合格的设计师要具备快速提炼设计思路的能力。

带着美好的期望结束本书，愿所有学习快题和参加考试的考生们都能抱着巨大的热情去凝练设计思想，坚持理性的分析和判断，无时无刻地涌现新的理念和手法，对专业设计不断探索！